地球是怎样变圆的

The GLOBE

How the Earth Became Round

〔英〕詹姆斯·汉南 著

林曳 译

NEWSTAR PRESS

新星出版社

著作版权合同登记号：01-2025-2123

图书在版编目（CIP）数据

地球是怎样变圆的 /（英）詹姆斯·汉南
(James Hannam）著；林曳译 . -- 北京：新星出版社，
2025. 6. -- ISBN 978-7-5133-6096-8

Ⅰ. P183-49

中国国家版本馆 CIP 数据核字第 20251U6K87 号

地球是怎样变圆的

［英］詹姆斯·汉南 著；林曳 译

责任编辑	汪欣
责任印制	李珊珊
装帧设计	木春
策划出品	联合天际 · T 工作室

出 版 人	马汝军
出 版	新星出版社
	（北京市西城区车公庄大街丙 3 号楼 8001　100044）
发 行	未读（天津）文化传媒有限公司
网 址	www.newstarpress.com
法律顾问	北京市岳成律师事务所
印 刷	大厂回族自治县德诚印务有限公司
开 本	889mm×1194mm　1/32
印 张	12
字 数	202 千字
版 次	2025 年 6 月第 1 版　2025 年 6 月第 1 次印刷
书 号	ISBN 978-7-5133-6096-8
定 价	88.00 元

关注未读好书

客服咨询

献给亚历山德拉和克里斯托弗

目录

引言

蓝色弹珠

　　1972年12月7日，搭载阿波罗17号登月舱的土星5号运载火箭从美国佛罗里达州的卡纳维拉尔角发射升空。几小时后，阿波罗17号挣脱地球引力，开始执行任务。这是美国国家航空航天局最后一次登月任务，也是人类最后一次越过近地轨道。由于飞船上的三名宇航员恰好朝着太阳飞行，太阳照亮了他们身后地球的整个表面。以往的载人航天任务从未有过这样的巧合，因此在之前的照片里，地球总有一部分处于阴影之中。阿波罗17号正飞向月球，在其身后，从未有人见过的近乎完美的圆盘逐渐远去。其中一位宇航员拍下了这一画面。这张照片后来成为历史上流传最广的图像，众所周知，任何人都能一眼认出。[1]

　　这份荣誉属于尤金·塞尔南（1934年—2017年）、罗纳德·埃万斯（1933年—1990年）和哈里森·施密特（1935年—）三位宇航员，他们称这张照片为"蓝色弹珠"（Blue Marble）。照片展现了非洲和印度洋的轮廓。由于照片拍摄于12月，南半球正值盛夏，冰冷的南极洲大陆沐浴在阳光之中。如今，从太空拍摄的地球照片已司空见惯，而即使在1972年以前，机械探测器也已拍下许多令人惊叹的图像。可蓝色弹珠是独一无二的，这是唯一由人类亲手拍下的地球的照片。它还有一种直接性，就是没有借助电子产品的奇妙魔法，只通过一台配备80毫米蔡司镜头的哈苏胶片相机，便直接将图像捕捉到胶片上。

诚然，蓝色弹珠并非地球是球体的必要证据。但能直观地看清此前只能推断的事，这本身就有特殊意义。人们不再需要想象地球在太空中看起来什么样，因为有人去了太空还拍下照片。这个已有近2 500年历史的发现迎来了它的高光时刻。约公元前400年，一个古希腊人曾推断：地球可能不是平的，这一推断影响深远。约五十年后，另一个希腊人提出地圆说，并证明了我们生活在球体上。

为什么地球不是平的？

地球是球体，这对我们而言或许显而易见。我们可以在不到一天的时间里绕全世界飞行，用手机定位。但在几百年前远没有这样简单。16世纪以前，从未有人周游地球。

试着忘记你小时候学过的地球常识。我们生活的世界是一个水平面，只是因为丘陵和山谷的存在而有一些起伏，这难道不是显而易见的吗？当我们四处移动，无论往哪个方向走出多远，世界似乎总是保持水平。我们强烈地感知到脚下有一个绝对向下的方向，无论置身何地，这个方向永远不变。换句话说，如果我在伦敦扔下一个球，它的落地路径应该与在纽约扔下的球完全平行。

如果没有教科书、现代技术和引力理论，我们还能判断出地球是球体吗？生活在内陆的人视线常常被风景或树木遮挡。即使人们尽可能爬到高处，视线所及最远处也很可能是群山，无法证明地球表面呈弧形。

你或许认为，眺望大海的景象可以更充分地证明地球的曲度。大海有一定的弧度，极目远眺，可以望见清晰的天际线。假如海面是平的，那么海洋和天空在远处交会时，相接处看起来不会如此清晰。事实上，如果你在冲浪时踮起脚尖远眺，天际线看起来就在区区5千米以外。在这个距离上，你可以清晰地看见巨轮渐渐离岸远去，沉没在海浪之下。如果地球是平的，这一景象就解释不通。可如果地球不是平的，那海水为什么不向低处奔涌而下？以上论述不是为了证明我们居住在圆盘上，而仅仅是为了说明地球真正的形状远非一望即知。平坦的大地司空见惯，我们很少会对它起疑心。

然而科学颠覆了人的直觉，告诉我们世界的运行并非如我们所想。地球不动似乎是显而易见的，从我们所处的位置来看，地球保持静止，宇宙围绕着它旋转，但这并不是事实。地球要是每24小时都在绕地轴旋转，我们当然感觉得到。毕竟，随着地球的旋转，我们正以每小时约1 600千米的速度被带着移动。如果把物体抛向空中，我们不应该预设它会径直地向上或向下。相反，我们会被地球的旋转带出一段距离，而物体就落到身后的地面。并且，地球不仅在自转，还以每小时108 000千米的惊人速度绕着太阳公转。

许多令人瞠目的科学理论都有悖于直觉。历史上很长一段时间里，博物学家都认为物种是固定不变的。本书后续还会多次出现的古希腊哲学家亚里士多德（约公元前384年—公元前322年）断言，万物生灵都是从古有之。据《圣经·创世记》所言，上帝在创世之初依据不同类型创造出天地万物。此后物种从未改变，始终占据着上帝为其创造的位置。考虑到后代与双亲之间极其相似，在身高和发色等方面的差距也保持在严格限度以内，这一说法是符合逻辑的。出人意料的是，进化论却指出我们事实上全都是香蕉的远亲（也同样是地球上任何一种有机生命的远亲）。然而，18世纪晚期以来的化石证据表明，数十亿年来，部分种类的动物已经灭绝，部分种类则进化出新形态。最早由查尔斯·达尔文（1809年—1882年）提出的"自然选择进化论"对物种如何变化做出解释，并阐述了物种变化的机制。

几十年后，阿尔伯特·爱因斯坦（1879年—1955年）的狭义相对论表明，当物体接近光速时，时间本身的运动速度就会变慢，并且质量就等于能量。与此同时，一系列物理学家提出了量子力学的概念，揭开了一个亚原子世界，在这个世界里，概率取代了牛顿物理学的确定性。

像相对论和进化论这样成功的理论或许有悖于直觉，不过也得解释日常生活中的体验。爱因斯坦用公式说明了时间可以膨胀，但是这一现象不会出现在我们习以为常的低速环境中。进化发生在漫长的时间跨度内，所以短短几代的差异并不明显。只有在理解为什么感受不到地球的转动之后，我们才能接受地球围绕太阳转动的观点。地圆说也同样如此。要想认真求证我们生活的地方是球体，就必须解释为什么它看起来是平的，以及为什么生活在它另一端的人不会坠入宇宙。

无论人类是否知晓，地球是球体始终是客观事实。但相信这一观点的人并不总是显得明智，本书会提到许多聪明睿智却不知道地球真正形态的人。不过他们不是傻瓜——我们必须在读这本书的过程中时刻牢记这一点。19世纪的欧洲人就因为古人或生活在其他大陆的人不知道地球是球形而妄下论断，把他们都归为无知民众。可悲的是，时至今日，这一态度仍然有影响力，导致一些历史学家不顾时代的局限去寻找地球是球体的证据（尤其是在宗教典籍中），这注定徒劳无功。过去的人不需要为自己持有的观点辩护，即使他们曾经确实相信地球是圆盘。现在的我们只是恰好掌握了过去不为人知的知识，任何人都不应以此诋毁他们无知。

地球是球体并不显而易见，这一发现也不是自然显露的过程。这是人类首个成功的科学理论。有些创造在不止一处独立形成，如农耕文化。考古学家认为农耕文化至少出现在三个地方：中国、中东和中美洲。阿尔弗雷德·拉塞尔·华莱士（1823年—1913年）和查尔斯·达尔文各自独立提出自然选择进化论。但据目前所知，只有古希腊人曾正确地认识到地球是球体，并且用了两千多年的时间才传遍世界各地。地圆说似乎没有在其他地方出现过，这有力地表明它与我们平时的认知是多么割裂。

我们可能会错误地预设某些人是地平说者。例如，有一个广为流传的谣言是中世纪欧洲人认为世界就像一个餐盘。事实上，公元800年以来，只要受过一点教育的西欧人都知道地球是球体。确切来说，科学在中世纪就已是一项蓬勃发展的传统，为像伽利略·伽利雷（1564年—1642年）这样的后继研究者奠定了发现的重要基础。

与此同时，像克里斯托弗·哥伦布（1451年—1506年）证实地球是球形这样的无稽之谈经由流行文化得以传播。在1937年的电影《随我婆娑》（*Shall We Dance*）中，金格尔·罗杰斯唱着艾拉·格什温写的歌曲《哄堂大笑》（They All Laughed），歌词中写到哥伦布因为声称世界是球形而遭众人嗤笑。在这之后，这首歌至少录制了二十遍，包括宾·克罗斯比、法兰克·辛纳特拉和Lady Gaga。2012年巴拉克·奥巴马总统在一场关于可再生能源的演讲中再次重复这则没有事实依据的逸事。他将那些怀疑低碳发电的人比作传闻中反对哥伦布远航的人。"要是哥伦布启航时这些人中有人在场，一定会是地平说学会的创始成员，"他说道，"他们绝不肯相信地球是圆的。"[2]

事实上，早在1492年，地圆说在欧洲已经是无可争议的科学理论了。王室顾问认为哥伦布驶入浩瀚无垠的大西洋是个狂热愚蠢的计划，这并不是因为怀疑他最终能否抵达印度，而只是不相信他能在这场旅行中幸存下来。不管怎么说，曾经所有人都认为地球是平的。直至20世纪，仍有许多人这样认为。甚至今天仍有一部分人这样认为。

本书阐明了我们如何得知地球不是平的。

1

巴比伦：地的四方

在巴比伦的《吉尔伽美什史诗》(*Epic of Gilgamesh*)中可以找到一些关于古人如何看待世界的最早线索。这部史诗讲述了乌鲁克国王吉尔伽美什前往世界边缘寻找永生秘密的故事。好友的离世让他肝肠寸断，也让他明白死亡是永远无法击败的敌人。他离开故乡，跋涉过雪松林，最后抵达马什山，太阳晚上就躲在这座山背后。虽然这座大山无法翻越，但有一条通道穿越山腹，由半人半蝎的怪兽把守。一番交涉后，吉尔伽美什获准进入通道。他在黑暗中匍匐前行多日，终于来到众神花园，太阳在黄昏和晨曦之间的逗留之地。花园外是一片海洋。吉尔伽美什乘船到对岸，遇到了乌特纳比西丁。众神向他展示了一种神奇的植物，这就是永生的秘密。吉尔伽美什设法拿到了几片可以带来永生的叶子，但叶子在返程途中被蛇盗走。就这样，他两手空空地回到了乌鲁克。

吉尔伽美什和楔形文字

古希腊人将吉尔伽美什居住的区域称作美索不达米亚，意为"两河之间的土地"。两河指底格里斯河与幼发拉底河，它们的源头都在土耳其东部的山脉，相距仅80千米，流经现在的伊拉克。在流向波斯湾的途中，这两条河有时距离非常近，而现今它们的汇流点距入海口仅190千米。底格里斯河与幼发拉底河为灌溉系统提供水源，在这两条河的灌溉下，最早的城市社会得以建立。到公元前3000年，泥砖砌成的城市矗立在两条河的河岸边，周围腹地形成农田。不可避免的是，经过几个世纪的集约式耕作，农田中的盐分不断积累，最终重归为荒漠。两河维系的城市有些被废弃，另外一些小村落随着帝国的兴衰而被夷为平地。如今，许多昔日的聚居地仅仅是被遗忘的土墩，被称作"遗址"，等待着考古学家的发掘。

吉尔伽美什的乌鲁克是一座真实的城市，位于美索不达米亚南部，建于公元前4000年到公元前3000年。吉尔伽美什也被记载于苏美尔语（已知最早的书面文字）的君主列表之中，因此被普遍认为是一个生活于公元前2700年左右的真实人物。[1]在他死后的几个世纪里，人们曾在赞美诗中提到他，不过，我们如今看到的完整史诗至少在那一千年后才完成。

吉尔伽美什寻找永生之法的故事和真实的世界并没有完全对应。雪松林可能指的是位于乌鲁克西部的黎巴嫩那些树木茂盛的

描绘亚述巴尼拔狩猎狮子的浮雕，尼尼微北宫（伊拉克），约公元前645年—公元前635年

山坡，众神花园则更可能是波斯湾沿岸肥沃的土地。至于马什山，一般来说位于极北之地，代表着人间和神域的分界。马什山十分重要，因为它解释了晚上为什么看不见太阳。尽管《吉尔伽美什史诗》作者的地理知识十分混乱，但无论如何，他认为地球是平的。

我们今天对美索不达米亚文学中的吉尔伽美什等人物的了解，多半要归功于后来的亚述帝国。这是一个穷兵黩武的古代帝国，但也有几个暴虐严苛的君主同时以帝国的文化和历史为荣。亚述征服者亚述巴尼拔（卒于公元前631年）就喜欢自己腰间插着书写工具的形象，哪怕他正在杀敌。他派遣密探在整个帝国四处搜罗，为国都尼尼微那座恢宏堂皇的图书馆获取文献书籍。图书馆的书吏会用楔形文字抄录劫掠来的文学作品，也就是用尖笔在软泥板上刻写，形同楔形。[2]书吏一职地位显赫，世代承袭。多亏亚述巴尼拔的扶持，以及王室书吏的高超技巧，这座图书馆收藏了以楔形文字写就的海量文献，其中就包括《吉尔伽美什史诗》。

约公元前612年，尼尼微遭遇洗劫与焚毁。帝王的劫掠无度终令民众揭竿而起，使这座当时世上最伟大的城市毁于一旦，帝国由此溃败。图书馆正处于大火的中心。火一向是卷轴和书本的死敌，但尼尼微的文字恰巧刻在数以千计的泥板上。城市焚毁之时，泥板却被高温炙烤得坚不可摧，火焰成了它们的守护神。[3]

现今，伦敦大英博物馆收藏着约13万块来自亚述巴尼拔图书馆等地的泥板。[4]中东地区或许还出土了100万块泥板，保存在各个博物馆和大学里。19世纪，学者们对大英博物馆泥板的首次破译引起了轰动。尤其引人瞩目的是，其中一些碎片上记载的故事，比如大洪水的故事，似乎是《创世记》的前身。1873年，群情激昂下，《每日电讯报》（The Daily Telegraph）资助了一支探险队，专程前往伊拉克寻找更多泥板。[5]

我们现在知道大洪水的故事是《吉尔伽美什史诗》的一部分。这部分由乌特纳比西丁叙述，他在神祇埃亚的指引下拆掉自己的屋子，用这些材料搭建起一艘方舟，从大洪水中幸存下来并得以永生。大洪水源于诸神掀起的风暴，水流奔涌，淹没陆地。只有方舟上的人活了下来。七天后，洪水退去，乌特纳比西丁放出鸽子、燕子和乌鸦各一只，探寻可以上岸的陆地。方舟最终在伊拉克北部的尼西尔山登陆，就在诺亚方舟着陆的亚拉拉特山南边。乌特纳比西丁以羊为祭，供奉诸神，他和妻子被神赐予永生。[6]

巴比伦创世神话

约公元前1500年以前，苏美尔人统治着美索不达米亚南部大部分地区。他们发明了楔形文字，记录下吉尔伽美什的事迹，他们供奉的万神殿支撑起后来的美索不达米亚神话体系。他们的君主自称世界四方的统治者，或宇宙之王，以表明他们统辖的疆域即整个世界。

随着苏美尔王朝的衰落，其他帝国在这片土地上崛起，并沿用了其命名系统。巴比伦首位伟大君主汉谟拉比（约公元前1810年—约公元前1750年）自诩"苏美尔和阿卡德之王，世界四方之王"。至少他不曾以宇宙之王自居。[7]后来的亚述国王亚述巴尼拔也为自己冠以同一头衔，尽管按理来说，他还需向东、向南、向西和向北发起军事行动才称得上名副其实。

在此背景下，所谓"四方"可以翻译为"四个角落"，意指世界呈正方形或矩形，但四个角落也有可能是指圆的四分之一在世界中心连接所呈的内角。在一些叙事中，世界中心是一座山或是四条河流的源头。而在其他叙事中，世界中心是巴比伦城，或者更准确地说，是巴比伦城中心的神庙。

早在楔形文字被破译以前，"地的四方（the four corners of the Earth）"就已从《圣经》传入英语，成为常见的习语。约公元前750年，先知以赛亚预言上帝将"从地的四方聚集分散的犹大后裔"（《以赛亚书》11:12）。以赛亚以此宣示他的神对整个世界所具有的力量，也有可能是在有意回应亚述国王当时进犯犹大王国所展现出的野心。

亚述帝国以楔形文字留存于泥板上、现保存于大英博物馆的文本数量众多，其中就包括巴比伦的创世神话。史诗名称 *Enuma Elish* 取自首句的前两个单词，可译作"天之高兮"或"当在最高之处时"。《天之高兮》可追溯至公元前第一个千年的早期，叙述了巴比伦守护神马尔杜克如何创造世界，并成为至高无上的神祇。每年春天，人们都会在新年庆典上吟咏全诗。在这个为期一周的节日里，巴比伦统辖下所有城市的神祇都由其神像为代表，来到马尔杜克所在的神庙朝拜，将他奉为国王。[8] 这一仪式表示，正如马尔杜克受众神敬奉，巴比伦城也在美索不达米亚享有至高地位，其他城市理应效忠。

据《天之高兮》记载，宇宙起源于淡水和盐水组成的一团混沌。后来，诸神混战，马尔杜克击败其先祖提阿玛特，一个象征盐水的怪兽，赢得最终的胜利。战斗结束后，他将提阿玛特处决，用她的遗骸创造天地:"主神(马尔杜克)平息下来。他凝望着庞然的遗骸,思索如何加以利用,该用这具遗骸创造些什么。他破开它,如同劈开鸟蛤壳,将其上半身造为苍穹。"[9]

提阿玛特的乳房化为山脉,底格里斯河与幼发拉底河从她失去生机的双眸奔涌而出。马尔杜克用她的肋骨在东方和西方立起晨曦与黄昏之门,命日神与月神在天空中日夜穿行。神祇埃亚(后来警告乌特纳比西丁将有大洪水的那位神祇)用提阿玛特盟友之血创造出人类。在马尔杜克的煽动下,诸神与人类立下奴仆契约,让他们生来就是奴隶。

《天之高兮》描绘的宇宙有多个层次。生灵的世界处于中间层,从提阿玛特遗骸的剩余部分幻化而来。下一层是深渊,涌动着甘甜的淡水。提阿玛特的兽皮形成一层屏障,阻挡汹涌的深渊之水肆意奔流。深渊下是亡灵的地下之域。美索不达米亚的文学作品没有将地狱描绘为炽热的熔炉,而是荒原,类似于环绕在两河灌溉区域以外的沙漠。天空是笼罩着大地的半球或拱顶,众神生活在这片天空之上的最高天堂。[10]有一种说法是,天堂有三个层次,分别以红、绿、蓝三种颜色的石头铺成。[11]

美索不达米亚巍峨的金字形神塔在天地之间架起桥梁,支撑起神祇降临大地的阶梯。每座神塔边上都矗立着城市最重要的神庙,所谓世界的支柱。在神庙里,神职人员通过祭祀活动供奉神像。作为回报,神祇承担起重大职责,维持宇宙体系井然有序,防止混乱发生。[12]

巴比伦世界地图，公元前6世纪，泥板

收藏于大英博物馆的一块泥板留存着公元前6世纪的一幅地图，展示了巴比伦人的世界观。地图以幼发拉底河为中心，巴比伦城位于河附近，周围环绕着邻近的城市和王国。已知的世界呈圆形，被咸苦的大海所环绕，北面是连绵高耸的山脉，被称作墙。吉尔伽美什在旅途中可以翻越这道山界，抵达只有神祇和英雄才能前往的地方。地图虽然是象征性的，但足以充分反映出巴比伦人如何看待整个大地——一个被海洋和山脉所环绕的圆盘。[13]

巴比伦天文学

巴比伦人勤于占星，观测天空以预知未来。他们理所当然地认为天文现象是来自神祇的信息，可以预告将来之事。而神祇显然不会借天空向平民传递信息，像日食月食这样的天象必定是在向国王示警，事关国运。为确保不会遗漏神祇的信息，有一队占星师专职负责观测征兆。神祇以天空为媒介，向巴比伦或亚述国王传递消息，这样的臆断多少显示出一种偏于狭隘的宇宙观，但与国王是天下之主的观念一脉相承。

在巴比伦占星师看来，所有天象都蕴含着意义。日食或月食总是代表坏消息。月食警示着国王的死亡或失败。月盘被遮蔽的部分预示着灾殃将从地的四方的哪一方袭来。如果有幸是多云天气，也就是说国王所在之处看不见月亮的话，他就大可以放心了。[14]否则，祭司就会建议国王采取措施，以免受征兆侵害。他可能需要参加沐浴仪典，或在特殊的房子里禁闭几日。形势严峻的话，则需要更加严厉的手段。国王会暂时退位，王位由某个囚犯取代。这个可怜人将高坐在王座上，受到整个国家最位高权重之人的顶礼膜拜。几周后，一旦度过月食的危险期，真正的国王就会重新即位。这位囚犯随之会被带走处决。[15]毕竟，诸神的意旨必须执行。但是这一仪式并不总是按照计划进行。约公元前2000年，一位名为伊拉·伊米提的国王遇到可怕的征兆，预示他将死亡。为保护国王，祭司将国王关在宫殿里，又令一位花匠即位。这本是权宜之计，可伊拉·伊米提却在禁闭时意外被粥呛死。神的意旨已昭然若揭，遵其意旨，这位本应被处死的花匠幸运地被拥立为永久的国王，顺利统治国家二十多年。[16]

经过几千年的悉心观测，美索不达米亚的天文学家注意到天空中存在的某些规律。早在公元前2000年，他们就认识到，晨星和晚星，这两个夜空中除月亮以外最明亮的星体，其实是同一个。苏美尔人将其称作伊南娜，是主司爱与战争的女神，如今被称为金星。[17]金星的运行轨道距离太阳比距离地球更近，因此出现在天空中时总是更靠近太阳，在晨曦前作为晨星或是在黄昏后作为晚星出现。巴比伦人还了解到了其他四颗行星，即如今的水星、火星、木星和土星。他们发现这些行星周期性地消失在地平线下，并且认为它们存在于地下世界。

巴比伦的天文学家持续不断地记录日食和月食现象，逐渐认识到它们只发生在特定时候：满月时发生月食，新月时发生日食。

随着时间的推移，他们终于收集到了充足的数据，确定了这些征兆的出现遵循长期规律，并且可能出现的时间是可以预测的。这些标准中最有用的就是18年的周期，也就是223个阴历月，如今被称为沙罗周期。每个周期结束后，月球将回到相对于太阳的起始位置，重启日食和月食的新循环。[18]不过，巴比伦人从未弄懂日食和月食为什么会发生。在他们眼里，这是神的信息，而不是物理现象或是有待解释的事件。[19]他们也不知道月亮的光反射自太阳。[20]因为他们认为大地是个圆盘，所以当恒星和行星落在地平线以下时，便是沉到了地下。他们那些复杂的天体数学模型是计算工具，而不是对现实的反映。[21]

美索不达米亚文明认为大地是圆盘，这一观点体现于神话、君主头衔以及一幅遗存的地图。底格里斯河与幼发拉底河的河水浮浮沉沉，远古水域也许曾化作洪水，奔泻涌溢，毁天灭地，那么，想象地面如同兽皮覆盖着水域也算合情合理。大体上来说，巴比伦人认为自己生活在大地中心，被已知世界所包围，其边界或是难以逾越的高山，或是人迹罕至的汪洋。大地之上的天堂和之下的地狱由《天之高兮》等神话塑造，而这些神话的创作本身就以辩论为目的。因此，巴比伦的世界观反映了美索不达米亚的地缘政治环境，受到图景创造者所处特定环境的影响。不同环境孕育出不同文明，其看待世界的方式也就不同。埃及就是一个很好的例子。

2

埃及：黑壤与红沙

　　古希腊历史学家希罗多德（约公元前484年—约公元前430年）曾写道，埃及是"河流的礼赠"。[1]据卫星图像显示，事实正是如此。从太空俯瞰，尼罗河两岸肥沃的土地如一弯纤细的翡翠带，蜿蜒曲折地穿过广袤的沙漠，似乎易于破碎与消逝，可尼罗河已滋养埃及文明数千年。沙漠保护埃及人不受外敌侵扰，河流维系内部团结。从北部的三角洲一直到南部的阿斯旺，全长达1 000多千米的河段可以畅通无阻，直到被第一道瀑布阻隔。埃及于公元前3000年在法老治理下实现统一，并在此后2 500年的大部分时间里始终保持着独立和完整。

　　尼罗河每年夏天都会泛滥，携带着水和丰富的沉积物漫过两岸的田野。埃及人设计出一套堤坝和沟渠系统，让丰饶的河流灌溉尽可能多的农田。退潮后，农民就会在淤泥里种庄稼。从古代的视角来看，尼罗河流域的生产力是十分惊人的。由于洪水每年带来新的养料，这一带的农田从未受到前现代农业中常见的盐碱化和水土流失等威胁的困扰。因此，早在公元前1000年，埃及就有能力供养200万至400万人口。

原始丘

　　埃及人认为世界最初仅是一团涌动的混沌，某天，一座小土丘从水中升起。不难想象，当尼罗河的洪水退去，人们最先会看见高地，看见高地上勃发出的无限生机。这或许正是世界起源于原始丘的灵感来源。很多神庙声称保存着这座原始丘，吸引朝圣者前来瞻仰。[2]

　　有关众神如何诞生，存在着不同版本的叙述。一种主流的传说是，至高无上的神祇阿图姆孤零零地在土丘上，于是用精子创造出两个孩子给自己做伴。这两个孩子分别叫舒和泰芙努特，他们又生下一对后代，名叫盖布和努特。盖布和努特也结为了夫妇，但在大战一场后分开。努特一直吞噬他们的孩子，也就是星星们，盖布对此感到不快。努特的身体呈拱形，在盖布身上舒展开来，化作天空，她身下的盖布则化为大地。他们一起划定出了边界，他们之间是秩序的疆域，他们之外则是翻涌的混沌之水。到了夜晚，努特身体里的孩子，也就是星星们，依然清晰可见。[3]

　　拉神是太阳的化身。新王国法老塞提一世（公元前1323年—公元前1279年）陵墓穹顶上的壁画描绘了拉神每天穿越天空，乘船从东方航行到西方（船是古埃及王室正统的交通工具）的画面。拉神的起源众说纷纭。有一种传说认为他诞生于原初之水中的蓝莲花，而另一种传说认为他是从一颗蛋中孵化出来的。无论如何，拉从早期开始就是一个重要神祇，受到大金字塔附近赫利奥波利斯城中祭司的崇拜。每到傍晚，当拉完成穿越天空的旅途，他都需要回到东边的地平线，第二天也就从这里开始。据塞提一世陵墓中的壁画显示，拉夜晚返程时或许是在努特的肚子中穿行，这样才不会向外发散出光芒。黎明时分，他精神抖擞地现身，准备再次启航。[4]

还有一些不同的传说，如公元前2000年年末的《洞穴之书》（*Book of Caverns*），讲述了更多细节。拉每天乘船穿越天空，船员是一些等级较低的神灵，每日里辛勤劳作。到了傍晚，拉会登上另一艘船穿越冥界，并在日出时分抵达终点。他会在一支庞大的

盖布和努特，细节来自格林菲尔德莎草纸卷，上埃及底比斯，约公元前950年—公元前930年

舰队的协助下，击败蛇神阿波菲斯，只有杀死阿波菲斯，才能开启新的一天。每晚，这条巨蛇都会发起攻击，而每晚，拉都会取得最终的胜利，太阳才能照常升起。[5]有一个十分有趣的细节是，拉的冥界之旅全长24 000千米。[6]这听起来虽然像在说明埃及人眼中的世界有多宽，但其实更可能是在表示"距离遥远"。

埃及宇宙

尽管关于诸神与太阳运行轨迹的故事众说纷纭，古埃及的世界观却在合理范围内保持着一致。大地是扁平圆盘，位于深渊水域的上方，尼罗河即发源于此。天空就像拱形的屋顶，由四根支柱或山脉支撑着，阻挡上方的水涌入，使世界宛如一个泡泡，在无垠的混沌之水中维持着井然的秩序。天空在象形文字中看起来像是一个浅浅的拱门，卡纳克神庙坚实的石柱对应的就是支撑天空的柱子。[7]

不论在东方还是西方，地平线都代表着世界边缘，有着举足轻重的象征意义，甚至有一位专司掌管的神祇哈拉胡提，即隼头人身的荷鲁斯的一个形象。尼罗河穿过大地中央，从顶部的源头一路奔向底部的地中海。对于尼罗河两岸肥沃的黑土和两侧沙漠中的红土，埃及人加以明确区分。他们还界定了沿海的沼泽三角洲和上游的尼罗河流域。在其历史上，埃及南部一直都被称为上埃及，尼罗河三角洲则被称为下埃及。头戴双冠的法老是统辖这两片土地的国王。

　　埃及的社会风气偏向保守，以法老为中心，对外来文化持深刻的怀疑态度。这些态度反映在他们的世界观之中。世界分为两个部分：一部分是秩序的疆域，即法老统治下的埃及；另一部分是混沌的领域，即埃及以外的所有地方。埃及人离尼罗河越远，就越接近最终的地平线，超越这一界限，原初之水就不再受到遏制，肆意妄为地摧毁一切。只有天空和大地围拢的边界才能遏制洪水的侵袭。无论是对埃及人还是巴比伦人而言，地理都富含着深刻的意义，他们都将自身文明放在宇宙构造中的核心地位。[8]

　　祭司维尔什涅菲尔死于公元前350年，其花岗岩石棺上绘制了一幅埃及人眼中的世界。这位祭司葬于开罗南部的萨卡拉的墓地，不过，巨大的石棺现今收藏于纽约大都会艺术博物馆。在这幅图画中，大地是同心圆组成的圆盘。努特的身体呈拱形笼罩着整个圆盘，盖布则从下方支撑着圆盘。侧边的敌对部落对埃及文明构成威胁，而在顶部，尼罗河从地下洞穴中喷涌而出。埃及本身呈现为一个象征着四十个组成地区的圆环，天空和星星出现在中心的圆圈。尽管在这幅图画的创作年代，古埃及文明已接近终结，但在维尔什涅菲尔之前两千年里的祭司应该不会感到陌生。

　　埃及拥有悠久辉煌且高度发达的文化，但科学成就并不算耀眼。负责观测天空的拉神祭司了解一些星座，以及可见的五颗行星，但没有证据表明他们对行星的运行进行过系统观测，他们也无法预测日食和月食现象。[9]他们并没有占星传统，也就缺乏动机在这方面展开研究。研究天文学的动机主要源于制定历法。太阳的轨迹为记录时间提供基准，埃及人因此采用一年365天的历法。祭司记录天空中可见的星星，以此来标记季节，尤其是尼罗河泛滥的时间。后来的罗马人沿用埃及人一年365天的历法，直至今日

世界的描绘，来自维尔什涅菲尔的石棺，埃及萨卡拉，公元前380年—公元前300年

我们仍在使用，尽管有一些细微的改动。[10]

古希腊人近乎痴迷地推崇埃及祭司的智慧，坚信他们的知识广博而精深。相传早期的希腊先贤，正如我们在后几章中会提到的泰勒斯（约公元前624年—约公元前548年）和毕达哥拉斯（约公元前670年—约公元前490年），就是在访问埃及期间获得了洞见。哲学家柏拉图（约公元前428年—公元前348年）声称失落之城亚特兰蒂斯的传说也来源于此。然而不幸的是，等象形文字最终于19世纪早期得以破译时，所有对埃及文学能揭示哲学起源的期望都大大落空。尽管从沙漠中失而复得的莎草纸残片留存了举世瞩目的实用数学，但并没有展现出古埃及人对天文学怀有多大的兴趣，更没有半点提及亚特兰蒂斯。

数千年来，美索不达米亚文明与埃及文明贸易互通，偶尔爆发战争，彼此之间存在着交流，但令人讶异的是，两大文明在各自的世界观中都没有为对方保留位置。它们视自身为宇宙焦点。公元前600年，城市化社会的两大支柱繁荣强盛一如往昔。埃及已经进入第二十六代法老王朝，美索不达米亚则在尼布甲尼撒（卒于公元前562年）的治理下由巴比伦统辖，并且尼布甲尼撒不久后就将犹大和耶路撒冷并入所辖疆域。但在东方和西方，一些外来势力正在蓄势待发，它们将扫荡旧日秩序，争夺其后千年的霸主地位。这些文化，如波斯与希腊，将孕育出全新的、不同以往的宇宙模型。

3

波斯：秩序与奸诈

数千年来，从中国边境延伸到匈牙利平原的大草原一直是欧亚大陆的交通要道。无论从哪个方向观察，地面与天空之间的分界都是一排低矮的丘陵。丘陵之外，是另一排别无二致的山脉。除了从大草原间横穿而过的河流，没有其他不同的景致。各个部落随着季节跟随牧群迁徙，但很少走出草原。

这样的生活十分艰苦。但自公元前5000年以来，一群来自黑海以北、现今位于乌克兰境内的游牧民取得了一系列突破，彻底改变了他们的生活方式。或许是受到早期侵入草原边缘的农民启发，他们不再把草原上的马当作可捕猎食用的野生动物，而是开始驯化马匹。他们还发明了轮子，将马和轮子结合，另一种发明由此诞生：马车。[1]为满足快速移动的需求，他们还给车的两个轮子装上辐条，开发出一种更轻便的工具：双轮战车。这有明显的军事用途，他们很快就加以利用。约公元前3000年，游牧民开始往各个方向扩张。西进的族群在一千年内征服了欧洲。其他族群则向东方或南方扩散。无论走到哪里，他们都将自身的文化强加给当地的农民。因此，从英语到法语再到波斯语和印地语，现代语言有一个共同的根基，就来自这些部落使用的语言。这个语系被称为印欧语系。

公元前1000年以前，其中一个部落翻越兴都库什山脉，进入印度。另一个族群向西前行，在叙利亚北部建立起米坦尼王国。考古学家正是在这里发现了最早的印欧语系铭文。还有一支部落向南迁徙，翻越扎格罗斯山脉，在一个叫埃兰的地方定居下来。这些部落族人被称为"帕斯人（Pars）"，古希腊人据此称他们为"波斯人"。然而，在他们最早的传说中，他们自称为"雅利安人"，或是根据他们大部分历史中的拼写，称为"伊朗人"。

琐罗亚斯德及秩序与奸诈之争

早在定居埃兰之前，波斯人的先祖就已创作出一系列名为《阿维斯塔》（*Avesta*）的宗教颂歌。吟咏《阿维斯塔》时所使用的方言以及歌词中提及的地名表明，这些颂歌最早出现在公元前2000年至公元前1000年的中期，地点是阿富汗和伊朗北部。这些颂歌经历了几个世代的口头传颂，最终于公元3世纪以书面形式被记录下来。[2]它们是琐罗亚斯德教的主要经典，多次提及琐罗亚斯德这个名字。至于他是一个真实存在的人物，还是创建这一宗教的先知只是以他命名，存在着一些争议。许多学者相信这个名字的背后是一个真实存在的历史人物。[3]

《阿维斯塔》设想"秩序"与"奸诈"之间有一场激烈的斗争，前者被拟人化为至高神阿胡拉·马兹达，而后者被拟人化为恶神阿里曼。琐罗亚斯德教徒的宗教职责在于执行必要的祭祀仪式，以帮助阿胡拉在这场斗争中获得最终的胜利，让善美归位。

　　由于文献资料的缺失，想还原《阿维斯塔》中的早期世界图景并不容易。现存的经典很大一部分是在公元7世纪阿拉伯人入

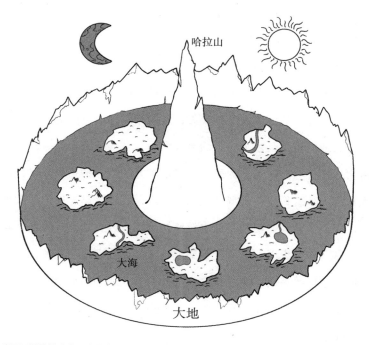

琐罗亚斯德教宇宙观中的世界，根据玛丽·博伊斯编辑和翻译的《琐罗亚斯德教研究文献》
(*Textual Sources for the Study of Zoroastrianism*，1984)

侵后，由琐罗亚斯德教徒为全力挽救传统而编撰。根据琐罗亚斯德教经文的现存片段，大地是圆盘，中央的山脉撑起天空，山脉在大地边缘形成 2 244 座山峰。[4]波斯人及相关部落曾是内陆游牧民族，想象世界被山脉而非海洋环绕也是情理之中。位于大地中央的山叫作哈拉山，是宇宙的轴心，太阳、月亮和星星围绕着它旋转。琐罗亚斯德教徒认为，在时间之初，阿胡拉·马兹达所创造的世界完美无缺，保持静止不动（或许是因为任何变动只会让它变得不完美）。然而，在其与邪恶的阿里曼的战斗中，世界被损毁，开始围绕着哈拉山旋转，由此有了昼夜。[5]雨水落下，水流汇聚成海洋，将干燥的陆地划分成七块大陆。[6]

巴比伦、埃及和琐罗亚斯德教的世界观之间并没有太多相似之处。诚然，这三大文明都认为大地是平的，上面的天空是诸神的居所，地下的世界则鬼怪聚集，是黑暗之地。但除此之外，他们对大地的想象是基于各自的地理环境。对埃及人而言，尼罗河将大地一分为二，远方的地平线界定东方和西方的边界。巴比伦人认为大地就像覆盖着混沌之水的鼓皮，其都城巴比伦位居大地的中央。这两大文明都相信水是原初物质，因为水是其农耕社会的根基。相比之下，琐罗亚斯德教则认为环绕大地的是他们极目远眺所望见的高地，哈拉山处于大地中心。我们在后文中会看到，中央山峦这一母题将出现于雅利安人另一个迁徙至印度的分支的文学作品中。

波斯帝国

到公元前6世纪波斯人建立王朝时，琐罗亚斯德教很可能已经成为统治贵族的主要信仰。波斯国王纪念碑上的铭文主要是为了称颂其生平战功，但也表明了王权属于阿胡拉·马兹达。[7]

居鲁士大帝圆筒：用巴比伦语记述的居鲁士大帝征服巴比伦，公元前539年及以后，黏土

公元前559年，居鲁士大帝（公元前600年—公元前530年）登上王位，开创波斯帝国。他发起迅如闪电的征服战役，一举攻下亚述疆域及小亚细亚其他地区，随后入侵美索不达米亚，并于公元前539年占领巴比伦。他尽己所能地尊重巴比伦人的传统。居鲁士大帝埋于马尔杜克神庙地基中的黏土圆筒上刻有楔形文字铭文，上面显示，他为自己冠以"世界四方之王"的古老头衔，并

标榜他恢复了巴比伦人对先祖的崇拜。[8]随后50年里，波斯人向西征服埃及，向东攻下印度河流域。波斯人对被征服民族的传统实行兼收并蓄的政策，因此建立并维系了有史以来最庞大的帝国。

无论居鲁士大帝如何表示尊重，波斯的入侵都标志着巴比伦在美索不达米亚的霸权落下了帷幕。曾经即使在亚述人统治期间，巴比伦仍是这一地区的文化磁石。但现在，古老的仪式逐渐走向衰败。波斯人对美索不达米亚的宗教持包容态度，但终究称不上感兴趣。

巴比伦的占星师于是陷入窘境。他们无法再获得热衷闻听上天信息的国王的支持，必须找寻新的目标。公元前5世纪，他们开始向个人兜售占星术，基于一个人出生时分的天体位置来预测其一生的命运轨迹。[9]天空的系统分类应运而生。到公元前400年，占星师将太阳经过星宿带的轨迹等分为十二块扇区，每块扇区以区域内最显著的星座命名。他们将太阳一年的巡回轨迹划分为360度，这样每天大约移动一度。黄道十二宫至今仍是占星术的基础。[10]而且，我们仍遵循巴比伦数字系统将圆周定义为360度，巴比伦的数字系统正是六十进制而非十进制。这也是一分钟有六十秒、一小时有六十分钟的原因。

新的占星系统大受欢迎。能获取关于未来知识的人不再仅限于神灵屈尊向其传达的国王。现在，任何能负担这一费用的人都可以获得自己的生辰天宫图。天宫图传播到希腊、罗马、印度，后来甚至传入中国。在这个过程中，它成为促进天文学发展的主

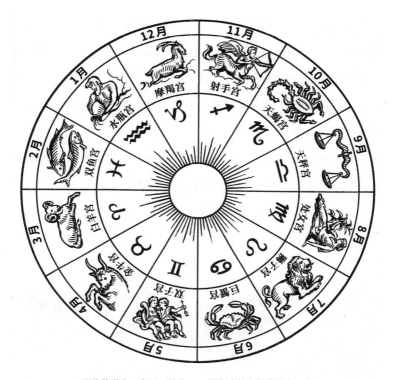

现代黄道十二宫图，融合了15世纪末的木刻黄道十二宫

要动力。占星师需要了解行星过去和未来在黄道带上的位置，为此，唯一可行的途径就是制定出预测星体运动的数学公式。

波希战争

公元前500年，波斯帝国已经延伸至小亚细亚的爱琴海沿岸，将爱奥尼亚纳入版图，希腊移民在此建有几处殖民地。公元前499

年，爱奥尼亚多个城邦联合起义，波斯六年后才重新夺回掌控权。起义中心是米利都，这座城市于公元前494年沦陷，民众受到波斯人的奴役。波斯国王大流士一世（公元前550年—公元前486年）将叛乱所造成的严峻形势归咎于希腊内陆对爱奥尼亚的支持，因此决意跨越赫勒斯庞特海峡，将帝国版图拓展至欧洲。但计划进展得并不顺利。大流士一世的军队成功攻下希腊北部的马其顿和色雷斯，但在马拉松战役中遭到雅典的重创。

十年后，大流士之子薛西斯（公元前518年—公元前465年）再次发起进攻。这一次，波斯一方不敢有丝毫侥幸，而是召集了

描绘亚历山大大帝的镶嵌画，庞贝城，约公元前100年

规模庞大的军队和舰队全副武装。希腊一方的处境显得岌岌可危，他们面临的是足以从遥远如印度的地方集结军队的统一帝国。希腊人彼此间也曾多次对峙，不过也只能算战争演练，想要使各方军队团结统一依旧困难重重。然而，薛西斯并没有获得命运的垂青。他的舰队在萨拉米斯战役中被雅典舰队一举摧毁，他的陆军在普拉提亚战役中被由斯巴达领导的希腊联军全面击溃。战事绵延数十载，最终以希腊解除了波斯的威胁告终。

公元前4世纪30年代，希腊与波斯之间重燃战火。这时，希腊内部纷争不断的各个城邦已在马其顿国王腓力二世（公元前382年—公元前336年）的率领下实现统一。雅典人民视马其顿王国为军事落后地区，却无力抵挡其军队。腓力二世遇刺身亡后，其子亚历山大（公元前356年—公元前323年）率领军队远征，宣称要为一百多年前的波希战争复仇。在伊拉克北部的高加米拉，亚历山大麾下的马其顿军队远离家乡，对面是大流士三世（公元前381年—公元前330年）引领的十万大军。无论从哪方面看，亚历山大都绝没有获胜的可能，而他的胜利却摧毁了波斯帝国。亚历山大直抵巴比伦，又前往波斯波利斯，纵火将这座大流士王朝仪式上的都城焚毁殆尽。亚历山大在去世前已经征服小亚细亚、黎凡特、埃及、波斯，一直到印度。在扩张过程中，他建起无数座城市，并简单地将其中许多城市命名为亚历山大。

亚历山大大帝的四处征战将希腊文化一直传播至阿富汗，但他一手缔造的帝国却没能在他死后留存。他在巴比伦去世后，他手下的人争执不休，最终瓜分了他开拓的广袤疆域。其中一位下属托勒密（公元前367年—公元前283年）将亚历山大的遗体带至埃及亚历山大，建立起新一代法老王朝。托勒密将亚历山大打造成希腊文化的源泉，一直到公元7世纪，这里都保持着重要的文化中心地位。

尽管被亚历山大大帝挫伤了元气，波斯人日后仍将东山再起。公元2世纪，作为新一代琐罗亚斯德教王朝的萨珊王朝，将重新崛起并占领昔日波斯帝国所征服的大部分领土。我们会在后文中继续了解萨珊王朝统治下的波斯帝国，但在此之前，我们不妨先观摩希腊人如何重新定义宇宙秩序，并成为第一个摒弃地平说的民族。

4

古希腊：阿喀琉斯之盾

　　有关希腊对宇宙的描述，保存至今最古老的不是宗教经典或科学文献，而是一篇关于特洛伊战争的史诗。荷马的《伊利亚特》被公认为创作于公元前8世纪，讲述了英雄阿喀琉斯的一场闷气引发的一连串暴力事件。希腊国王阿伽门农没有允准阿喀琉斯占有一位俘虏少女，阿喀琉斯为此待在帐篷中闷闷不乐，没有上战场。但他的好友帕特洛克罗斯却渴望走出帐篷赢取荣耀，于是借走阿喀琉斯的盔甲，找人对决。他遇上了特洛伊最善战的勇士赫克托耳，最终命丧敌手。阿喀琉斯现身想为好友复仇，但不幸的是，他的盔甲在赫克托耳手上——原来赫克托耳从死去的帕特洛克罗斯身上扒下了盔甲。神匠赫菲斯托斯受人委托，为阿喀琉斯锻造一些新装备，其中最巧夺天工的当数一面战盾。

　　《伊利亚特》以华丽的文笔描摹了这面盾上的装饰。盾呈圆形，赫菲斯托斯在边缘画上海洋，即希腊人眼中世界的边界。[1]根据环绕的海洋判断，盾的正面应当是大地，赫菲斯托斯在这一面描绘希腊日常生活的各种场景。在盾的中央，他画上太阳、月亮和星星，与埃及祭司维尔什涅菲尔的石棺上的图案非常相似。荷马特别提及了大熊座（在英国俗称犁座，在美国俗称大勺座）。他说，与一年中有部分时间沉入地平线以下的其他星星不同，大熊座永不沐浴于海洋之水。[2]这是一种诗意化的表达，说明大熊座一年之中始终清晰可见。

荷马的世界观

不同于生活在内陆的波斯人，居住地四面环海的希腊人认为世界的边缘是海洋。太阳落下时，就会沉入海水之中，而不是像在巴比伦的吉尔伽美什神话中那样消隐在山后。[3]荷马在《伊利亚特》的其他部分描述了更多关于其世界观的细节。天空不是众神的居所，而是半球形的穹顶，星星在其间移动。众所周知，希腊众神居住在奥林匹斯山。荷马将塔耳塔罗斯放在地下，那里是泰坦神的囚狱，与大地的距离等同于天空与大地的距离。[4]

后来的希腊人将荷马的世界观奉为圭臬。我们会看到早期的希腊地图遵照荷马的观点，将大地画为圆形，海洋环绕着其边缘。不过，即便可以从《荷马史诗》中提取出少量的地理信息，但诗人本人更关注的是价值观。就像巴比伦人、波斯人和埃及人基于其政治和宗教文化来想象世界结构一样，古希腊人也将伦理观念融入宇宙构造。《荷马史诗》描绘了一个受荣誉观和羞耻观约束的青铜时代的勇士贵族群体。荷马笔下勇士的最高奖赏是公众的尊敬，最大恐惧是遭受嘲弄或失去尊严。这也正是阿喀琉斯在受到国王阿伽门农的羞辱后，拒绝上战场的原因。只有在帕特洛克罗斯命丧特洛伊勇士赫克托耳之手后，为了替好友复仇，阿喀琉斯才回到战场。

在荷马的叙述中，对于阿喀琉斯和赫克托耳这样的英雄，他们的表现遵循的是一种对众神也具有约束力的行为准则。这一准则要求他们在战斗中勇往直前，对家庭保持忠诚，并赢得同辈的尊重。由于这种勇士伦理已经成为普世伦理秩序的组成部分，这些贵族英雄相信宇宙本身可以为其暴力生涯的正当性做辩解。大地只是一个舞台，他们在此演绎种种英勇事迹。希腊贵族将其行为标准嵌入现实的结构体系，认为可以以此论证其行为在客观上是正当的。

无论是荷马、贵族精英还是世界的伦理秩序都对普通人的生活毫不在意。众神的职责是守卫规则，但无力违拗命运的旨意。在《伊利亚特》的著名一幕中，宙斯思索如何拯救儿子免遭帕特洛克罗斯的毒手，即使这是儿子注定的命运，妻子赫拉则劝阻他不要肆意妄为。[5]远古神灵复仇女神负责追捕并摧毁那些违背自然法则的人，甚至连众神也无法干涉。

荷马笔下英雄们信奉的宗教会将英雄的生活方式作正当化处理，这并不奇怪，因为他并不是唯一一个相信希腊伦理体系根植于物质世界的希腊人。我们视为理所当然的人与自然的分界，对他们而言却并不存在。正如剑桥大学古典学家弗朗西斯·康福德

（1874年—1943年）在20世纪初所言："世界结构本身就是一种道德或神圣的秩序，因为在社会早期发展的一些特定阶段，人们相信世界的结构和行为与人类社会的结构和行为保持着连续性，前者仅是后者的延伸或映射。"⁶康福德的意思是，在希腊人看来，世界的运行方式为他们的社会结构提供典范。这一观点同样适用于巴比伦人和埃及人。然而，尽管所有古代文明一致认为自然蕴含着伦理秩序，但就何谓伦理秩序没有达成共识。不过有一位大约与荷马同时代的诗人并不与勇士贵族群体共情，而是期盼宇宙能遵循更为温和的秩序。

赫利孔山的诗人

约公元前700年，一位牧羊人离开希腊中部赫利孔山山坡上的羊群，向东出发。到达海岸后，他搭船前往离主陆不远的埃维亚岛上的卡尔息斯城。这是他第一次出海。在卡尔息斯城，他参加了当地国王的葬礼，发现这里有运动员在竞赛，原来这是悼念仪式的一部分，以祭奠亡者。除了体育项目，还有诗歌比赛。后来有传闻称荷马也参加了比赛。来自赫利孔山的诗人吟咏起有关众神起源的诗歌，一举夺魁。⁷

这位诗人名叫赫西俄德，他在诗赛中吟唱的诗歌现今名为《神谱》（*Theogony*），意为"众神的谱系"。《神谱》与荷马的《奥德赛》《伊利亚特》并列为现存最古老的希腊诗歌。《神谱》近似于巴比伦史诗《天之高兮》的希腊语翻版。诗歌讲述的是奥林匹斯众神的诞生、彼此间的争斗和婚姻，以及宙斯如何最终成为众神之王。一切始于大地女神该亚从深渊虚空中自然而然地降生。不久后，天空之神乌拉诺斯出现，与该亚结合生下一群新的神祇。故事接下来进入弗洛伊德式的梦魇，父亲吞噬儿子，儿子残害父亲。

在因《神谱》赢得诗歌比赛的多年以后，赫西俄德创作了另一首诗歌《劳作与时日》（ *Works and Days* ）。《神谱》所围绕的是不朽的神祇，《劳作与时日》则关注季节的变迁和自身的生命。身为农民，赫西俄德节俭有度，极重自尊。他相信成功的秘诀在于辛勤劳作，与人为善但不同情心泛滥，敬奉神祇并遵守规则。事实上，赫西俄德之所以拥有称得上丰厚的家底，应该归功于他的父亲——家族中第一个来到赫利孔山耕作的人。可赫西俄德将好运视作自身努力的结果，他理应享有。他那坚不可摧的自我中心主义使他在诗歌中融入了自我的本能，整个宇宙都充斥着他个人的道德准则。

尽管赫西俄德与荷马在道德观念上存在显著差异，但他们笔下的宇宙在物理特征上却有着明显的相似之处。虽然两位诗人似乎并未受到对方的直接影响，但他们都将海洋描述为"回流"，很可能是指海洋流向海洋，也就是说，海洋是循环的。星星消失在地平线下时，就落入了海洋。[8]赫西俄德也将天空和塔耳塔罗斯分别放在地面之上和之下同等距离的位置，与荷马如出一辙。[9]大地的根须向下延伸直至地狱，地狱被一堵墙包围着，将泰坦神囚禁其中。据赫西俄德叙述，昼神和夜神在塔耳塔罗斯共享一所屋子，但从不同时待在屋子里。昼神外出时，夜神待在屋子里，而等昼神回来时，夜神已经离开。

大地呈圆盘状，其下是坚实的地基，四周环绕着海水，上方笼罩着穹顶，这样的世界观在希腊人之间广为流传。除了荷马和赫西俄德，还有其他早期诗人也曾作此畅想。《赫拉克勒斯之盾》曾被认为是赫西俄德所作，但其明显是后来人以荷马描摹的阿喀琉斯之盾为范本所创作的仿作。[10]公元前6世纪，品达也曾提到支撑大地的镶铁支柱。[11]然而，依然有一些人在其所处文化的熏陶下提出了前所未有的另类观点。接下来的几章将试着对此做出解释。

5

希腊思想起源：
与所有极端的距离相等

哲学家伯特兰·罗素（1872年—1970年）曾写道："在整个历史上，最令人震惊和难以理解的当数希腊文明的迅速崛起。"[1]罗素伯爵还声称希腊人创立了数学、科学和哲学，这一观点并不属实。何况希腊文明的出现也称不上多么突然。不过，一面是荷马史诗所处的社会环境，另一面是柏拉图的对话录、亚里士多德的逻辑学及欧几里得（约公元前325年—约公元前265年）的几何学，这两者之间确实天差地别，如同隔着一个世界。我们有权认为这一跨度难以置信，也的确需要对其做出解释。

在荷马与赫西俄德之后的几个世纪里，后来的思想家如柏拉图保留了伦理秩序支撑着自然与社会这一传统认知，但将神话故事淡化为背景色彩。他们不再仅仅宣称事物应该如何，而是对所得结论展开详细的论证。这并非突如其来：荷马与亚里士多德之间隔着四个世纪（用希腊人的说法就是一百个奥林匹克周期）。正是在这一时期，地圆说成形并逐渐取代承袭自希腊世界观的传统地平说。

法律、政治和理性论证

　　哲学会在政治与法律实践的交汇处出现，这一结果完全有迹可循。希腊人尤以善辩论闻名，他们为本民族的法律感到自豪，也乐于探索法律的作用。[2]要想在辩论中获胜，你必须为法律的某种特定阐释据理力争，并将其运用于案件的具体情况，赢得诉讼。在雅典，审理案件的陪审团可能由随机选出的多达500名的市民组成，原告必须说服陪审团，让他们相信其诉求是正当的。诡辩家擅长以修辞技巧说服听众，他们专门教授学生如何为支持或反驳几乎所有的命题而搭建论点。就这样，分歧和辩论逐渐向系统化发展，而且同等重要的是，这也是通往财富和影响力的途径。

　　在法庭上获胜的必要技能逐渐演化至政治场域。雅典、底比斯和斯巴达等城邦各自形成不同政体。亚里士多德的学生收集了158份宪法，以期确立治理城邦的最佳形式，柏拉图篇幅最长的两部作品《理想国》（*Republic*）和《法律篇》（*Laws*）也涉及同一议题。

　　在现实中，政治甚至可以决定一整座城池的生死。修昔底德（约公元前460年—公元前400年）的《伯罗奔尼撒战争史》（*History of Peloponnesian*）叙述在雅典与斯巴达之间从公元前431年至公元前404年的这场战争中，巧言善辩的政客如何以精妙的演讲和雄辩的论证左右公众的思维。在一次著名事件中，雅典大会原本投票决定将战败城池中的市民全部处决。但经过一番辩论后，大会在次日撤销了这一命令，并派出一艘快艇去阻止屠杀。[3]修昔底德论述的核心主题在于说明雅典大会的决策直接影响着战事进程和城邦本身的命运。

希腊人崇拜神祇，但其政治体系是世俗化的。祭司团体与其说是一支精于此道的队伍，倒不如说是一个富有的市民群体。希腊政治之所以有别于波斯、马其顿帝国，正在于其广泛参与性。尽管也有一些城邦实行僭主政治，但许多城邦都将政治权力分配给大批民众，通常是拥有土地的士绅阶层，也有的是分配给全体男性市民，比如雅典。这种权力的分散化源于希腊人组织军队的方式。多数城市武装力量的核心是方阵，这是一种由重甲步兵组成的阵列，他们身穿盔甲、手持长矛，经过操练后严格保持阵形并作为一个单位参与战斗。每名重甲步兵都应维护好其作战装备，定期参加训练。相应地，任何有财力购买武器和盔甲的市民理应在城市管理中占有一席之地。[4]像底比斯这样的城邦可以召集数千名重甲步兵，每一名都希望在城邦大会中获得一票，并有资格参加行政职务选拔。

雅典则更进一步。其军事力量依赖于由每边各有三列划桨手的大型战舰所组成的舰队。在战斗中，船员驱动三列桨战船驶向敌舰，以青铜材质的装甲撞角在敌舰吃水线以下的部分撞出洞口，或是登舰与敌人近身搏斗。雅典舰队的划桨手不是奴隶，而是自由市民。由于划桨手无须自备装备，相比参与方阵的战斗，有更多的人可以负担在舰队中划桨的费用。雅典之所以将政治权力分配给所有的男性国民，无论他们是否贫穷，原因也正是在于城邦军事力量所依赖的舰队需要配备划桨手。[5]这意味着相比在其他城市，辩论和争论在政治生活中居于更核心的地位。由于政治面向更为广泛的人群，那些希望推行特定政策的人必须说服城邦中的多数人。因此，雄辩才能成为一项重要资质。希腊政治"重视技巧性演讲，并培养出善于欣赏演讲的公众"。[6]就税收或战争议题展开辩论以及就如何更好地生活这类更广泛的问题展开思索，而在这两者之间仅有一步之遥。

现代哲学有时候会让人觉得哲学是象牙塔里的学者的专属领域，他们思索的尽是一些艰深晦涩的难题，大多数人既无法理解，更不会感到与自己的生活有关联。希腊哲学本不应如此。柏拉图派、斯多葛派及伊壁鸠鲁派等不同哲学学派的成员之所以联合在一起，是因为相信各自所信奉的学派能提供一种广泛的、无所不包的生活模式。[7]真正的哲学家是为了达到平静与满足的状态。柏拉图的追随者试图通过思索至善来实现这种追求。另一学派斯多葛派致力于接纳宇宙最终将顺应其应有的运行方式的观点，而伊壁鸠鲁派则教导人们，当达观者意识到自己不会被任何发生在身上的事情所真正伤害时，幸福也就随之而至。并非所有的希腊思想家都会强调超自然的存在，但多数在其思想体系中容纳了一神或多神的存在。哲学学派与通俗宗教和政治运动的不同之处在于其奉行精英主义。哲学家承认他们的教导并不适用于所有人，而只适用于具备必要智力才能的人。

哲学最关心的莫过于广义概念上的道德准则，因此提出了诸如"治理城市的最佳方式是什么""法律来自何处"以及"政治与美德之间存在什么联系"这样的问题。当法律来自专制君主或圣书时，这些问题可能不那么重要。但对希腊人而言，权力分散在许多个体之间，这些问题变得至关重要。现存记录中，最早提出这些问题的是公元前6世纪的一群思想家，也就是在荷马创作《伊利亚特》和《奥德赛》的数百年后。他们来自小亚细亚西南角的城市米利都，而一个世纪后，这个城市的人民掀起了反抗波斯帝国的起义。

米利都学派

按照传统的说法，希腊哲学的创始人是公元前6世纪早期一位来自米利都、名叫泰勒斯的男子。遗憾的是，我们对他几乎一无所知。根据之后的来源所收集的文献大多难以证实，其中有几个明显是虚构的。柏拉图曾讲过一个著名的故事，但让人很难当真：

> 泰勒斯正在研究星星，仰着头，结果一不小心落入井里。故事中，一个幽默的色雷斯侍女取笑他一门心思只想着天空中的事物，却忽略了眼前之物。[8]

泰勒斯对天文学的热情在其他故事中也有所体现。据说他预言了公元前585年5月28日出现的日食，尽管相关知识超出了这一时代所能企及的范围。他至多是了解到巴比伦关于何时更有可能出现日食现象的传说，而这些传说是经过几个世纪的观察后总结出的相关性。[9]泰勒斯可能还在其他方面受到东方思想的影响。据称他认为水是构成世界的基本物质，这一观点或许受到了巴比伦史诗《天之高兮》的影响，即世界起源于淡水与盐水组成的一团混沌。[10]不过，他更可能是受到了荷马的影响，因为他曾提及俄刻阿诺斯神是万物的源泉。

我们对泰勒斯所知甚少，但对其后继者掌握了很多信息，如同样来自米利都城的阿那克西曼德（约公元前610年—约公元前546年）。他认为存在的终极基础是"无限"，这可能是指希腊创世神话中的原初虚空。[11]毕竟，赫西俄德创作的众神谱系始于虚空深渊，而早期神祇正是从这里自然而然地诞生。米利都早期哲学家中的最后一位，阿那克西美尼（约公元前586年—公元前526年）总结道，空气是万物本原。早期希腊人意识到人必须呼吸才能维持生命，因此将空气与灵魂联系起来。[12]阿那克西美尼将这种等同进一步延展，或许暗含着宇宙本身亦是生命体之意。

米利都学派的这三位哲学家的观点尽管存在一些差异，但在以下问题上保持一致：他们都认为地球是扁平的。然而，他们的一致性也仅限于此。泰勒斯认为水是基本物质，表示大地就像一根木头一样漂浮在深渊之上。几个世纪后的亚里士多德对这个理论进行了尖锐的批评。他嘲讽地问道，那么是什么在支撑这些水？[13]

阿那克西曼德提出，我们生活在一个低矮圆柱体的扁平表面，圆柱体高度是宽度的三分之一。曾有古代资料把它比作圆柱鼓石（column drum）。[14]许多希腊神庙以大理石堆叠起来所形成的柱子为支撑，圆柱鼓石就是这种柱子的一部分。阿那克西曼德认为大地不需要任何支撑。他认为大地位于宇宙中心，与所有极端的距离相等，因平衡而保持其位置。亚里士多德对这一观点同样不掩厌烦。他打比方说，就像一个又饥又渴的人与食物和饮水的距离相等，犹豫着无法确定先向哪边伸过手去。[15]

米利都学派的第三位哲学家阿那克西美尼认为大地飘浮在空中。大地呈扁平状，所以可以把风作为一层垫子，悬浮在空气中，就像伞借助于微风的力量飘在空中那样。他可能还提出过太阳夜晚时藏在北方高山的后面——这一观点我们最早在《吉尔伽美什史诗》中了解过。[16]

虽然其思想受到荷马及巴比伦人的重大影响，米利都学派作为西方知识传统奠基者的地位毋庸置疑。包含20世纪哲学家卡尔·波普尔爵士（1902年—1994年）在内的一些现代学者认为，米利都学派是科学思维初期阶段的典型代表。波普尔将他们所提出的一系列新理论称为"大胆而迷人的观点"。[17]相比亚里士多德，他对阿那克西曼德提出的大地以平衡状态位于宇宙中心这一观点的印象更为深刻，盛赞其为"整个人类思想史上最为大胆、革命、富有前瞻性的观点之一"。[18]

在波普尔看来，米利都学派最显著的特征在于理性和批判态度。无论观点有多么离奇，他们尝试不诉诸神祇来理解世界，光凭这一点就已经是正确的一步。但他们所谓的去宗教性尚且处在很薄弱的阶段。米利都学派虽然不再使用奥林匹斯众神的名称，但并没有弱化宇宙基本伦理秩序的重要性。事实上，哲学家们通常用以描述世界组织原则的希腊词汇是"kosmos"，字面意思是"秩序"。这个词最初是指道德框架或体制，后来获得了更具体的定义，大致与"宇宙"相对应，表明现实是一个有序的整体，受制于我们所能够理解的规则。[19]无论是现代物理学家还是古代哲学家，他们对主宰宇宙的法则的探索都被称为宇宙学或"宇宙研究"。

早期希腊天文学

有关泰勒斯预言日食现象及在仰望星空时落入井里的故事表明，在希腊人眼里，哲学与天文学紧密相连。[20]然而，不同于泰勒斯熟知天文学的传闻，在他这一时代，希腊人对天文学的了解尚处于原始阶段，尤其是与巴比伦人相比。荷马甚至不知道晨星就是晚星，也就是金星，而苏美尔人早在公元前2000年就已经明白了这一点。[21]约公元前1000年，巴比伦人已经确定裸眼可见的行星（也就是水星、金星、火星、木星和土星）。现存最早提及这五颗行星的希腊文献大约是在公元前350年，尽管他们知道这五颗行星的存在还可以再往前推50年。[22]其中数水星最难观察，因为它靠近太阳且不是十分明亮。毫无疑问，希腊人从巴比伦人那里继承了天文知识：一些行星和星座的希腊名称与早于它们的东方名称明显具有相似性。例如，他们有时将土星称为"太阳之星"，这一名称在楔形文字资料中已有证实。希腊与罗马女神阿佛洛狄忒/维纳斯往往与美索不达米亚的伊南娜/伊什塔尔相联系，它们都是同一颗行星。希腊人自己也将天文观测以及观测所需的基本仪器归功于巴比伦人。[23]

东方科学渗透到希腊有多种途径，或许受到以下历史事件的推动：波斯帝国在公元前6世纪末占领爱奥尼亚，其中包括米利都城。这意味着美索不达米亚和小亚细亚爱奥尼亚的城市都进入了同一个帝国的版图。西方雇佣军在波斯的军队中效命，来自地中海地区的商人成了黎凡特港口的熟悉身影。

与荷马一样，早期的希腊天文学家认为天空是笼罩在大地上方的穹顶。附于天空内部表面的星星每天围绕朝北的轴作逆时针旋转。今天，我们可以通过北极星来确定正北方向，因为它接近天空旋转的正中心。[24]正如荷马所知，一些位于天空北面的星星始终可见，因为它们围绕地球的轴旋转。其他大多数星星则会升落，随着运转升到地平线以上或是落至地平线以下。还有一些星星一年之中只有部分时间可见，就是在夜晚升到地平线以上时。太阳、月亮等通常也在穹顶旋转，但不同于多数始终保持在相应星座的熟悉轨道中的天体，这些漫游的天体（希腊语中称为"planetes"，意为"漫游之星"）会沿着一片狭窄的带状区域，相对于背景中的天体沿顺时针缓慢地划过天空。

希腊天文学家全盘汲取了巴比伦的知识。但他们并不能从中得知宇宙的内在构造或是运行方式。这一问题有待哲学家解答，一直到几十年后，他们才有能力对所有天象做出逻辑连贯的解释。这项任务最终由一群现今被称为"前苏格拉底学派"的哲学家完成，只因他们的出现早于震古烁今的雅典哲学家苏格拉底（公元前470年—公元前399年）或与之同处一个时代。除米利都学派以外，前苏格拉底学派还包括了活跃于公元前6世纪和公元前5世纪的其他十几位哲学家。

前苏格拉底学派吸引着无数现代学者，对他们的研究也远胜于对后来希腊哲学家的研究，除了后来仅有的希腊三贤——苏格拉底、柏拉图和亚里士多德。前苏格拉底学派的著作没有一部能完整地保存下来，我们只能从后人的著作中撷取一些引文。这一学派的古老遗风与其留存下来的吉光片羽令无数学者前赴后继。

除专业学者以外，我们确实很难记住前苏格拉底哲学家那些拗口的名字和异想天开的学说。幸好，只有其中两位在我们的故事中扮演了重要角色：爱利亚的巴门尼德（约公元前515年—公元前450年）和克拉佐美纳伊的阿那克萨哥拉（约公元前500年—公元前428年）。他们也和同时代人一样认为大地是圆盘。不过，他们也发展了关于太阳和月亮的理论，正是这些理论引导了后来的思想家重新思考地球的形状。苏格拉底或许曾见过巴门尼德和阿那克萨哥拉，我们将在下一章中进一步了解这三位哲学家。

6

前苏格拉底学派和苏格拉底：飘浮在空中

公元前5世纪初，希腊语世界中最负盛名的哲学家当数爱利亚的巴门尼德。他来自意大利南部，但一生之中似乎曾游历四方。巴门尼德是一位真正富有革命性的思想家。他教导人们存在始终不变，我们所看见的一切都不过是幻觉，他以诗歌为媒介，对这一学说进行阐述。他愿意接受通过理性推导所得结论的真实性，即使真相与日常经验相矛盾。他总结出"变化是不可能的"，不要放任感觉凌驾于推理之上。

巴门尼德还描述了日常经验所见的世界。鉴于他曾声称世界不过是蒙骗我们的幻影，这样的举动似乎不合情理，而根据我们掌握的信息，也无从得知他这样做的原因。无论如何，根据这一背景，他被认为是第一个说大地是球体的人。[1]不幸的是，现今虽留存有巴门尼德诗歌的部分片段，其中却并未提及大地的形状。我们能查阅的仅有由第欧根尼·拉尔修收集的第三手资料。第欧根尼·拉尔修生活在约公元200年，是一位记录希腊哲学家生平的传记作者。第欧根尼也曾将首次提出地圆说的功绩归于其他思想家，并且没有试着解释资料中的矛盾之处。就巴门尼德而言，有可能是有人误解了他的言论。[2]在其诗歌残篇中，他提到宇宙整体是一个球体，而球体是完美的形状。[3]由于球体在各个方向上都是对称的，因此无论从哪边看都是相同的。这与巴门尼德"变化是不可能的"这一观点一致。至于所谓他曾表示大地是球体的相关证明，似乎是有人误解了他究竟是在谈论"世界"，即整个宇宙，还是仅仅是大地本身。另一个引发混淆的原因可能是希腊语中的"圆"既可以表示"圆形"，又可以表示"球形"。[4]这种模糊性不仅存在于希腊语，还出现在拉丁语和英语中，因此我们之后还将面临同样的歧义。[5]

月亮的光华

巴门尼德视大地这一圆盘为球形宇宙的中心，这意味着天空从各个方向环绕着我们。从这一观点可以推断出，太阳即便已经落下也将继续从下方发散光线，因此可以照亮月亮的表面。用巴门尼德诗歌的语言来说，月亮是"夜之光华，借来光华环绕大地漫游，永远凝视着太阳的光芒"。[6]所以，他虽然没有明确说过大地是球体，但很可能是第一个正确指出月亮反射阳光的人。[7]

不过，他在另一篇文章中又提到月亮由火和土组成，这表示月亮自身也发散出火一般的光芒。[8]这可能是指月亮在发生月食时呈现出的暗红色。在研究前苏格拉底学派时，这类谜题屡见不鲜。即使能确定他们所说的确切内容（通常也很难确定），可理解他们所表达的含义又是另一回事。

据柏拉图记载，巴门尼德晚年曾去过雅典。[9]如果属实，他一定会去拜访雅典当时最杰出的哲学家克拉佐美纳伊的阿那克萨哥拉。从后来为数不多的证据可见，阿那克萨哥拉可能出身于小亚细亚爱奥尼亚海岸的一个富裕家族。他年轻时移居雅典，因出书宣扬"太阳是熔化的金属而非神祇"这一观点而很快以先锋哲学家的名号声名鹊起。他将太阳贬低为一个火球，与伯罗奔尼撒半岛一般大小，直径约160千米。[10]这一观点在当时极具争议性。希腊人眼中的天体是神圣的，因此将它们贬低为炽热的石块有亵渎神明之嫌。然而，公元前467年，一块巨大的陨石划破天际，落入希腊北部，似乎证实了这个理论，阿那克萨哥拉就此声名大噪。尽管作为渎圣的思想家而声名在外，也对传统的奥林匹斯众神论持怀疑态度，阿那克萨哥拉却并非无神论者。他相信宇宙由神圣的意志所统领，这种神圣意志承担了荷马与赫西俄德诗歌中假定的伦理秩序的功能。

阿那克萨哥拉在雅典加入民主统治者伯利克里（公元前495年—公元前429年）所领导的圈子。后来，伯利克里的政敌颁布法令反对阿那克萨哥拉，试图以其有争议性的观点为托词打击伯利克里。阿那克萨哥拉被迫逃离雅典，流亡他乡。据说，曾有人问他是否怀念雅典人，他回答说他不怀念雅典人，但雅典人怀念他。

无论如何，他并不担心死于流亡途中，因为无论从何处上路，通往地狱的道路都没有分别。[11]

即使两人从未相遇，阿那克萨哥拉一定也曾听闻巴门尼德的诗歌。两位哲学家都持球形宇宙理论，平坦的大地位于宇宙中心，并且都推断太阳、月亮绕着地球以及在地球下方运转。巴门尼德已经从该推断进一步推导出月亮反射了太阳的光线。阿那克萨哥拉对此表示认同，后来的文献也将该学说与之相关联。[12]

根据这个宇宙模型，阿那克萨哥拉极为成功地对日食和月食现象进行了合理的解释。基于太阳能从地平线以下照射到月亮这一见解，他开始设想大地挡住光线路径时的情况。此外，月亮在白天某些时候也会位于大地之上，尽管通常会被太阳耀眼的光芒

日食示意图，月亮投射出阴影锥，受《球体》（*De sphaera*，1260）启发

所掩盖，但也有可能会挡住太阳的路径。他正确地推断出日食由月亮从太阳和大地之间经过而引起，月食则由大地遮挡住照射到月亮的阳光而引起。[13]这意味着当大地穿越月亮表面时，可以看到大地的影子。

有关阿那克萨哥拉理论中最令人瞠目的推论莫过于日食现象并非超自然的征兆。公元前431年夏天，雅典和斯巴达之间爆发伯罗奔尼撒战争不久，出现了接近日全食的现象，白天甚至能看见星星。雅典人非常恐慌，而伯利克里回想起与好友阿那克萨哥拉之间的讨论，向受惊的众人解释这只不过是自然事件，总会在这一时刻发生，是可以预测的。[14]还有一种叙述称，伯利克里利用披风来演示月亮如何挡住太阳的光线。[15]

阿那克萨哥拉开发出的的天文学模型与其整个哲学体系一脉相承。他相信神圣意志根据理性原则统领宇宙。对他而言，探寻日食月食现象背后的自然原因并不是否定神祇的存在，而相反是支持神祇的存在。关于一神论如何鼓励以科学的方式阐释世界，阿那克萨哥拉的观点即为一早期例证。[16]与其担忧如地震、日食等扰乱人心的事件背后有众神直接介入，他更期望宇宙背后的理性原则掌控一切，从而可以从物理过程的层面来理解这些事件。

还应指出的是，阿那克萨哥拉宇宙观中还有一些观点没有经受住时间的考验，但瑕不掩瑜，无损于他所取得的伟大成就。他相信天空中还存在着其他黑暗物体，当它们经过月亮或太阳正前方时也会引发日食月食现象。他认为降落在希腊的陨石就是其中之一。而且，他和米利都学派的阿那克西美尼一样，认为大地可以悬浮在一层空气垫上。当空气渗入地下洞穴时，就会引发地震。[17]

在认识到月亮反射太阳光之后，天文学家据此推断出月亮只能是球形。只有当月亮是球形时，才会在盈亏过程中呈现出弯月状。与此同时，人们可以通过月食期间月亮的暗半影区来推断出大地的边缘从太空中观察呈何种形状，显然是圆的。即便如此，阿那克萨哥拉还是认为大地是扁平的圆盘，人们可以在月食期间看见大地圆形的边缘。他会持有这种观点完全合乎常理，因为他无法解释如果大地是球体，人们为什么不会掉下去，他很难再采取其他立场。

阿那克萨哥拉的追随者中有一个原本默默无闻的人，名叫阿基劳斯（活跃于约公元前450年）。[18]从关于他的少量信息中可以得知，他的观点在阿那克萨哥拉观点的基础上有所改进。特别是他摒弃大地呈圆盘状的观点，转而认为大地呈圆碗形。他之所以改进，是因为"如果大地是扁平的，那么对所有人而言日出和日落的时间都应该是一样的，可事实却并非如此"。[19]显然，四面环海的希腊人已经意识到世界各地的白天时长并不相同，而地平说无法解释这一现象。

阿基劳斯认为在大地所形成的"熔炉"底部凹处，有被他称为生命之源的沼泽。水流入沼泽，被热度分为温暖的空气和寒冷的土地，前者升入天空，后者孕育出动物。因此，冷元素土和水逐渐在中心沉积，而热元素气和火自然地上移。[20]阿基劳斯的观点所遗留下来的证据残缺不全，使人难以理解他所认为的这些过程具体是如何发生的。但我们之后将看到当亚里士多德思索他自己的世界观时，这些观点如何激发了他的灵感。

《云》中的苏格拉底

相传阿基劳斯是苏格拉底的导师。由于希腊传记作家有附会的偏好，常声称某著名哲学家追随另一著名哲学家学习，因此我们可以略持保留态度。但除非苏格拉底是自学成才，否则必然有过导师。与其将他与另一个重要人物牵强附会，不如以阿基劳斯这样名不见经传的人物为导师从本质上更能令人信服。

作为思想家，苏格拉底的名声震古烁今，远胜前人。神祇阿波罗在德尔菲神谕中宣告，苏格拉底是雅典最有智慧的人。然而，在与他同时代民众的眼中，他却是个惹人讨厌的人。他是个收入不算高的石匠，但有着良好的社交关系网。他的妻子极少出现在现存的史料中，他还有至少三个孩子。现存的许多大理石半身像都将他刻画得鼻子扁平、样貌丑陋、个人特色鲜明。

我们所认为高山仰止的希腊哲人却未必得到其同时代人的认同。雅典人往往将他们视为可疑的投机取巧者，满脑子的异想天开和稀奇古怪的推理。苏格拉底也没有受到例外优待。到公元前423年，他已经臭名昭著到被剧作家阿里斯托芬（约公元前446年—约公元前386年）写进一出喜剧，在酒神狄俄尼索斯的祭礼期间上演。

这出喜剧名为《云》，其完整剧本保存至今。它将虚构的苏格拉底刻画成脾气古怪的老师，被一名蠢笨的学生逼得发狂。更为危险的是，喜剧展示他非但不信奉众神的力量，甚至否认其存在。

苏格拉底半身像，公元前1世纪，大理石

例如，他否认雷霆是由宙斯所引动，而说是空气被迫从云层中排出所导致，由此引发一系列的笑话。[21]阿里斯托芬还在剧中穿插数不胜数的渎神言论，并把它们全部归之于可怜的苏格拉底之口。一直到二十多年过后，苏格拉底在面临生死审判之时，仍对剧中的抹黑无法忘怀。

凑巧的是，《云》中包含一些关于公元前5世纪人们如何看待世界形状的线索。阿里斯托芬两次提及这一话题。其中一个角色讥讽了哲学家所谓天空是像面包炉一样的坚固圆顶的观点。[22]在稍后的情节中，苏格拉底对着天空呼喊的台词与阿那克萨哥拉所提出的大地是由空气支撑的观点遥相呼应，"请听我祈祷，神啊，国王啊，那支撑着大地悬浮其间、无边无际的空气啊"。[23]剧本对这些观点极尽揶揄。如果当时的人们曾探讨过大地是个球体这样疯狂的想法，想来阿里斯托芬一定会难以抑制地搬演嘲弄。但他的戏剧及所有公元前5世纪的文献资料都未曾提及这一点。顺带一提，在这年的喜剧节评选中，《云》惨遭评委冷落，在三出参赛剧目中名列第三。

苏格拉底之死

公元前5世纪后半叶，伯罗奔尼撒战争进入白热化阶段，雅典与斯巴达之间来到生死存亡的危急时刻。公元前432年，两个城邦就波提迪亚城争端相持不下，成为这场战争的导火索，但追根究底，只是因为彼此征战早已是希腊城邦之间的常态。上层阶级依然是荷马勇士伦理的热烈拥趸，并将战争视为通往荣誉与财富的途径。在战争第一阶段，苏格拉底作为重甲步兵参战，展现出卓越的英勇气概。

早在战争远未结束之时，这位哲学家就因年迈而无法继续参战，不过，他于公元前406年进入雅典民主政府就职。因拒绝支持对在战后丢弃战死士兵尸体的军队领导人进行非法审判，他惹怒了同僚。审判仍然开展，多位被告被判处死刑。之后，公元前404年，雅典最终落败，民主制被寡头制取代。新政权命令苏格拉底拘留一位他眼中的无辜者，他拒绝听令。短短几年内，他先后见罪于民主党派和寡头政权。公元前399年，在敌人的策划下，他遭到腐化年轻人和亵渎神明两项罪名的指控，被判处死刑。[24]

针对他的指控明显是捏造的。苏格拉底没有与雅典任何一个派别为伍，指控者希望以一个不受任何一方保护的人为示例，以儆效尤。所谓"腐化年轻人"的罪名大概是因为有人指控他教导学生否定传统的神祇。受审时，苏格拉底没有自救，反而不遗余力地与陪审团针锋相对，丝毫不为自己的罪名辩护。他将自己的恶名归咎于《云》的刻画，怒斥指控者将他对神祇的尊敬与阿那克萨哥拉的无神论混为一谈。在公元前399这一年，阿那克萨哥拉已经离世几十年，但他的著作仍以低廉的价格在雅典市场的书摊上售卖。不可避免的是，苏格拉底被判处罪名成立，处以死刑。他在监狱中等待被执行死刑时，好友恳求他越狱。纵使雅典让他蒙受不白之冤，他仍不愿背离这座城市。他喝下行刑者递给他的毒芹汁，与世长辞。

这些事件构成了柏拉图一系列对话的戏剧背景。《申辩篇》收集苏格拉底在接受审判时的辩护发言。在《克力同篇》中，好友哀求苏格拉底通过流亡来保下一条命，他却反过来劝告好友。最后，《斐多篇》描绘苏格拉底在监狱度过的最后时光。

在本书探讨地圆说起源的研究中，《斐多篇》是一个分水岭：它是已知最早的关于有人表明地球是球体的记录。苏格拉底在对话中提出这个问题，但在现实生活中，几乎可以肯定他从未考虑过这个问题。相反，他成了学生柏拉图的观点的传播媒介。在探讨《斐多篇》更多的内容细节之前，我们有必要先认识一下柏拉图，以及他可能通过什么途径得知大地是球体。

7

柏拉图：
扁平或球体，取决于哪个更好

20世纪20年代末，阿尔弗雷德·诺思·怀特海（1861年—1947年）在苏格兰阿伯丁的一场讲座中将欧洲哲学形容为"对柏拉图的一系列脚注"。[1]他是指柏拉图为西方思想引入许多基本性概念，为后来的思想家设定诸多待议事项。地圆说即为一典型例证。这一理论首次出现在柏拉图的众多对话录之中，但他将这一革故鼎新的推测代表的含义留给了后继者来探索。

柏拉图生平

在他的一生中，柏拉图共发表逾三十部对话录，全部留存至今。这些作品不但在哲学意义上深奥渊博，还堪称希腊散文体裁的典范。除最后一部对话录外，苏格拉底作为交谈者参与所有对话，与各种在对话设定背景中可能仍活着的真实人物交谈。前苏格拉底学派、巴门尼德等群星为对话一方。曾被苏格拉底怒斥抹黑他的喜剧作家阿里斯托芬则为对话的另一方。这些对话描绘真实且传神，却是虚构的。其中包含的观念究竟有多少来自柏拉图本身，又或者是由其导师所传授，时至今日在学界仍争议不断。无论如何，目前一致认为柏拉图早期写下的对话录反映了历史上的苏格拉底的传授，而在其之后所写的内容中，情况则并非如此，尽管苏格拉底仍是其中的对话者。

　　柏拉图出身于上流阶层，雅典在伯罗奔尼撒战争中败给斯巴达后由一个秘密集团治理，他的家族就是这个秘密集团的成员。当时柏拉图还太过年幼，没有像其他家庭成员那样在政府任职，但像他这样的贵族子弟在成年后会顺理成章地参与城邦的政治生活。然而，他在30岁前已然见证邪恶的寡头制和雅典式民主。寡头制令他惊骇，但他认为民主制应当为审判、处决苏格拉底负责，民主制是害死他敬慕的老师、最智慧的智者的罪魁祸首。因此，他远离政治，拒绝加入任何政治派别，全身心地投入哲学。他在雅典郊区一片橄榄园旁创建了一所学院，这片神圣的橄榄园与一位鲜为人知的古代英雄阿卡德摩斯（Academus）相关。后人将这所学院命名为"Academy（学院）"。

　　柏拉图无法完全脱离政治。公元前387年，他已经是一位闻名遐迩的教师，在朋友的劝说下，他前往西西里岛，担任锡拉库萨城僭主狄奥尼修（约公元前432年—公元前367年）的顾问。大约30年前在伯罗奔尼撒战争中，雅典曾在锡拉库萨遭遇惨败。这时的锡拉库萨已经变成一处繁荣的希腊殖民地。然而狄奥尼修是一介粗鲁暴徒，对哲学的兴趣不过寥寥。不过，柏拉图在拜访地中海西部时结识了不少朋友。其中包括一位毕达哥拉斯的崇拜者，名叫阿契塔（约公元前410年—约公元前350年），是来自意大利南部塔兰托市的一位威名赫赫的将领。[2]与阿契塔的会面可能引发了柏拉图对毕达哥拉斯学派思想的兴趣，无论如何，他们两人在随后多年里始终保持着友谊，未曾中断通信。柏拉图之后写下的对话录中随处可见与毕达哥拉斯学派相关的主题，尽管他只在一处明确提到毕达哥拉斯本人。[3]有鉴于现存最早提及地球是球体的资料出现在柏拉图从意大利旅行归来后写下的对话中，那么这一观点会不会是他从毕达哥拉斯那里撷取来的奇思妙想，可以说非常值得探究。

毕达哥拉斯之梦

现今所知关于毕达哥拉斯的明确事迹少之又少。约公元前570年，他出生于爱琴海的萨摩斯岛，成年后移居至意大利南部的希腊殖民地克罗顿。他在那里宣扬禁欲苦修的生活方式，吸引了一群信徒。随着他的追随者的政治影响力逐渐蔓延至克罗顿及周边城市，他们最终被反感的公众驱逐出克罗顿。导师去世后，许多毕达哥拉斯信徒回到希腊，在底比斯和雅典宣扬他们的教义。到公元前5世纪中叶，俨然已经形成一大声名远扬的思想派别。毕达哥拉斯的著作已经失传，也有现代学者怀疑他从未写下过任何著作。后来的毕达哥拉斯信徒把自己的观点投射到他身上，以至于后人几乎无法剥离后来的添加、修饰，辨别出其原始观点的核心。[4]

　　毕达哥拉斯最为世人熟知的成就是以他名字命名的定理，这一定理确定了直角三角形各边长度之间的关系。但巴比伦人和埃及人早于他几个世纪就已经发现这一定理。他可能曾经说过数字具有形而上学的属性，并且在某个层面上是现实世界的基本构成元素。在其他据称是他所宣扬的宗旨中，学者们经过归纳认为他可能相信轮回转世说。相传毕达哥拉斯认得出那些灵魂转移到另一具身体上的人，他还曾出手阻止人们殴打一条流浪狗，只因他认出这条狗的前世是他的好友。亚里士多德提到过他禁食豆类，但动机成谜。[5]

　　历史证明数字命理学是比轮回转世说更卓有成效的教义，推动着后来的毕达哥拉斯信徒在数学研究上取得重大进展。他们提出音阶的概念，并推断出弦长与所产生音调之间的关系。他们一如既往地将这些发现归功于毕达哥拉斯本人。相传毕达哥拉斯有次从铁匠身边经过，通过聆听不同大小的铁锤敲击铁砧所产生的声音推导出音程。

　　尽管毕达哥拉斯的信徒具有高超的数学造诣，他们却更接近于神秘主义者而非理性主义者。他们寄希望于通过理解宇宙重要谐振的方式，与宇宙同频共振，协调一致。他们的一项标志性教义认为星星的运行会散发出一种被称为"天体音乐"的和谐之声。这一观点遭到亚里士多德的蔑视，但其影响力一直延续到

17世纪。⁶

我们的老朋友第欧根尼·拉尔修声称毕达哥拉斯是第一个提出地球是球体的人。[7]显而易见，这并没有充分的证据。回想一下，第欧根尼也曾写过巴门尼德最早传播这一观点。他还曾说这份荣誉属于诗人赫西俄德，更不必提还有米利都的阿那克西曼德。[8]第欧根尼似乎并不为自己收集来的资料中存在前后矛盾而感到困扰，即使他也清楚它们绝不可能全部正确。事实上，就地圆说而言，这些观点无一属实。巴门尼德说的是宇宙是球体，而非大地。赫西俄德则和公元前8世纪所有人一样，本能地认为地球是个圆盘。对于第欧根尼两次声称毕达哥拉斯知道大地是球体的说法，我们应抱以同等的怀疑态度。[9]更有可能的情况是后来的一位毕达哥拉斯信徒，名叫菲洛劳斯（约公元前470年—约公元前385年），播下了日后萌发出地圆说的种子。

大地在星辰之间

菲洛劳斯与苏格拉底同处一个时代。他出生于意大利南部，具体来说可能是毕达哥拉斯度过生命中大部分时光的克罗顿。当意大利的政治环境变得越发紧张时，他迁居至希腊底比斯，但似乎在去世前回到了意大利。后世通常将他视为柏拉图在意大利结识的好友阿契塔的老师。

菲洛劳斯至少写过一本书，名为《论自然》，后世作者引用过书中多处内容。在很长一段时间里，学者们都认为这些摘录是编造的，但在20世纪60年代，经过德国文献学者瓦尔特·伯克特（1931年—2015年）细致的考证研究，学界一致认定残篇中约有11篇确系菲洛劳斯手笔。伯克特认定其他冠以菲洛劳斯之名的引述系后人伪作。简而言之，我们所掌握的证据残缺不全，并且都是二手资料，有可能经过篡改。[10]有关毕达哥拉斯思想的研究大多如此，古典学者也不会抱有其他奢望。

菲洛劳斯提出大地是球体这一观点为间接推测得出，但在逻辑上是连贯的，值得试着去搜集相关证据。我们先从以下确系由他创作的片段入手："第一个拼合成一体的东西，位于星球中央，叫作壁炉。"[11]在这段文字中，菲洛劳斯宣称宇宙是球体，中央有一种类似于壁炉的东西。

另一部研究菲洛劳斯宇宙观的主要文献是亚里士多德的《论天》（ *On the Heavens* ），成书时间约为公元前345年。我们将在下一章详细探讨这部古代科学的皇皇巨著。亚里士多德在书中对一群意大利的毕达哥拉斯信徒所提出的理论进行批判。[12]他没有明确点出菲洛劳斯这个名字，但完全可以肯定他谈论的就是菲洛劳斯，因为书中描述的体系与确定由菲洛劳斯所写的内容相符。

根据菲洛劳斯的世界观，宇宙最外层星星点点地分布着星座。宇宙核心是"中心之火"或"壁炉"，太阳、月亮和其他五颗行星围绕着中心之火运行。大地也围绕着中心之火，每24小时完成一圈轨道运行。相比之下，包括亚里士多德在内的多数古希腊人认

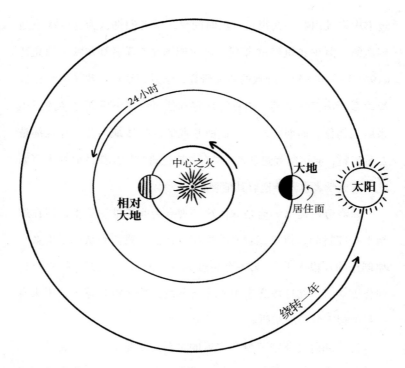

图中标注文字：

24小时

中心之火

大地

相对
大地

居住面

太阳

绕转一年

菲洛劳斯的宇宙体系，出自 M. A. 奥尔的《但丁与早期天文学家》(*Dante and the Early Astronomers*，1913)

为大地保持静止，整个宇宙每天围绕着它旋转。菲洛劳斯还进一步假设存在一个神秘天体，即"相对大地"，位于中心之火的另一面，与我们所处的大地恰好相对。大地有人类居住的一面始终背对着相对大地和中心之火，所以我们看不见它们。[13]

这令人不禁设想，菲洛劳斯是否根据这一模型预测出了现代版太阳系图景。毕竟他提到大地像星星一样环绕着壁炉运行。不过他没有说大地绕太阳运行，与此相反，他把太阳放到更远的位置，这样一来，大地运行的轨道决定了它在部分时间里会背对着太阳。换言之，菲洛劳斯在尝试解释昼夜现象，他也因此成为最早假设大地每日自转的人。[14]

菲洛劳斯对昼夜循环所做的解释十分凝练。但至于其宇宙观中的其他部分是否存在，如中心之火或相对大地，则缺少经验性证据。亚里士多德对这种推理方式大加鞭挞，指责毕达哥拉斯学派为证实其预设观念而编造理论。他认为毕达哥拉斯学派假设相对大地的存在可能是为了使天体总数达到10个，"10"对他们而言是神圣的数字。[15]不过，亚里士多德可能只是在表达他的讽刺之情。毕达哥拉斯学派的神圣数字为数众多，不一定非得是10个，7颗行星一样也是他们眼中的神圣数目。菲洛劳斯假设相对大地的存在更有可能是为了保持宇宙平衡，这样一来，大地不处于中心位置才不会使现实失衡。最合理的推测是将大地与反转大地视为不停旋转的哑铃的两端，中心之火恰好位于它们中间。

以上论述并不能证明菲洛劳斯认为大地是球体。无论是其著作残篇还是《论天》中的诠释都没有明确表达这一观点。亚里士多德引用其世界观是为了举例说明有人声称大地是运动着的，而不是用该示例说明大地是球体。不过，他的确曾顺带提及大地和相对大地距离中心之火不过半球的距离。这一表达隐含着它们本身是球体的意思。他还曾指出毕达哥拉斯学派将大地视为天体之一。有鉴于他曾经说过包括太阳和月亮在内的所有天体都是球体，那就相当于在表示大地也是球体。[16]除此之外，球形大地与菲洛劳斯的宇宙观相一致。很难想象扁平的大地以他描述的方式绕中心之火运行，因为这样的话它会有一半的时间上下颠倒。

　　总而言之，尽管我们未能找到有关菲洛劳斯说大地是球体的明确表述，但他是最有可能首次提出这一观点的人。[17]假若他的确持此观点，那么他的直觉着实令人讶异，尽管他更可能只是侥幸猜中，而不是经过缜密推测。也许是他将地圆说归功于毕达哥拉斯，将自己的世界观投射给崇敬的前辈，因此几个世纪以后的第欧根尼·拉尔修才会作此记载。这个说法也能解释得通柏拉图从何处或何人那里听闻这一观点。柏拉图曾于约公元前387年拜访意大利南部，如果当时毕达哥拉斯学派正讨论大地的形状，那么他是有可能从他们那里听闻的。第欧根尼甚至还表示柏拉图在那里碰到过菲洛劳斯。[18]无论如何，现存最早提及地圆说的资料出现在柏拉图返回雅典家中几年后写下的《斐多篇》中。事实上，有两段对话暗示大地是球体。

行刑之前

　　《斐多篇》的故事背景设定于苏格拉底等待处决的监狱。这是他人生最后一程，几位好友前来相伴。斐多就是其中一位，对话录即以他命名。这天柏拉图生病，无法亲自去照料老师。[19]柏拉图明确交代了这一点，让读者知晓这本对话录并非亲历记叙，而是基于他的想象，他仅借用这一场景作为其自身观点的框架。换言之，《斐多篇》所记叙的大多不是苏格拉底的临终之言，所反映的也不是他在公元前399年（苏格拉底离世这年）的思想世界。相反，对话录中的哲学主题源自柏拉图本人于约公元前370年（推断的成书时间）的所思所想。尽管如此，柏拉图仍旧注重对话录的真实性，参与对话的人物也都是真实人物，并将对话背景设定于雅典附近熟悉的场景。因此，对话中偶然提及的细节的真实性高于演说者所言。

《斐多篇》的哲学核心是柏拉图关于灵魂不朽的学说。柏拉图一方面充分挖掘苏格拉底在就死之际谈论坟墓之后的生命所蕴含的戏剧张力，另一方面试图以理性的方式呈现其个人观点。就连讨论大地形状的对话部分也是在灵魂死后去往何方这一背景下进行的。柏拉图认为人们会因生前的所作所为受到审判，然后相应地获得奖励或是接受惩罚。除极端情况外，灵魂最终会栖居在新的身体里。柏拉图试图通过展示人们保留了某些与前世相关的知识来论证这一说法。轮回转世说显露出毕达哥拉斯学派的影响，这不仅仅是因为柏拉图是在从意大利回来之后才开始关注灵魂相关的问题，还因为《斐多篇》提到了菲洛劳斯这个名字，尽管没有交代他对这一主题的看法。

苏格拉底在对话中首先谈论自己的哲学历程：年轻时，他曾痴迷于宇宙的运转。但他了解到的物理方面的奇思异想只会让他比一开始时更加迷惘。从希腊早期宇宙学和医学那异想天开而又多种多样的推测可见，他的迷惘也难免有增无减。这也是历史上苏格拉底的真实感受。他在晚年对自然哲学家有颇多奚落，部分原因正是在于他们为各种现象编造了无数解释，却从来无法自圆其说。他据此认为这些自然哲学家全都让人不知所云。[20]

苏格拉底接着在《斐多篇》中谈到他曾偶然发现克拉佐美纳伊的阿那克萨哥拉所写的一本书，或许是在其受审时流通于雅典书摊上的那本。阿那克萨哥拉在此书中解释称世界背后存在着一种神圣智慧，这一神圣智慧将世界创造成完美的状态。苏格拉底立马被这一观念吸引。他认为宇宙由一位仁慈而技艺精湛的工匠打造。苏格拉底继续读下去，希望这本书能向他展示为何世界的构造是最合理的，从而说明世界的完美无瑕。苏格拉底说道："我以为（阿那克萨哥拉）会接着告诉我们大地是扁平还是球形，然后解释为什么这样才是更好的。"[21]然而他的希望很快破灭了。他发现，阿那克萨哥拉虽然认为世界是由某种智慧创造，却以自然原因来阐释其构造。相比之下，苏格拉底认为创世秩序是伦理问题而非自然问题。

对我们而言，这段文字的重要性在于它是现存最早提及大地可能是球体的文字。柏拉图所使用的希腊词汇既可以翻译成"圆形"，也可以翻译成"球形"，但在将其与扁平大地相比较的语境下，必然指的是球。从中我们可以得知，在柏拉图写下《斐多篇》的年代，地圆说这一概念已经存在。

那么我们是否也能根据柏拉图的这段文字认为，百年以前的阿那克萨哥拉在他的书中提到了这一概念？部分现代学者认为确实如此。他们提出巴门尼德是首位提出地圆说的人（如第欧根尼·拉尔修所记载），而相信地平说的阿那克萨哥拉是在反驳前者的观点。[22] 如果巴门尼德确实说过大地是球体，而阿那克萨哥拉与之辩论过的话，就意味着公元前470年之前就已经有过关于大地形状问题的严肃探讨，然而相关证据有限。我在上一章中解释过我不认为巴门尼德说过大地是球体的具体原因。而且，在此后的一个世纪中，我们没有听闻过任何相关讨论。因此更有可能的情况是，《斐多篇》反映的这些问题是在此书的成书年代（约公元前375年）得到讨论，而不是苏格拉底离世的公元前399年，更遑论阿那克萨哥拉写书的数十年前。

服务于哲学的地圆说

柏拉图并非科学家。他将宇宙学作为伦理学或形而上学的分支。当他在《斐多篇》中初次提出地圆说时，没有考虑"这是否正确"，而是在想"这是最合理的吗"。并且，他忽略了天文学中或许可以支持该假设的线索。柏拉图晚年曾以世界本质为主题，写下《蒂迈欧篇》（*Timaeus*）对话录，在书中也表露出这一态度。引人瞩目的是，自古有传言称这本对话录基于菲洛劳斯的著作。[23]

柏拉图在《蒂迈欧篇》中将宇宙描绘为球体，地球位于其中心。匠神根据天上的模具设计出宇宙，将混沌铸造成井然有序的样子。对话中没有明确提及地球的形状，但暗示它是球体。不管怎么说，柏拉图并没有把《蒂迈欧篇》作为写实作品来对待，并且坦言它不一定符合事实——更可能仅仅是一个故事。[24]

我们已经见过早期的希腊人，如荷马和前苏格拉底学派，将伦理秩序设想为世界构造的组成部分。柏拉图的版本更为繁复，但目的并无不同。他意在通过宇宙的组织来论证其伦理教导的正确性，而不只是个人之见。毕竟，如果伦理道德是客观事实，其来源必然在头脑之外。后来的读者忽视《蒂迈欧篇》等对话录的虚构性质，只因柏拉图声名之卓著使他写下的一切都有近乎无误的权威性。柏拉图的崇拜者将其世界观理解为万事万物的本来面貌，把《蒂迈欧篇》当作描述宇宙的形成处处有用意的科学论文来读。[25]

若要理解《斐多篇》第二次提及地圆说所表达的含义，我们需要谨记柏拉图是在以宇宙学来凸显其伦理观。"因此，我的观点如下，"在有关阿那克萨哥拉的探讨的后面几页，苏格拉底说道，"首先，地球是球形，位于天空中心。地球无须借助空气或其他任何力量就能保持稳定。仅凭天空的统一和地球本身的平衡就足以支撑。"[26]这段精彩的论述是现有最早的关于地球是球形的记录。在对话中，这些言论出自苏格拉底之口，但它们无疑代表的是柏拉图的观点。

柏拉图在《斐多篇》中将地球置于宇宙中心，这一点具有重要意义。他明确否定阿那克萨哥拉所谓大地由空气支撑的理论，而支持米利都学派思想家阿那克西曼德的观点，他认为如果大地位于与所有极端距离相等的位置就不需要支撑。话虽如此，柏拉图实际上对阿那克西曼德观点中的物理含义并不在意。他把地球放在宇宙中心以及把它当作球形都只是因为他认为这是安排万事万物"最合理"的方式。

随着苏格拉底在《斐多篇》中接着描述世界，其愿景很快变成了缤纷的幻景。例如，他认可以下令人震惊的观点：我们所生活的地方不是地球表面，而是表面之下幽深的裂缝中。地球远观宛如一个足球，由12个五边形拼接而成，希腊人所探知的所有区域，也就是从赫拉克勒斯天柱到黑海的另一面，都位于其中一个五边形以内的凹陷处。[27]当我们仰望天空时，所见到的并非真正的日月光辉，而真正的日月光辉只有在上方遥远的地表才能看见。被赐福之人死后，灵魂会升到地表安居，这里的光色令人沉醉，一切都完美无缺。凡人也生活在这地表天堂，有的住在空中岛屿，他们从这里可以直接看到天体神圣的本质。居住在这里的人们远离疾病且相当长寿。最圣洁的灵魂会上升到更高的地方，进入无法描绘的极乐天堂。柏拉图将塔耳塔罗斯放在地球中心，最邪恶的人死后将在这个深坑里遭受无尽的痛苦。

这一切都不是"科学"。这个世界观是从低到高的伦理等级。塔耳塔罗斯处于最底层，人类居住在中间层，但仍在幽深的地下，自欺欺人地认为在伦理阶梯上处于相对较高的位置。在他们之上，也就是在地表，众神和被赐福之人安居于此。甚至柏拉图也不期望读者按照字面意义来理解。苏格拉底用下面的话作为结语："理性之人不应坚持认为事实完全如我描述的那样。"[28]柏拉图在对话录中借用了许多寓言来诠释这样一个观点：我们的日常世界只是更宏大现实的一个朦胧倒影，而多数人对更宏大的现实毫不知情，《斐多篇》中的这则故事也只是寓言之一。

柏拉图并没有创立地圆说。此外，我们虽无法排除他是从阿那克萨哥拉的著作中发现这一观点的，但更有可能的情况是他从意大利的那位信奉毕达哥拉斯学派的好友那里得知的这一观点。然而在将柏拉图归为绝对的"地球球体理论者"之前，我们应注意到他在其他著作中对宇宙的描述与地圆说有所出入。例如在对话录《斐德若篇》中，他试图以另一种解释揭示灵魂死后的命运。他将天空描述为由一根拱支撑的穹顶，人死后必须沿着拱向上攀登才能抵达众神所在之域。[29]虽然没有明确说明，但这暗含传统的荷马世界观：大地是平的，其上笼罩着穹顶。不过，柏拉图从来就不在意他所描述的宇宙与现实在多大程度上相符。他也没有为地圆说这样一个变革性的假设提供任何证据。即使他真的相信地球是球体，也不能说他"知道"地球就是球体。知识要求我们必须为所支持的观点整理出充分的理由。柏拉图从来没有为论证地球的形状付出过这样的努力，而他的一个学生做到了。

8

亚里士多德：必定是球体

　　经常能听到有人说古希腊人"知道"地球是个球体。前几章已经表明公元前4世纪之前的情况并非如此。就连阿那克萨哥拉这样特立独行的哲学家都和同时代人一样相信大地是个圆盘。但为什么我们会说"我知道地球是球形，但阿那克萨哥拉认为它是扁平的"？为什么地球的形状对我们而言是知识，而对阿那克萨哥拉而言只能是某种观点？显然是因为我们不相信虚假的事物。由于地球不是平的，你就无法认同它是平的，就像你无法认同蜘蛛有十条腿一样。如果你认为扁平的地球上生活着十条腿的蜘蛛，那你（在知识层面上）就是错误的。

　　这进一步引发以下问题：所谓真理指什么？多数哲学家都会认可只有当某个陈述符合事实时，才是真理；换言之，在且仅在地球是球形的情况下，地球是球体的说法才是真理。在哲学术语中，这通常被称为"真理符合论"。

　　然而，仅仅相信某件恰巧属实的事情并不等同于知道这件事。例如，天文学家萨摩斯岛的阿利斯塔克（约公元前310年—约公元前230年）曾说过地球绕太阳运转。当然，他绝对没说错。可阿利斯塔克没有为其假设提供充分的证据。基于此，他知道地球如何运转的说法就是错的。他的理论或许是属实的，但缺少足够的数据证明。侥幸猜中并不等同于知识。

柏拉图在对话录《泰阿泰德篇》中将知识定义为"属实且有合理解释的信念"。[1]今天，认识论者将其重新表述为"得到证成的真信念"。

巴比伦人、埃及人以及早期的希腊人都认为大地是平的，但他们错了。柏拉图尽管相信地球是个球体，仍会坦率地承认缺少足够的理由来支持自己"知道"这一点。那么，谁是第一个"知道"地球是球形的人？这个人必须收集到充足的证据来证实他或她对地球是球形的信念。也就是说，我们寻找的人不仅相信地球是球形，还要有充分的理由。我认为这个人才是"提出"地圆说的人，就像我们说阿尔伯特·爱因斯坦提出了相对论一样。

需要联合两个平行的研究领域，从而将"地圆说"从信念上升至知识的高度。必须从萌芽的天文学科中积累足够的数据，为论证大地的形状提供经验性证据。在上一章中我们看到，柏拉图并不觉得有必要为此提供证据。那么必须有人提出与球形地球相契合的有意义的宇宙模型。这个模型需要——反驳地圆说的反对观点，尤其是为什么人们不会从球体上掉落。结合天文学家的观测和哲学家的理论后可以推断出，球形地球是对现有证据的最佳解释。[2]这个汇总所有线索并发布相关结论的人，就是我们认为的那个提出地圆说的人，即使这是融合前人多年努力所得的成果。

欧多克索斯与同心球说

想知道地圆说的相关证据是如何收集起来的，不妨前往柏拉图学院拜访他的同僚和学生。正是这群人证明了地球是球体这一信念，并将这个疯狂的念头定论为知识。

我们对柏拉图学院中的生活细节所知甚少。柏拉图以对话录的形式写作，表明学生和老师之间或许会共同讨论和争辩，但我们无法做出定论。我们甚至无从得知柏拉图发表的著作能否代表他所传授的内容。所幸对话录中留下了一些线索，我们可以从中推测柏拉图引导学生的方式。在柏拉图的《理想国》和未能完成的最后一部对话录《法律篇》中，一些关于天文学的言论尤其值得深究。它们所指向的可能是学院中一位名叫尼多斯的欧多克索斯（约公元前400年—约公元前345年）的天文学家，正是他收集了地球是球体的重要证据。

从《斐多篇》中可以看出，柏拉图在公元前4世纪70年代就已经熟知地圆说，可能是通过他在意大利南部所结交的一位身为毕达哥拉斯学派信徒的好友而得知。这时，尼多斯的欧多克索斯早已是柏拉图周围圈子里的成员，他一方面参与雅典的柏拉图学院的事务，另一方面广泛游历。他的家乡在小亚细亚的西南角，现今属于土耳其境内。据称他和许多希腊人一样，年轻时曾前往埃及学习祭司的智慧。在埃及时，一头神圣公牛舔舐他的斗篷，这象征着他日后必将取得非凡成就。[3]

即使我们只把这段故事视作传说，欧多克索斯也大概率的确曾在尼罗河畔度过了一段时光，因为他曾对尼罗河的涨潮发表过看法，也曾在那里进行天文观测。后来，他拜访距古城特洛伊不远的基齐库斯，并在那里继续天文研究。到公元前4世纪60年代，他回到雅典，并且在柏拉图另一趟以失败告终的西西里之旅期间，可能负责临时接管学院。他在晚年回到家乡尼多斯，重修当地法典，深受同胞爱戴。他的去世时间晚于柏拉图，因为他曾在一本著作中提及柏拉图的离世。[4]

欧多克索斯一生不但在天文学和地理学方面著书立言，在数学上也颇有建树。最负盛誉之作当数罗列各种星座的《天象》（*Phenomena*）。原作已散佚，但数十年后的诗人阿拉托斯（约公元前315年—约公元前240年）将其改编成韵文。若将《天象》的韵文版翻译成现代英语并装订成册，总共不超过30页，但它是影响最为深远的古代著作之一。[5] 书中确立的星座名称沿用至今，直到16世纪仍是研究天文学的重要指导。阿拉托斯的观点与阿那克萨哥拉、柏拉图相呼应，认为宇宙是球形，地球位于其中心。星星点缀在宇宙球体最外圈的内表面上，宇宙绕着北极到南极的轴线每24小时旋转一周。阿拉托斯没有提及地球的形状，而是沿用荷马的传统说法，称星星落入海洋。这或许是一种诗意的狂想，但同样有可能的是，在公元前3世纪初阿拉托斯写作之际，大多数人仍认为大地是个圆盘。

欧多克索斯生平曾在地中海东部范围内相当辽阔的区域进行过天文观测。例如，他在安纳托利亚的北部和南部、雅典以及埃及都生活过一段时间。这为他发现白昼长短随纬度变化提供了条件。[6]众所周知，冬季夜晚更长，夏季白昼更长。但离赤道越近，黑夜与白昼的时长差异就越小。在赤道上，一年四季黑夜和白昼都各为12小时。如果地球是平的，那么所有地方的日出理应都在同一时分。

此外，欧多克索斯发现有些星星在尼罗河流域可以观察到，但在雅典或基齐库斯却看不到。最明显的例子就是天空中亮度排第二的老人星，他称之为"在埃及升起的星星"。[7]欧洲大陆大部分地区或是北美地区都看不到老人星。从克里特到塞浦路斯，在一年之中的某些时候可以看到老人星低悬于南面的天空，等到了开罗，老人星就会显得十分亮眼。这是地球是球形的有力证明。在北半球，人们可以看到北极上空的星星，而看不见南极下方的星星。越往南走，就会有越多的南半球星星进入视野，北半球星星则会消失在地平线下。在英国，天空中最显眼的是大熊座，几乎正好位于北极圈上空。如荷马所言，这表明大熊座一年之中始终清晰可见。然而南半球的大部分地区几乎看不见它。对澳大利亚人而言，天空中的南十字座是他们最熟悉的标志，但在欧洲和美国却不见踪迹。

似乎天空每天都在绕地球转动，而不同星座的形状和相对位置却保持不变。与此同时，五颗可见的行星在恒星背景下的运动轨迹缺少规律。只要希腊人像欧多克索斯这样开始仔细观测，就会发现这五颗行星以不同的速度大致自西向东穿越天空。它们偶尔似乎还会往后退，这一现象被称为"逆行运动"。

我们现在已经知道，从地球上观察到的行星后退的表象只是因为这颗行星及其他行星是在以不同的速度绕太阳旋转。但对希腊人而言，这是个难解的谜题。柏拉图认为这一现象是一种亵渎。[8]他眼中的行星神圣无比，因此在天空中如此随意漫游是对秩序的背离。它们理应绕地球旋转，因为这才是完美的构造。他在《理想国》中向读者建议，在能从理论上解释行星的逆行运动之前，先暂时停止观测天象。[9]柏拉图学院的成员所面临的挑战是如何使显著的天体运动符合恒定的绕转运动的要求。一直到17世纪，才由约翰尼斯·开普勒（1571年—1630年）发现这些行星实际上沿椭圆轨道绕太阳运行。

面对柏拉图在《理想国》中提出的这一挑战，欧多克索斯迎难而上。据亚里士多德称，欧多克索斯提出一个由同心球组成的宇宙模型，最外层是恒星。[10]在这之内，每颗行星都是球体，根据所要求的恒定绕转而运动。为解释行星在速度和方向上所展现出的差异，欧多克索斯增加了更多球体。它们几段运动合起来就是行星穿越天空的总体轨迹。欧多克索斯通过调整它们的速度和方向，可以近似模拟出所观测到的行星在天空中的运动轨迹。[11]柏拉图必然对此感到振奋。事实上，柏拉图在最后一部对话录《法律篇》中盛赞那位使观测到的行星轨迹与行星遵循恒定轨迹这一事实相同步的天文学家，称其挽救了行星的神圣性。[12]

欧多克索斯或许认为地球是个球体。有鉴于他认为所有行星都是绕地球旋转的球体，这一推断合乎情理。此外，他在希腊、小亚细亚和埃及观测到的不同星星也提供了地球曲度的证据。因此，在柏拉图去世之时，也就是约公元前348年，学院成员有充足的理由相信地球是球形。他们可以观察到在月食期间地球投射到月球上的弧线。他们可以从欧多克索斯的观测中得知往南走可见的星星将发生变化。而且，欧多克索斯为解释行星运动而提出的同心球模型同时也使人合理地认为地球本身就是宇宙最内层的球体。然而，最大的难题悬而未决：为什么我们不会从地球表面落入虚空？只要这一问题尚未解答，就没有人能宣称自己知道地球是球形。

提供解决方案之人名叫亚里士多德，他是柏拉图众多学生之中最璀璨耀眼的一位，也是西方思想史上最重要的思想家。与柏拉图在《斐多篇》中的含糊其词不同，亚里士多德的表述明确而清晰。他不是只表达出个人观点，而是有理有据地论证了他对地圆说的信念。

亚里士多德：那位哲学家

亚里士多德的父亲是位医师，与马其顿王室关系紧密。家族的财富令亚里士多德无须为钱财忧心，可以安心地追求哲学事业。

大约在20岁那年，年轻的亚里士多德前往雅典，进入柏拉图学院精进学业。我们对他在学院度过的时光所知不多，但可以推断他必然是名才华横溢、志向远大的学生，在学术上已经摩拳擦掌、跃跃欲试。尽管对老师十分敬仰，但他的观点和方法论都与老师大相径庭。无论如何，柏拉图离世时，亚里士多德已不在雅典。他在莱斯伯斯岛度过一段时间后，受传召返回家乡马其顿，担任国王之子亚历山大的导师。

亚里士多德是西方世界赫赫有名的哲学家，而受其教导的亚历山大大帝则开拓下最广袤的疆域，这难免令人联想到其间存在的因果关联。但双方之后的事业发展显示彼此之间并没有多大的相互影响。亚里士多德在著作中几乎从未提及马其顿人，即使在明显的政治类著作中。至于像亚历山大这样一位严酷的专制君主，他的所作所为早已超越哲人王所能企及的想象。

尽管有名师授业，亚历山大仍与接受过基础教育的希腊民众无异，止步于熟读荷马史诗。我们已经知道，荷马认为大地是扁平圆盘，边缘环绕着海洋。所有古代的证据（公认为来源于亚历山大死后多年）都表明亚历山大也持此观点。当军队向他请求从印度撤军时，亚历山大大帝称他意在征服地球最边缘的疆域，一直延伸到太阳从中升起的海洋。[13] 他不认为还有更远的地方，并且，"由于海洋奔涌的洋流环绕着大地"，还能为回家提供便捷的近道。[14] 或许亚里士多德在教授这位马其顿王子时，还没有形成成熟的地圆说观点。又或许是他认为没有必要向这位年幼的学生提及这样尚有争议性的观点，徒增困扰。

公元前335年，亚里士多德返回雅典，在阿波罗神庙创办起吕克昂学园。这时的雅典及希腊其他地区都已沦为马其顿王国的附属城邦。亚历山大征服希腊后，又向着波斯帝国举兵出征。只要雅典一日受马其顿王国统辖，这位哲学家在此就会安全无虞。但在公元前323年，亚历山大在千里之外的巴比伦薨逝，他开拓下的广袤疆域也开始分崩离析。为躲避反马其顿王国情绪以及可能的暗杀，亚里士多德逃离雅典，并于次年在流亡途中去世。[15]

亚里士多德留存下来的著作似乎来自吕克昂学园的讲座笔记，或许是由其学生记录的。他一向以学识广博著称，著作中涵盖逻辑学、伦理学和博物志等话题。有别于柏拉图的对话录，亚里士多德著作中的散文并未经过精心润色以供出版推广，而且经常简练到令人沮丧。

吕克昂学园在他去世后屹立不倒，但亚里士多德在其后几个世纪中却逐渐湮灭无闻。公元前44年，罗马政治家西塞罗（公元前106年—公元前43年）指出他"不大为哲学家所知，只有其中极少数才有所听闻"。[16]然而大约就在这一时期，他的著作重新出版，一时间声名大噪。到中世纪，他的著作成为欧洲和伊斯兰世界中高等教育的基础，以至于人们提起他时只需称"那位哲学家"。

亚里士多德关于地圆说的论据

　　亚里士多德汲取前人前苏格拉底学派哲学家的思想，构建起他眼中的宇宙。他认为地球是固定的，既不旋转也不移动，位于广袤宇宙的中心。他之所以采纳这一以静止的地球为中心的观点，不仅仅因为与绝大多数人一致，还有着充分的理由，以及经验性证据的支持。在晴朗的夜晚仰望天空，时间久了，就可以辨认出星座在缓缓地旋转。由于无法感知到地球的移动，我们自然而然地就会认为自己是静止的，而天空在转动。此外，如果把球抛向空中，球会径直落地，而不会因地球的转动而有所偏离。[17]

　　对亚里士多德而言，更难的是解释地球保持不动的原因。在他看来，基本问题在于如何定义"向下"这一我们也曾考虑的问题。我们抛出的泥土会落到脚下。亚里士多德意识到，人们本能地相信如果没有地球，这块泥土将永恒地下坠。然而地球看起来是不移动的，某种力量使其保持在原地。亚里士多德否定泰勒斯和阿那克萨哥拉等早期哲学家所提出的解释，即地球漂浮在水上或是由空气垫支撑。他也不像柏拉图那样认可米利都的阿那克西曼德的观点，即地球保持不动是因为已经处在万物中心。[18]

　　亚里士多德的天才之处在于重新定义了"向下"。[19]他认为所谓向下并不是垂直于地面并无限延伸，而是指向宇宙的中点。由于他将宇宙定义为广袤但有界限的球体，那么其必然有个中心。他声称把重物扔下时，它就会落向这个中心，除非被其他物体阻挡。当它抵达中心后就会停下。这解释了地球为什么不需要任何东西支撑：它处于宇宙中心，已经位于最低点，没有下落的空间。所以地球保持不动。地球既无须阿那克萨哥拉的空气垫，也无须泰勒斯所称使地球漂浮其上的原初之水。

这并不是说地球本身就是重力的来源。亚里士多德没有预见到艾萨克·牛顿爵士（1643年—1727年）的发现。他仍需解释为什么密实的物体会下落。在这一点上，亚里士多德显出几分踟蹰。他的论述始于这样一个观点——世间万物，无论是动物、植物还是矿物，都有与生俱来的行为举止。例如，人类在人世间有一个与生俱来的位置，当他们处于这个位置时就能繁盛兴旺。巧合的是，人类的最高使命是成为哲学家，就像亚里士多德这样，不过他坦承对有些人而言，奴隶才是更合适的位置，他们应该接受命定的位置。[20]他意在说明实际上奴隶在受到奴役时比获得自由后更幸福。

像柏拉图和史诗诗人一样，亚里士多德也将伦理准则延伸到自然世界。他将自己眼中人类社会所固有的特征（但实际上只是他所生活的文化的特征）应用于整个宇宙。因此，他说道，沉重的岩石天然地趋向于沿直线向宇宙中心移动。水也是如此，只是程度略微逊色，因此构成了地球之上的更外一层。更轻的空气在水之上。最后，最轻的元素火在空气之上。这一结构颇像是对阿基劳斯观点的延伸，即冷元素土和水下沉，热元素气和火上升。他将冷热元素具有沿特定方向移动的趋势这一直觉略作调整，将它们的特性分为轻和重以解释自然运动。[21]图示版的亚里士多德世

亚里士多德的世界观，出自彼得·阿皮亚《宇宙志》（*Cosmographia*）（1550年版）

界观描绘了四种基本元素，一望可知。

　　这一观点简洁明了。更重要的是，它强调万事万物都有其恰当的位置，由此确保自然世界的统领规则与亚里士多德的伦理理论相契合。然而，仍然需要一些额外的组成部分来解释我们在天空中所见的现象。既然亚里士多德说四种元素趋向于宇宙中心，那么星星和行星为什么不会从天空中落下，就像阿那克萨哥拉所处时代曾发生过的陨石降落那样？亚里士多德对此回应称，天空中还有第五种元素，被称为"以太"或"第五元素"。这种物质可以抵抗中心的吸引力，自然地绕中心旋转，而不是径直向着中心运动。以太不会腐败，也不受熵的定律限制，所以星星可以沿着没有摩擦力的轨迹永远运动下去。相比之下，位于月亮轨迹下方由四种元素构成的物质会发生转变并腐败。[22]

为解释行星的运动，亚里士多德在欧多克索斯的同心球说的基础上进行了调整（另外添加了若干个球体）。他将他眼中的神安置于宇宙之外，这位神祇所思索的无外乎是宇宙的完美性。然而，通过旋转最外层球体，这足以保持整个宇宙都处于运动之中。当最外层球体移动时，其运动会传递到它下面的球体，以此类推，直到最终传递到天空中处于最低位置的月亮。对亚里士多德而言，任何物体的移动都需要借助外力，这是不证自明的常理，所以必须有一个保持不动的、在宇宙之外的推动者让世界运转起来。有别于柏拉图的匠神说，亚里士多德的神并不是造物主。宇宙是永恒的——它从过去就一直存在，也将永远存在下去。旋转的天球以永恒来标记时间。

亚里士多德拥有足够的材料证明地球是一个静止的球体。他在《论天》中详细阐述了其分析方法。他通常会先对前人观点进行总结，以此引出自己的调查研究。他在叙述菲洛劳斯的宇宙观时正是以此为背景，我们将在最后一章详细展开。接着，他从日常观察和通常看法中找出所有人一致认为是正确的公理。下一步，他根据这些公理来推断一般规律。最后，他会演示这些一般规律如何解释我们所看见的现象。[23]换言之，所谓知道某事就是先根据基础公理阐释这件事的原因，然后以此来解释其他事物。[24]亚里士多德并非对所有主题都遵循这一方法，但在对地球何以必然是球形进行论述时，亦步亦趋地遵循了这一方法。

亚里士多德在回顾早期权威观点时，指出阿那克西美尼和阿那克萨哥拉认为地球是平的。然而，他没有记录下说地球是个球体的任何名字。这表明这一观点是新近形成的。通常而言，亚里士多德不太会提及尚在人世的人的名字，他很少引用或承认同时代人的观点。假如亚里士多德知道像巴门尼德这样已经去世整整一个世纪的人支持地圆说，应该很有可能会提起他。他的确曾提到一些人认为地球是球形而没有列出他们的名字，但这些人可能是他在雅典所处圈子中的人。

分析完前人观点，亚里士多德接着构建自己的世界观。如前所述，他表示地球保持静止且位于宇宙中心是常识。因为所有的重物会自然而然地向着中心落下。到最后，他可以推断出地球本身必然是个球体。[25]密实的物体趋向于其自然位置，因此从各个方向向着天空的中心移动。这必然意味着它们会聚合成一个球体，由此形成地球。即使重物多从同一方向落下也不会造成差异，当它抵达中心时，自然会自我压聚成球体。

在讨论的最后，亚里士多德证明地圆说可以将那些原来难以说通的观察结果一一解释清楚。他说道，首先，在月食期间，地球投在月球上的影子总是呈曲线状。[26]这一现象与他在第一原则中所表明的内容相契合。月食时的暗影取决于地球的形状。如果地球是球形，那么它的影子一定总是弧形。

他的第二条经验性证据是，人们在向北或向南旅行时能看见的星星会发生变化。[27]他指出一些星星在埃及和塞浦路斯可以看见，但在北方则看不见。几乎可以确定，他指的就是欧多克索斯对老人星的观测。在埃及，老人星虽只是低悬于夜空中，其明亮程度却令人难以忽视。而在雅典，任何曾在更往南的地方看见过老人星的人都能明显察觉到它的消失。只有在地球是球形的情况下才能解释这一现象，如果我们居住的地方是个平面，所有人都应该看到同样的星星。正因为地球是球状的，天空的视野必然会随纬度的高低而发生变化。

亚里士多德观察到，人们可以根据星星的仰角估算出地球的大小，还推断出地球与浩瀚的天空相比必然极其微小。他引证的地球周长为74 000千米，几乎是实际周长40 075千米的两倍。这一数字可能是由欧多克索斯在向南旅行时通过测量太阳或某些星星的高度差而计算得出的。[28]亚里士多德提到穿越大西洋向西最终或许可以抵达印度时，也可能是引用自欧多克索斯的观点。[29]

正确的结论，错误的论据

亚里士多德认为他已经证明了地球是个球体。他在第一原则中表明地球理应是球形，然后以这一结论去解释一些现象，如月食时地球的影子，以及在不同地方所能观测到的星星的差异。但按照现今的标准，亚里士多德是否真的知道呢？直到近期，多数哲学家都会说他确实知道。他所相信的地圆说符合事实，并且他从理论和经验两个方面都进行了验证。但在1963年，崭露头角的美国思想家埃德蒙德·盖蒂尔（1927年—2021年）发表了一篇简短的论文，提出如果论据错误，那么即使得到证实的真信念也未必是知识。[30]认识论者认为这一观点有力地反驳了柏拉图对知识的定义。

这给亚里士多德造成了麻烦。他对地圆说的信念的论据，是所谓地球由所有密实物体落向宇宙中心聚合而成。这是错误的论据。其他一些侧面的证据也并不可靠。例如，他指出在已知世界里，大象既生活在西方的摩洛哥，也生活在远东的印度。他据此推断这或许是大象种群在世界另一端相衔接的证据。再如，尽管对月亮和星星的观察对他的论证有所帮助，但这些观察本身并不是决定性的。因此，尽管亚里士多德为论证地圆说提出了一些犀利的论据，其赖以为基础的公理对于宇宙结构的认识却是完全错误的。以错误的论据得出正确的结论，这正是一则典型事例。

就个人而言，我们应对亚里士多德抱以宽容的态度。他的论证并非尽善尽美，但他得出正确结论并以此解释了一些令人困惑的事实。地圆说最初的概念或许来源于毕达哥拉斯，柏拉图回到学院后就此探讨多年，而亚里士多德在这一期间成为学院的学生。

欧多克索斯经过天文学观测和地理学研究后，有可能认为地球是球形。然而正是亚里士多德将这一小群人的见解与他们收集到经验性证据相结合，从而拼凑出一幅完整的拼图。按照任一传统标准来看，都可以说他知道地球是球体，或许也是第一个知道的人。有基于此，他发现了地圆说。我们将在本书接下来的部分看到，如今所有掌握地球是球形这一知识的人都间接得益于亚里士多德。地圆说因此成为古代最伟大的科学成就。只因我们认为这是显而易见的，才没有给予亚里士多德应有的赞誉。我同样深感罪咎，因为我在一本书中强调亚里士多德在其他所有事上几乎都犯了错。[31]

但我们不该认为亚里士多德就此解决了地球形状这一难题。即便是雅典的众多哲学家也没有一致认可他的观念。并非所有人都认为他的观念与自己的世界观相符。

9

希腊对世界形状的争论：
球形或三角形或其他形状

　　如果时光旅人邀你游览古代亚历山大，一定不要错失良机。两千年的动荡、侵蚀与战争早已抹去这座城市昔日的痕迹，就连皇家城区也已沉入海水之中。亚历山大坐落于马留提斯湖（现多已干涸）和地中海之间的一座山丘上，正对着法洛斯岛。一条长堤将岛屿与大陆连接起来，将港口分为两部分。一座被誉为世界七大奇迹之一的灯塔守卫着东部大港的入口。

　　城中街道沿着两条主干道——坎诺比克大道和索玛大道——呈网格状分布。这两条大道在市中心交会，索玛（亚历山大大帝的陵墓）就坐落在这里。救世主托勒密一世取得埃及的统辖权并建都亚历山大后，就将亚历山大大帝的遗体埋葬于此。这座城市实际上是希腊的殖民地，统治着尼罗河谷的埃及原住民。坎诺比克大道北面是皇家城区，里面坐落着法老的宫殿。蜚声世界的缪斯神庙，即博物馆，或许也位于同一区域。托勒密的儿子与继任者，也叫托勒密（所有的王室男性成员都是如此），鼓励作家和哲学家来到亚历山大定居，从而发扬希腊文化，传播其支持艺术发展的美名。他为博物馆提供资金，为这些移民提供住所，他们的回报则是使这座城市跃升为地中海顶尖的思想中心。我们今日之所以能读到荷马的文本，掌握古典希腊语语法的某些方面，应归功于那些受亚历山大的托勒密王朝资助的语言学家。但假如试图在这趟游览之旅中寻找大图书馆，那么你会一无所获。博物馆的藏书诚然称得上浩如烟海，但所谓包含所有希腊科学和文学书籍的大图书馆的存在却是玄而又玄，关于其毁灭的种种叙述也同样如此。[1] 地理学家斯特拉波（约公元前64年—约公元21年）曾巨细靡遗地描绘这座古城的面貌，却丝毫未曾提及它的存在。

地球的大小

亚历山大的一位学者帮助古代和中世纪的世界对地球的大小建立起相当准确的概念。昔兰尼的埃拉托色尼（约公元前276年—约公元前195年）涉猎广泛，精通地理、历史、天文学和纯数学领域。他对博物馆的研究如痴如醉，后世称其为行走的大图书馆。

据称，埃拉托色尼根据埃及的测量数据推算出地球的周长。[2]测量者会在特定的某一天的正午，测量一根竖直棍子（日晷）所投下的阴影，以此确定太阳在天空中的仰角。为计算出地球的大小，埃拉托色尼需要至少两个位置的太阳仰角，并且其中一个位于另一个的正南方。他还需要知道两个位置之间的距离。

埃拉托色尼选择了亚历山大、埃及南部城市赛伊尼（今阿斯旺）以及尼罗河流域内位于现代苏丹的麦罗埃。他的研究基于这样一种认知，即这三座城市在正南方向上各间隔5 000斯塔德。关于他如何获知这一距离引发了不少争议，但这个估算还算差强人意。最后，埃拉托色尼计算出亚历山大、赛伊尼和麦罗埃三地太阳仰角的差异。结果显示，5 000斯塔德大致相当于整个圆周的五十分之一，也就是说亚历山大和赛伊尼之间的距离相当于地球周长的五十分之一，或者说地球周长为250 000斯塔德。[3]将这一数字转化为现代的千米数却有些困难，原因在于关于斯塔德的长度有着不同的说法。斯塔德指的是希腊竞技场跑道的长度，约为185米。但希腊各个城市竞技场的规模并非全然相同。例如，奥林匹亚竞技场略小于雅典竞技场。无论如何，埃拉托色尼估算出的地球大小可能偏大约10%，但仍比亚里士多德记录的数据要准确得多。

埃拉托色尼并没有试图证明地球是个球体。这只是他计算方式背后的其中一种假设。另一种假设是太阳距离地球足够遥远，使得他可以将地球表面的弧度作为亚历山大和赛伊尼两地阴影差异的唯一决定因素。[4]埃拉托色尼经过缜密详尽的推断估算出地球的周长，为地圆说建立起可行的上层建筑立下不朽的功勋。他计算得出的250 000斯塔德这一数字成为未来几个世纪所遵循的标准，并被罗马人采纳，在中世纪欧洲各所大学中传授。

埃拉托色尼的研究表明，公元前3世纪，至少埃及的希腊学者就已经知道地球是球形。他们是第一批采纳地圆说的人。无论如何，小范围的发端逐渐扩散到整个希腊世界。其中亚历山大的天文学家在欧多克索斯所提出的行星运动模型的基础上进行改进，也为此做出一定贡献。例如，尼西亚的喜帕恰斯（约公元前190年—约公元前120年）根据本轮这种几何构造提出更为复杂的天象图。他摒弃欧多克索斯的同心球结构，而是将行星放在旋转的小圆上，这些小圆又沿着大环绕地球运转。通过这种方式，喜帕恰斯就能比欧多克索斯更为精确地模拟出观测到的太阳和月亮的运动。

亚历山大的托勒密（约100年—约170年）发展出更为精密的模型。关于他的生平，我们只知道他与同名的亚历山大王室并无关联，除此之外几乎一无所知。他的著作代表着古希腊天文学、占星学和地理学的巅峰。

在其代表作《数学论文》（*Mathematical Synthesis*）的开篇，托勒密提出亚里士多德未曾提及的有关地球形状的证据。他注意到当观察者向东或向西旅行时，日出的时间会有所不同，当安条克沐浴在黎明之中，罗马仍处于黑夜。将这一观察与亚里士多德的观察相结合，即向北或向南旅行时可见的星星会发生变化，可以证明地球在各个方向上都呈曲线状，因此必定是个球体而不是圆柱体。他还提到，当我们在海上航行时，山会随着我们的靠近而逐渐出现在视野之中——这是一个相当明显而未被亚里士多德指出的证明地球是球形的线索。[5]

希腊天文学的进步使得准确预测行星轨迹以及日食月食现象等奇观成为可能。随着地球和宇宙为球形这一理论在解释真实世界所发生的现象方面的作用得到凸显，支撑这一理论的模型也更加受到人们的信赖。与此同时，雅典涌现出的一些哲学学派也对这一理论展开了探讨。

哲学新学派

希腊人很少会像喜帕恰斯或是托勒密这样通过复杂的天文学研究来了解宇宙。他们更倾向于学习哲学，不过并不是通过其死后几十年里已埋灭无闻的亚里士多德的著作。与此相反，公元前300年至公元200年最具影响力的哲学学派是斯多葛学派，也正是斯多葛学派的推广才使地圆说受到广泛认可，至少是受过教育的精英阶层的认可。

斯多葛学派的创始人是季蒂昂的芝诺（公元前334年—公元前262年）。据称，他在遭遇船难后被海浪冲到雅典。受到苏格拉底"坦然面对人生困顿的故事"的感召，芝诺开始在雅典市集上的一根雕饰华美的柱廊下传授哲学。由于柱廊在希腊语中发音为"斯多葛"，这一学派便以此命名。[6]

斯多葛学派将知识分为三个领域：伦理、物理和逻辑。这三个领域同等重要，其中伦理在现实中排首位。和其他希腊哲学一样，斯多葛学派为其追随者提供一种与世界和睦相处的方式，使他们不论面临何种困顿，都能安享宁静生活。与柏拉图学派相同，斯多葛学派的形而上学和自然哲学为其伦理准则奠定了基础。他们直接借鉴亚里士多德的物理世界观，赞成后者提出的宇宙由双重球体组成这一观点：大球包含所有的存在，小球（地球）位于大球的中心。[7]这一图景符合斯多葛学派所设想的宇宙：一个神圣而永恒的实体，经历着毁灭与重生的循环。

我们无从确知地圆说是否存在于芝诺本人提出的教义中，不过它很快成为斯多葛学派的一部分，被追随者广泛接受。斯多葛学派中有多部关于天文学的著作留存至今，如盖米诺斯（活跃于公元前1世纪）的《天象学导论》(Introduction to the Phenomena)和克莱奥麦季斯（活跃于1世纪）的《论天体的圆周运动》(The Heavens)。[8]这两位作者都没有不假思索地接受地圆说，而是一一列出相关的天文证据来说服读者。或许正是这样旨在教授学生的书籍将这一理论传播到了更广泛的、受到良好教育的希腊人之中。

公元前2世纪罗马吞并希腊后，斯多葛学派的思想在征服者的上层阶级中得到普及。知名度较高的斯多葛学派拥趸包括尼禄皇帝的亲信塞涅卡（约公元前4年—65年）和罗马皇帝马可·奥勒留（121年—180年），他们二人都写有留存至今的斯多葛学派著作。随着希腊哲学在具有文化素养的罗马人之间传播开来，地圆说也逐渐被罗马人所接受，成为其世界观的一部分，就像这一理论曾经在希腊人之间流传一样。这并非是指地圆说已经深入人心。即使在哲学家之间，它也远未被普遍信奉。其中以创始人伊壁鸠鲁（公元前341年—公元前270年）命名的伊壁鸠鲁学派的反对尤为激烈。[9]

公元前5世纪中期，当苏格拉底还只是个年轻人时，某个名叫留基伯的人提出了一个影响深远的观点。他说或许物质的基础结构完全不同于我们所能看见的现实。也许万事万物都由飘浮在虚空中、相互撞击的粒子构成。这些粒子是存在的最小单位，无法被进一步分割。他称之为"原子"，在希腊语中意为"不可分割的"。即使是以其所属的前苏格拉底学派的标准来看，留基伯也只是一个默默无闻的人物。但他的观点获得了声名远胜于他的思想家德谟克利特（约公元前460年—约公元前370年）的认可。德谟克利特来自希腊北部，出身富裕，四处游历，尽己所能地接触不同的文化。他采纳留基伯的原子论，并将其纳入唯物主义哲学，以支持自己的人道主义伦理观。

在柏拉图写下地圆说之前，德谟克利特就已经垂垂老矣，所以他认为大地是平的并不令人感到意外。[10]更具争议性的是，他声称大地并不是唯一的：无垠宇宙中有不计其数的不同形状和大小的世界。亚里士多德对留基伯和德谟克利特的观点的批评不一而足。首先，他反对原子的概念。他认为不可分割的事物在逻辑上并不可能。他表示现实的结构总是存在进一步细分的可能。[11]他还坚称宇宙是唯一的，即使广袤浩瀚，但仍然存在界限。

德谟克利特似乎并未创立学派，但他的观点对伊壁鸠鲁产生了重大影响，后者的影响力从其名字被收入英语语言之中可见一斑。如果我们形容某人为"伊壁鸠鲁的",则意指其人耽溺于奢侈生活,尤其喜好珍馐佳肴。而这一词义对伊壁鸠鲁有失偏颇。他和多数希腊先贤一样,关注的是如何达到满足的状态。对此,他的方案是寻求快乐,避免痛苦,这种哲学被称为享乐主义。但他对快乐的追求并不是指沉湎于食物、性爱和廉价的刺激。相反,他教导人们只有通过更深层次的快乐才能达到满足状态,其中最重要的莫过于友谊和没有痛苦。他认为最严重的痛苦都是自我施加的,是毫无必要的、对本不应挂怀的事物的担忧。因此,与其说伊壁鸠鲁主义是属于饕餮和情人的哲学,不如说它是在教导我们放下对人力无法改变之事的执念,以此实现内心安宁。相反,我们应享受他人的陪伴,在花园这样令人心情愉悦的场所最佳。从相关资料中看来,与伊壁鸠鲁本人同行一定乐趣无穷。他为人良善,广受同胞尊敬,是我们的好朋友。[12]

伊壁鸠鲁留存下来的残篇数量相当可观。他所写的三封信被第欧根尼·拉尔修完整地记录下来,主要著作《论自然》中的一些片段则因公元79年维苏威火山喷发将庞贝埋葬于地下而保存了下来。

在主喷发之前,火山已接连数日向城中倾撒灰烬和浮石。这些现象只是火山在"清嗓子",为之后的正式演出彩排。主喷发爆发后,将灰烬和超热气体喷向高空。这个携有大量碎屑物的暗黑柱体原地倒塌后,沿着山体滚滚而下,将沿途的一切焚毁殆尽。在随后几个世纪中,一位年轻目击者的叙述一直被当作耸人听闻的说辞。他写道"叉状的熊熊烈焰将可怖的黑霾分裂开来"，然后落回地面，滚滚流入那不勒斯湾。[13] 今天的火山学家确定这一奇景为火山碎屑流。火山喷发所形成的炽热的灰霾同样席卷了附近的海滨小镇赫库兰尼姆，将海边等待救援的民众烧成灰烬。海滨一幢巨大的乡间宅第中有一间图书馆，炽热的温度点燃馆中成千上万卷的莎草纸卷。它们没有化为灰烬，而是被炼制成了厚厚的木炭块。火山喷出的熔岩吞没赫库兰尼姆，这些纸卷从此深埋地下，到了18世纪，早期考古学家从宅第遗址中将它们挖掘出来，它们因此重见天日。多年以来，相关研究者多次尝试读取纸卷的内容。一开始，他们试着打开纸卷，结果造成了无法修复的损坏。如今，科学家采用X射线相位衬度成像技术等非侵入式方法，在不造成物理损害的情况下读取纸卷内容。[14] 从过去几个世纪提取的内容明确可见，莎草纸卷所在宅第的这间图书馆主要收藏的是伊壁鸠鲁及其信徒的著作。结合手抄本传统中保存的资料，我们所能收集到的古代伊壁鸠鲁学派思想的内容蔚为大观。

为帮助其哲学的践行者达到满足的状态，伊壁鸠鲁教导他们通过摒弃恐惧来得到内心的安宁——首要的就是对死亡和神灵的恐惧。为帮助克服这种恐惧，他特地借鉴德谟克利特的原子论。他对宇宙永恒且无垠的唯物主义构想使得诸如谁创造世界或是世界之外是什么这类问题变得不再有意义。与柏拉图不同，他不需要造物主。并不是说伊壁鸠鲁彻底否认神灵的存在，他无须如此激进。他只是认为神灵的存在完美而不朽，根本不必理会人类，更遑论从神圣之域抽出时间，来人间敲击雷电或是享用神庙里的祭祀香火。

在解除对神圣力量的担忧之后，伊壁鸠鲁仍需应对死亡这一难题。既然万事万物无非是原子和虚空，那么灵魂必然也只是微小的粒子。伊壁鸠鲁学派宣称组成灵魂的原子尤为精细，一旦身体死亡，它们就会消融于空气之中。身死神灭。我们体会不到死亡，自然也就无须忧虑坟墓之后的惩罚，据此伊壁鸠鲁认为，对终结的恐惧是缺乏理性的。[15]

伊壁鸠鲁和前辈德谟克利特一样，也反对地圆说。他有充分的理由。例如，亚里士多德的理论的基础是地球位于宇宙中心。宇宙如果存在中心，那么也就存在边缘。这就带来一个难题，因为从本质上而言，原子通过随机运动形成长颈鹿、葡萄和翡翠等物体的可能性极低。为了避免引发一场天翻地覆的混乱，伊壁鸠鲁将宇宙设定为无垠且永恒的。我们所居住的"泡泡"只是众多世界中的一个，而这些世界或许千姿百态。它们可能是球形或其他形状，甚至可能是三角形。[16]我们从他留存下来的信件中得知，他还认为太阳和月亮相当小，并且离我们很近。[17]他将天体降低为纯粹的大气层现象，将它们与所代表的神灵分割开来，从而表明相关的崇拜毫无意义。

与亚里士多德和柏拉图相同的是，伊壁鸠鲁的世界观也从根本上支撑其伦理观。但伊壁鸠鲁的享乐学说与亚里士多德的伦理观有天壤之别，因此，他同样反对亚里士多德的宇宙观。他对亚里士多德的反对有时甚至超出专业范畴，而将矛头对准个人。他痛斥亚里士多德是一个挥霍家产、贩卖药品的废物。[18]

曾有一位罗马学者痴迷于伊壁鸠鲁的学说，以拉丁语写下一首诗歌描绘他的自然哲学，我们因此得以窥见更充实完善的伊壁鸠鲁自然哲学。这首诗先后经由古代书吏和中世纪僧侣抄录，到了15世纪开始广为流传，全诗得以完整流传至今。这首诗就是卢克莱修的《物性论》（*On the Nature of Things*）。

《物性论》的题献者梅米乌斯通常被认为是罗马元老院议员盖乌斯·梅米乌斯（卒于约公元前49年）。[19]约公元前52年，在被指控选举舞弊之后，梅米乌斯退隐雅典，写起了情色诗。刚到雅典时，他买下一块地，预备造一所乡村宅第。据西塞罗所称，这块地包含伊壁鸠鲁当年创办的学院的遗址，而梅米乌斯计划将其拆除，给新宅第腾出空间。[20]此时的雅典已不再像过去几个世纪那样，稳稳占据着哲学中心的地位。公元前88年，罗马将军苏拉（公元前138年—公元前79年）镇压希腊叛乱，因怀疑哲学学院涉嫌煽动政治叛乱而下令将它们全部关闭。不过几十年内，哲学家们又渐渐返回雅典，因此，像西塞罗这样家境富裕的罗马人就会把儿子送到希腊去接受教育。

建造宅第或许是梅米乌斯成为《物性论》题献者的一个契机。创始人的学院即将被改造成业余情色诗人的退隐居所，雅典的伊壁鸠鲁学派对此感到怒不可遏。卢克莱修已经为这首诗投入数年，他将梅米乌斯作为题献者，或许是为了说服这位野蛮的罗马人，其即将摧毁的是一处有着重要意义的场所。

　　哲学体系的教义深奥精妙，改以拉丁语而非希腊语来表述并非易事。卢克莱修发现许多概念的词汇在母语里并不存在。然而，他不是具有独创性的思想家，而是亦步亦趋地追随着伊壁鸠鲁的教义。事实上，他对老师的原始教义全盘接受，而对当代的科学和哲学置之不顾，以致获得了"原教旨主义者"之名。[21]在他的阐述中，伊壁鸠鲁提出世界颇像是我们所称的"雪球"。我们都生活在扁平的表面上，上面笼罩着圆形的穹顶，当雪球被摇动时，星星和行星像白色碎片一样在天穹之中四处移动。整个构造都向着虚空坠落，最终将分解为其组成的原子。无垠的宇宙之中包含无数的其他世界，每个世界都有各自的大地和天空。

　　与伊壁鸠鲁一样，卢克莱修试图说服读者，天体并不是很大或是很遥远，甚至可以被风吹动。[22]他还声称那些认为世界另一面可能存在动物的念头是愚蠢荒谬的，因为它们必然会落入虚空之中。[23]缺少了亚里士多德关于物体趋向于宇宙中心的解释，地圆说就无法自圆其说。当然，卢克莱修忽视了近期天文学家的研究，如喜帕恰斯就已经知道地球是个球体，星星很遥远，太阳比地球大得多。[24]实际上，在卢克莱修写诗时的公元前1世纪，伊壁鸠鲁的宇宙观在知识分子之间就已经成为一种怪异的观点。西塞罗对所谓存在无数千姿百态的世界的观点嗤之以鼻。[25]

　　卢克莱修在当代常被视为早期的科学家，但如果我们这样来看待他，以上观念多少会让人感到费解。[26]但他的目的并不在"科学"。他和伊壁鸠鲁一样，目的在于伦理学，他所说一切关于物质世界的言论都是为了支持其伦理观。他希望人们了解到只要掌握世界真正的运行方式，就不会再有恐惧。只有从恐惧中解脱，才能真正感到满足。哪怕关于自然的信念是错误的，也无关紧要。伊壁鸠鲁早就对此做过明确的解释：准确无误的物理理论非其主旨所在。[27]对智者而言，只要某种经验存在合理的自然解释，就无所畏惧。正是因为亚里士多德的宇宙观构成阻碍，伊壁鸠鲁和卢克莱修才会加以反对。

伊壁鸠鲁学派是知名的哲学学派，但从未像斯多葛学派那样在罗马社会中深入人心。到了公元4世纪，这一学派已销声匿迹。最后一任叛教者皇帝尤利安曾指出伊壁鸠鲁的大部分作品都已经失传，但他并不为此感到遗憾。[28]而卢克莱修的《物性论》之所以能流传下来，全仰赖后来的基督教抄录者认可这首诗的留存价值。[29]

希腊的世界地图

接受地圆说的希腊人和罗马人可以与持不同观点的伊壁鸠鲁学派相安无事。荷马的原始世界观却带来了更大的问题。他的声望早已不再仅限于一名诗人。希腊人几乎将《伊利亚特》和《奥德赛》奉为宗教圣典，认定荷马所写必然不爽分毫。古代部分学者因此对文本中清楚明白的语言视而不见，拒绝承认荷马认为地球是平的。罪魁祸首当数语法学家马鲁斯的克拉特斯。他专攻希腊语法，同时也因推动拉丁语法的研究而备受赞誉。相传，某次出访罗马时，他掉进阴沟摔断了腿，因此滞留当地疗养。在此期间，他发表了一些文学批评的讲座，引得当地人纷纷效仿其批评方式。

克拉特斯重新阐释了《伊利亚特》，将地球描绘成球体，因而声名远播。罗德岛的盖米诺斯是斯多葛学派成员，曾写下天文学教科书，对此大感恼火。盖米诺斯痛斥克拉特斯的史诗分析忽视时代的局限，指出在荷马所处的时代所有人都认为地球是平的，这位伟大的游吟诗人也包括在内。[30]至于克拉特斯，他修改荷马的文本不外乎是为了使之更符合自己的论点。[31]他造了一个直径约3米的地球模型，上面有四块大陆，大陆之间有宽阔的海洋相隔。他追踪奥德修斯在这些陆地周围的漫游，宣称《奥德赛》中的远航包括整个世界，而不仅仅局限于普遍观点所认为的地中海。[32]我们之后会看到，克拉特斯对四块大陆的构想将有悠久的传承。

我们很少听到古代世界中的地球仪，希腊人的地图倒是为数不少。相传米利都的哲学家阿那克西曼德起草了第一张地图。这张地图几乎肯定是圆形的，地中海位于世界中心，三块大陆——欧洲、亚洲和非洲——排列在其周围。[33]地中海这一名称仍与该观念相关联，意指"地球中心"。大洋环绕在大陆外围，如荷马所说。公元前5世纪中期，历史学家希罗多德抨击同时代那些以阿那克西曼德的地图为原型的地图绘制者。他曾广泛游历，对大陆的尺寸和形状形成了坚定的看法，坚持认为各块大陆大小不同，并且是以矩形而不是圆形排列。[34] 可即便如此，希罗多德仍对地球呈球形一无所知，甚至无法理解在非洲南部太阳出现在天空北面这一事实。[35]

亚里士多德也认为圆形的地图是荒谬的，有人类居住的世界必然在靠近地球边缘的一片狭长形区域内，介于北回归线和北极圈之间。[36] 我们今天将北极圈、南极圈、北回归线和南回归线视为地球表面的线条。但它们最早被认为是天球上的圆圈。希腊天文学家以南北回归线界定出太阳一年之中在天空中划过的区域，每条回归线距离天体赤道约24度。其中"回归线（tropic）"一词来自希腊语中的"回转"，表示太阳抵达这两条回归线时就会改变方向，朝着赤道回归。这意味着如果在仲夏日这天站在南回归线或是北回归线上，正午时分太阳会位于头顶的正上方。根据希腊人的定义，北极圈与北极的距离等同于南北回归线与赤道的距离。[37]

亚里士多德巧妙地把这些天空中的圆圈照搬到地球上，将赤道两侧的区域定义为炎热带，将南北极圈以内的区域定义为冰寒带。有人类居住的世界必定夹在它们之间，因为炎热地区和冰寒地区不适宜人类居住。[38] 该理论暗含这样一个有趣的观点，即南半球还有另一片宜居地带，尽管那里是否有人类居住仍然是未解之谜。[39] 亚里士多德对五个气候带的划分一直沿袭至16世纪，而他

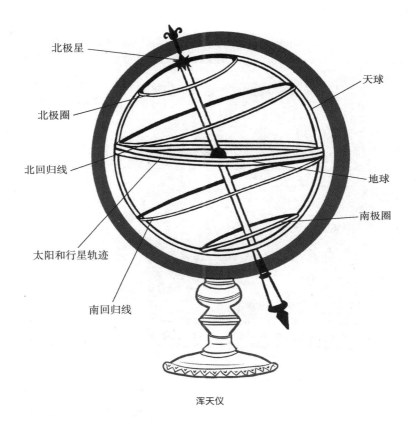

北极星

北极圈

北回归线

太阳和行星轨迹

南回归线

天球

地球

南极圈

浑天仪

猛烈抨击的圆形地图则作为最常见的人类居住世界的图片贯穿了
整个中世纪。

　　希腊的地图绘制者在知道地球是个球体之后，需要某种方法
将其曲面地图绘制到平面纸张上。将球体的表面呈现为圆形似乎
是合理的。这种方式适用于绘制天空，因为天体图只展现出我们
所看见的，无须考虑不同星星与我们之间的距离有着巨大的差异。
但这种方式不适用于地球的地图。要将大面积的地球表面绘制到

气候带地图，孔什的威廉《世界哲学》（*Philosophia mundi*，1277 年或之后）中的插图

纸上，必须具备良好的几何知识。而且无论如何进行绘制都会产生距离或面积上的失真。关键在于采用始终一致的、最大化提高地图实用性的绘制方式。古代对地图绘制最精密的分析当数天文学家亚历山大的托勒密的《地理》（*Geography*），书中包含数千个地点的经纬度。他绘制的原始地图没能保存下来，但后来的地图绘制者可以通过他列出的坐标复刻他绘制的地球以及地球上多个地区的图片。在他所绘制的人类居住世界图中，欧洲、非洲和亚洲围绕着北极连缀成一片，呈现出巨大的圆弧状。

自然，托勒密也犯了一些错误。例如，他所认为的世界比实际上要小得多。[40]他还认为印度洋被陆地所包围，人们无法从欧洲经海上航行至印度。我们在后面将看到，当托勒密的《地理》在文艺复兴时期重见天日时，这两个问题将具有举足轻重的意义。即便如此，托勒密绘制的欧洲和中东地图大体上是可以识别的，表明古希腊人对欧亚大陆西端的地理情况有着较为准确的了解。他们对东方的亚洲则了解不多，但已经知道其面积十分辽阔。

　　每每有人像托勒密这样通过地圆说制造出天空的预测性模型或是绘制出世界地图时，就会累积起更多的证明地圆说的真实性的证据。亚里士多德的世界观一被纳入其他哲学体系，就牢牢扎根于受过教育的精英阶层之中。然而，将地圆说传播至希腊语以外的地区则有赖于更为暴力的手段，即罗马人征服地中海盆地。罗马帝国的疆域横跨苏格兰边界至美索不达米亚的沙漠，将希腊人的各种学说传播给普通民众，不再仅限于斯多葛学派的上流阶层。

10

罗马对地圆说的观点：
世界之圆

古罗马人似乎对钱币秉持着一种奇异的漫不经心的态度，把它们散落四方。从数量庞大的珍贵的苏勒德斯金币，到磨损的单枚青铜铸币，业余和专业的考古学家已经挖掘出数千枚硬币。在罗马帝国，货币已经流通开来，促使贸易自由流通，较小面额的硬币则在地区层面维持着现金经济。铸币是皇帝的特权，皇帝以此为媒介与臣民相连。如今，无数保存至今的硬币是无价的证据，揭示着那些对普通民众富有意义的多重象征。

硬币正面大多刻印着皇帝的侧面头像，反面往往会出现更富创意的图像。天体和球体都是常见的图案。例如，皇帝图密善（51年—96年）刻印的是其襁褓中的儿子，他跨坐在球体上，四周环绕着七颗星星——很可能就是绕地球运转的七大行星。[1]

让我们一起来看看此刻正在我手边的一枚罗马硬币。它被称为"福利斯"，是一枚直径不到一英寸的青铜圆盘，流通时很可能作为零钱之用。刻印文字里包含我们所知关于这枚硬币的一切。

君士坦丁大帝时期的罗马硬币，铸造于特里尔，317年，反面刻印着君士坦丁大帝的守护神无敌者索尔手持地球的图案

它铸造于现今处于德国西部边境的特里尔，由君士坦丁大帝（约280年—337年）于公元317年下令铸造。硬币一面刻着他的头像，另一面则刻印着其守护神无敌者索尔，即"不可战胜的太阳"。太阳神左手手持地球。君士坦丁是罗马第一位信仰基督教的皇帝，但他在刚登基时并不是基督徒，并且从未完全禁止罗马公共生活中的传统方面。

使用这枚硬币的人未必都能认出太阳神手里的球就是地球，但公元3世纪以后，球体图案在罗马货币上随处可见，表明这一阶段普通民众对它们已经司空见惯。[2]我们无法确定有关地球形状的知识是如何传播至大众的，但这很有可能是一个循序渐进的过程。多数儿童并没有接受过正式教育，所以不太可能是从学校里学到的。

西塞罗之梦

　　古希腊在当代人眼中与天文学、哲学紧密相连，但当时很少有人会对这些科目产生浓厚的兴趣。如托勒密《数学论文》这样以技术性为主的著作数量稀少，只有专家才会去阅读。如今之所以能有数量如此可观的希腊科学著作，更多地反映的是中世纪各宗教书吏的兴趣所在，而不是它们在古典时代的普及程度。同样地，哲学也是一种明确的精英追求。阿里斯托芬在《云》中对苏格拉底的嘲弄所反映的正是普通民众对哲学家的看法。

　　通过考古学家从古埃及垃圾堆中挖掘出来的莎草纸残片，我们可以一窥那时的普通民众所拥有的书籍。莎草纸卷以一种类似于芦苇的植物为原材料，用相互交叉的方式编织而成。不同于美索不达米亚的泥板，莎草纸极易腐坏，但埃及干燥的气候有助于莎草纸的保存。

　　莎草纸上的文字多数是希腊语，因为希腊语是地中海东部接受良好教育的人士的通用语言。在数以千计的文学作品（相对于信件和行政文件）残篇中，足有三分之一出自荷马之手。[3]几乎没有理论性的天文学著作，即使有涉及天文学的残片，也几乎都是占星术历书和表格。[4]作为占星师用来预测行星位置的对照表，托勒密的《实用天文表》（*Handy Tables*）出现过几次，但没有其他更为艰深的作品的身影。[5]唯一一本流传较广的天文学著作就是阿拉托斯的《天象》，其中并未明确提及大地的形状，只暗示它是平的。最常见的提及地圆说的资料是柏拉图的《斐多篇》。

埃及末代女王克利奥帕特拉七世（公元前69年—公元前30年）在马克·安东尼（公元前83年—公元前30年）与屋大维·恺撒（公元前63年—14年）之间的内战中错选了落败的一方，此后埃及落入罗马的统辖。屋大维·恺撒后来加冕为奥古斯都大帝。奥古斯都大帝击败克利奥帕特拉，吞并埃及，从埃及到亚历山大，几乎将整个希腊语世界收入罗马帝国的版图之内。征服者为被征服民族所取得的文化艺术成就而惊叹不已。向上流动的罗马人把孩子送到雅典接受教育，购买或掠夺一切能到手的希腊艺术品，并资助斯多葛学派和伊壁鸠鲁学派的哲学家。如诗人贺拉斯所言："被俘虏的希腊将野蛮的征服者收为俘虏，把艺术带到乡村拉丁姆。"[6]

在向同胞普及希腊哲学方面，很少有罗马人能超越马尔库斯·图利乌斯·西塞罗。作为政客，西塞罗功绩斐然，是家族中第一位执政官，他反对马克·安东尼和尤利乌斯·恺撒两位将领之间的内斗。尤利乌斯·恺撒遇刺身亡后，罗马爆发内战，西塞罗也在内战中遭到谋杀。

西塞罗在罗马落于下风后，退隐回到乡间宅第，着手撰写对话录以阐释柏拉图学派和斯多葛学派的教义，并批判他所不认同的伊壁鸠鲁学派。他写下了数量可观的作品，其中多数留存至今，至今仍是研究希腊思想的重要（尽管是间接的）信息来源。

西塞罗接受地圆说，仅仅只是因为这是受过教育的希腊人的观念。他对世界观的完整描述记录于《西庇阿之梦》(*The Dream of Scipio*)，这是描述其政治哲学的《论共和国》(*Republic*) 末篇中的一则幻想故事。标题中的西庇阿是一位真实的罗马将军。故事讲述的是他已故的祖父（也叫西庇阿，也是一位真实的罗马将军）潜入他的梦境，带领他漫游天界，让他看清伟大罗马所征服的疆域不过是地球表面的一小部分，地球本身也不过广袤宇宙间的一介微尘。

巴比伦人和埃及人围绕本民族建立起世界观，前者想象巴比伦位于大地中点，后者想象尼罗河将大地一分为二。西塞罗认识到，如果地球是个球体，这种想象不可能是真实情况。他无法认为罗马位于任何事物的中心。在他的宇宙观中，世间万物都微不足道，然而他在这一宇宙观中仍提炼出一则伦理讯息，一堂关于谦卑而非自大的课程。天文学家卡尔·萨根（1934年—1996年）称从土星上观察地球所看到的不过是"微弱的蓝点"，与西塞罗所见如出一辙。[7]

顺便一提，《西庇阿之梦》还向读者传播了大量的地理知识。在本书的描述中，地球共有四块大陆，大陆之间隔着未知的海洋，这一说法源自马鲁斯的克拉特斯。西塞罗还提到气候带理论，解释称热带高温将南北两个半球分隔开来。同样，南极和北极太过寒冷，不适宜居住，只剩下温带地区供人类居住。但即使在温带，大部分地区也是海洋或荒原。[8]

罗马人将他们所急于征服的世界称为"orbis terrae"，意指

"地之圆"。西塞罗明确表示orbis意为"圆"而非"球",球对应的词是globus。他甚至还提供了这几个词的希腊语翻译。[9]罗马人传统观念中认为世界是扁平的圆盘,但随着地球是球体的观念流行开来,orbis一词有了更广泛的"球形"的意思。我们难以判断orbis terrae的含义从圆盘转变为球体的确切时间。或许两个含义曾同时存在。对拉丁语和希腊语的译者而言,orbis一词的模糊性带来了无尽的困扰。我们永远无法默认这个词指的是球形而不是圆形,因此,在拉丁语文本中,我们无法脱离具体语境判断这个词指的是球体还是圆盘。[10]后面还将遇到类似的混淆情况。

普林尼以及罗马人对地球形状的观点

尽管在词汇意义上模棱两可,但可以确定的是,在公元1世纪,受过良好教育的罗马人的确知道地球是个球体。更为复杂的是弄清楚普通民众如何看待这一问题,这主要是因为知识分子对普通民众的关注较为有限。即使是埃及垃圾场所遗留下来的残片,也只能告诉我们那些受过教育的人的阅读喜好。其中有一位作者确曾提到被他称为"下里巴人"的观点,就是在维苏威火山喷发中丧生的老普林尼(23年—79年)。前文曾提及有位少年目睹了庞贝城被火山碎屑流形成的灰霾所吞没的景象,老普林尼就是这位少年的叔叔。当时两人正在附近的一所乡间宅第,火山喷发后,老普林尼乘船穿过海湾,试图帮助被困人员转移,不幸在维苏威火山南面数千米的地方遭遇灰霾，最终窒息而亡。[11]

老普林尼是罗马贵族，用拉丁语为贵族阶层写作。他撰写的《博物志》（*Natural History*）是一部卷帙浩繁的百科全书，共计37卷，全书完整保存至今。作者读过的书目纷繁驳杂，他将通过阅读了解到的各种真实事件与奇思妙想——记叙，集成此书。平心而论，普林尼并没有完全掌握读过的所有材料，常常曲解原意。不过，他的著作如实地反映出一个博览群书的罗马人所能达到的知识水平。

在《博物志》关于天文学的章节中，普林尼指出当时人们已经一致认为地球是个球体。[12]但不幸的是，之后的资料又颇为令人困惑。他批评普通民众的某些观点，如世界另一端的人会坠落以及海洋是平的。他说道，他们无法理解为何水通过尽可能地靠近宇宙中心就能围绕地球形成球体。普林尼则通过列举以下事实来证明海洋不是平的：一艘船在海面上渐行渐远时，会沉入地平线之下；相比在甲板上远眺，从桅杆顶部所能看到的距离更远。[13]总而言之，他所列举出的证明地球是球形的证据超过了其他所有的古代作者，提到不同纬度所能看到的星星不同，其中包括老人星；以及地圆说可以解释世界各地白昼时长为什么会有差异。[14]最值得称颂的是，他解释了通过一连串烽火传递信号的速度如此迅即，以至于人们可以观察到从东到西白昼时间的差异，和现代人通过航空旅行直接体验到的效果是一样的。[15]

普林尼收集的资料堪称浩如烟海，但平心而论，准确性并不是他的强项。他的某些解释令人费解，迫切需要一名校订者。例如，他曾在同一句子中使用orbis和globus，但又并未表明它们有不同意义。他甚至在某处突然提出地球形似一个松果。[16]这些细节引人遐想，或许受过教育的罗马人对地球形状的探讨不仅限于"球形"还是"扁平"，而是具有更多细微的差别。

罗马文学与教育中的地圆说

我们在这一时期的几首诗歌中可以找到更多关于地球形状不确定性的线索。维吉尔（公元前70年—公元前19年）所作《农事诗》（*Georgics*）即为一例。有别于其以罗马建国为主题的战事史诗《埃涅阿斯纪》（*Aeneid*），《农事诗》歌颂农事的艰辛与农业上的成就。开篇介绍宇宙结构的基础知识，并提供农民对天气的关注的背景信息。

> 天空由五部分构成，其中之一始终被灿烂的日光照耀得通红，长年受熊熊烈焰的炙烤；围绕其四周，幽暗的边缘向左右两方延伸，坚冰凝积，黑雨逞狂；中心与外围之间，为神灵赐予泯泯群黎的两个区域，一条通道切断二者，众星的队列从其间斜行而过。正如世界向斯基泰及离风山的绝顶陡然升起，其缓坡迤逦下降至利比亚的南方。一极永远在我们头上，一极则在我们脚下，隐隐显现漆黑的冥河和深邃的阴间。[17]

维吉尔显然知道存在五个气候带的划分。他指出两个宜居地带夹在冰封苦寒之地和无人居住的热带之间。但他没有完全摒弃上和下的绝对方向，因此将北极置于我们之上，将南极置于我们之下。他还将处于人类脚下的南极与冥界相联系。虽说这可能是一种诗意的狂想，或是以日常语言描绘希腊宇宙观的一种尝试，但这首诗给人一种强烈的感觉，即维吉尔知道地圆说但并不完全理解其含义。[18]

　　奥维德（公元前43年—19年）与维吉尔所处时代相近，以写作轻佻淫荡的爱情诗著称，这或许是奥古斯都大帝将他驱逐出罗马的原因。他还创作出一部希腊神话的百科全书，名为《变形记》。奥维德在叙述始自混沌的创世神话时，似乎借鉴了亚里士多德的宇宙观，即宇宙是一系列同心球，其中球形的地球位于最中心，接着依次是水、气和火。令人困惑的是，他用以描述地球的词语正是orbis，所以我们难以确定他指的是圆盘还是球体。[19]尽管如此，他很可能了解亚里士多德的世界观，并且也期待读者理解。诗人卢坎（39年—65年）似乎也是如此，他曾深受皇帝尼禄宠信，后见罪于君，年仅25岁就被迫自尽。卢坎曾在一首史诗中描绘尤利乌斯·恺撒挑起的内战，诗中迷失沙漠的士兵问道，他们是否迷失得太远，以至于已经踏上罗马的土地。[20]

　　简而言之，关于地圆说的知识通过各种渠道传播至社会的各个层面，包括流行文学、基础教育以及硬币等视觉媒介。这经历了一个漫长的过程，直到公元5世纪，在罗马帝国日渐式微并最终崩溃时仍未彻底完成。特别是在高卢和不列颠尼亚等西部省份，民众受希腊影响较小，吸收这些观念的速度更是缓慢。

新柏拉图主义与地圆说

到了公元300年，斯多葛学派和伊壁鸠鲁学派都已日薄西山。尽管罗马帝国在宗教信仰上已皈依基督教，但在知识界占据主导地位的哲学流派当数柏拉图主义。这并非只是对柏拉图哲学的老调重弹。公元3世纪，一位名为普罗提诺（205年—270年）的伟大导师发展出柏拉图思想的神秘主义版本，即我们今日所称的新柏拉图主义。

新柏拉图主义者采纳亚里士多德的宇宙模型，其中也包括地圆说。他们发展出多层级的世界观，从底层的无生命体，经过精神性的存在，向上直抵最高层的"一"，即神一般的存在，共同形成一条庞大的存在链。位于宇宙中心的地球并不具有优势地位，而是充当宇宙的垃圾箱，卑微的物质落入此地，高尚的灵魂企图逃离。

斯多葛学派中由克莱奥麦季斯和盖米诺斯所著的传统天文学著作日渐式微，取而代之的是运用新柏拉图主义术语描绘同一个世界观的著作。这些著作部分是用拉丁文编写，从而为罗马学生提供一些基础但广泛的哲学教育。西罗马帝国覆灭后，这些著作幸存下来，成为中世纪早期世俗教育的基础内容。

马克罗比乌斯（活跃于约400年）注释版的西塞罗《西庇阿之梦》是其中一个著名的例子，这版详尽的注释写于公元5世纪初。他眼中的柏拉图主义与西塞罗并不相同，但他对此不以为意，而是援引希腊科学作者的观点作为背景，最终引出他所信奉的支撑着宇宙的伦理观念，从而填充丰富《西庇阿之梦》的细节。他教导人们，相比太阳轨道的直径，地球仅仅是其中一个点，不过，他也记录地球周长为252 000斯塔德，并表明该数据来自埃拉托色尼。[21]这一数据为西塞罗的伦理观念提供了科学基石，即相比宇宙的浩瀚广袤，再伟大的人也不过微不足道。马克罗比乌斯通过采纳西塞罗的世界观，传递马鲁斯的克拉特斯的猜想，即地球上共有四块大陆，大陆之间隔着未知的海洋。

大约在同一时期，马尔提亚努斯·卡佩拉（活跃于约420年）围绕着水神墨丘利和少女菲洛洛基（Philology，意为"文学、语言学"）的婚礼写下一本书。婚礼上，七门文科化身为七位文雅女士，就各自的学科领域发表致辞。文科在当时语言中的字面意思是指"自由艺术"，因为罗马人认为这些学科适合自由人学习。七门文科在整个中世纪都是教育的支柱。它们被分为三门初级学科和四门高级学科，前者包括语法、逻辑和修辞，后者包括算术、几何、天文和音乐。学生首先学习三门初级学科（trivium），这也是英文中"浅薄（trivial）"一词的由来。四门高级学科则更具有挑战性，许多学生只是略学一些数学知识。

马尔提亚努斯·卡佩拉曾在几何学的简短章节中提及地圆说，

几何学在拉丁语中字面意思指的是"地球测量"。"有些人可能认为地球是平的，就像一个巨大的圆盘，"他解释道，"也有人认为它是凹的，这都是错误的认知。"[22]马尔提亚努斯很清楚地球是球形的观点有悖于直觉，需要从多方面论证。作为证据，他提出可见的星星会随着纬度而变化，日食月食现象不会在世界各地的同一时间出现。他还指出需要根据所在地对日晷进行调整，因为在不同地方太阳的高度有所不同。不幸的是，由于马尔提亚努斯和普林尼一样依赖于多方资料来源，他提供的信息有时会出现前后矛盾。他曾认同地球周长为252 000斯塔德的共识，但之后又提出地球周长为404 000斯塔德，这一夸大的估算更接近于亚里士多德引用的数据。

在马克罗比乌斯和马尔提亚努斯·卡佩拉写下各自的著作时，距离亚里士多德首次提出地圆说的观点已经过去七个多世纪。自那时以来，亚里士多德的世界观从艰深的哲学演讲中解放出来，藏身于文学与诗歌，甚至是象征着帝国的图像之中。受过教育的希腊人和罗马人知道地球是个球体，可以获得关于地球形状的充分论据，并大致清楚地球的大小。就连许多未曾接受教育的普通民众也对这些观念有着模糊的了解。

旅行者、学者和商人将地圆说这一观念传播到罗马帝国以外的地方。有确凿证据表明，印度是第一个有天文学家广泛接受地圆说的国家。

11

印度：北极之山

拉拉（约720年—约790年）或许是当时整个印度最为卓越的天文学家，但他有充分的理由感到愤愤不平。他精通数学、天文学和占星术，他在这些领域写下的著作详细阐述如何计算出婆罗门进行祭祀仪式所要求的准确时间。他还运用专业知识对神圣的天文表进行更新迭代，使之更适用于公元748年这一时代。[1]但仍有许多人相信错误的观念。他不满道："有人说地球是由龟、蛇、野猪、大象或是山脉支撑着。"这显然是不可能的。"要是地球是由龟或其他什么支撑着，那空中又是什么支撑着这些物体呢？"他对此质问道，"如果这些物体可以（不受支撑地）维持在空中，那么又是什么阻止地球以同样的方式维持在空中？"[2]换言之，不可能是龟在地球下方支撑着。[3]那些坚称世界是扁平的人也一样使他恼火。"要是地球是平的，那为什么当观察者从遥远的地方远眺时，会看不到那些高耸入云的树木，比如棕榈树？"

《吠陀》（*VEDA*）中的民族

　　拉拉所批评的关于龟和大象的多样信仰来自一类文献的合集，叫"往世书"（Puranas）。其中多数以属于印欧语系的梵语写成。公元前1000年以前，雅利安人自西北地区迁徙而来，将梵语引入印度。除了使用早期形式的梵语之外，他们还使用双轮战车，豢养家畜。与许多游牧民族入侵者一样，他们在当地建立政权，对原住民实行统治。

　　我们对印度早期雅利安人的了解来源于留存下来的梵文文本。其中最有价值的是《梨俱吠陀》（*Rig Veda*），它作于现今的巴基斯坦地区，经历了几个世纪的口头相传。《梨俱吠陀》收录入侵者民族对神的赞歌。根据这部作品所使用的古老语言，学者推断其成书于约公元前1000年，尽管现存手稿所显示的时间要晚得多。《梨俱吠陀》是《吠陀》中最古老、最珍贵的部分。而对当代印度教徒而言，《吠陀》是最为重要的宗教典籍。经过数个世纪的发展，印度教逐渐跨越印度次大陆向南传播，甚至传播到了雅利安人自己都未曾涉足的地方。

　　《吠陀》反映出一种以牛和马为中心的武士文化。作品描绘雅利安人与原住民之间的战斗，原住民被征服后沦为社会底层。后世诗人收集这些时期的故事，创作出《摩诃婆罗多》（*Mahabharata*）和《罗摩衍那》（*Ramayana*）等长篇史诗，记叙传奇英雄的冒险故事。这些史诗与《吠陀》一样，由武士贵族阶层所创造，他们以此加强对农民的统治，延续本阶层的生活方式。[4]

《吠陀》中的颂歌提供了关于雅利安人如何看待世界的线索。在最早出现的《梨俱吠陀》中有一首献给天空之神伐楼拿的颂诗，这首诗描述他"将大地分开，将其展开在太阳之下，就像祭司在祭祀仪式上将献祭者的皮铺开"。[5]也就是说，宇宙分为两半，大地与天空，而太阳位于两者之间的空气中。[6]后来的文献，如《薄伽梵歌》(*Bhagavad Gita*)，将地、天、空称为"三界"。[7]

《吠陀》的其他部分提供了更多细节。在相关描述中，天空如穹顶一般笼罩在地球上方，星星点缀在天空的内表面，太阳和月亮飘浮其中。[8]天和地构成一道界限，将宇宙之外无法估量的虚空隔绝在外（这些合起来在梵语中有一个专门的词，意为"整个世界"）。[9]文献中未曾提及五颗可见的行星，不过它们之后在《梨俱吠陀》中与神祇相关联。[10]由于太阳不会运行至大地下方，到了夜晚，太阳会将正面转开，等回归原位时，会再次升起。[11]出现日食现象时，是一位恶魔，也就是阿修罗天光，用黑暗笼罩了太阳。[12]

宇宙结构并非《吠陀》所关注的焦点，但天文学一定稳居其列。教典所要求的祭祀仪式必须在准确的时间举行，这意味着祭司需要准确的计时方法。这项任务由天文学家负责，在一支负责确保仪式按书中规定举行的队伍中，天文学家可谓是不可或缺的成员。这项通过观测天空来计时的秘术被称为"印度占星术"，是一门得到《吠陀》承认的职业。据公元前5世纪的一份指南所称，"祭祀根据时间顺序进行，因此，只有掌握天文学即时间的科学的人才能理解祭祀"。[13]最初，印度占星术仅限于通过算术公式计算出一年中的时间，而没有试图描述世界的物理结构。

巴比伦的天文学家也将此秘术视为一种工具。预料之中的是，关于早期印度天文学是否曾受巴比伦所使用的技术的影响，学界一向存在激烈的争论。[14]印度与西北方的美索不达米亚之间有许多相互交流的机会。公元前第二个千年以来，不断有商人前往印度河流域，接触那里强大的城市文化。然而，印度占星术的早期指南中并没有提及五颗行星，而同时代的巴比伦人已经观测到它们。这一证据并不指向印度占星术受到了直接影响，但我们之后会看到，在挪用或许有用的外来观念方面，印度人并不迟疑。

公元前6世纪，波斯人入侵，将印度河流域设为辖地，几个世纪之后，这里又被亚历山大大帝占领。他的帝国迅速覆灭，但此后，他在阿富汗建立的希腊城市将希腊文化在东方延续数个世纪。昔日的亚历山大·阿里亚纳，也就是现今的坎大哈，就是他当年建下的城市之一。与此同时，孔雀帝国据称以五百头战象为代价，于公元前303年攻下亚历山大大帝当年在印度河流域的领地。在阿育王（约公元前304年—公元前232年）治理时期，孔雀帝国的政权几乎横跨整个印度次大陆。五百年后，笈多王朝最终统一印度大部分地区，但延续时间并不长。[15]

《吠陀》中天在上地在下的世界观较为直白，往世书则添加了一些修饰。"往世书"在梵文中意为"古老的"，因此，这一术语适用于主要写于公元第一个千年中的古代著作，数目极为庞杂。

这些作品记录神话传说、家族谱系和宗教智慧。有鉴于往世书的文献数量庞大，种类丰富，因此书中描绘的世界观也有多个版本。这正是引起天文学家拉拉不快的原因之一——人们可以从往世书中得出大地坐落在蛇、龟或厚皮动物上等不同结论。其中一些关于世界形状的观点后来在印度和其他地方产生了极大的影响。根据往世书中一个重要的传说，我们所处的世界是一块圆形的大陆，四周环绕着盐海。大陆中心矗立着须弥山，而须弥山是宇宙的轴心，天体围绕着它运转。黄昏时，太阳消隐于山后，将南面的住民投入暗影之中，黑暗降临。须弥山和琐罗亚斯德教中的哈拉山都位于大地中心，似乎源于同一个远古时期的印欧原型。

在须弥山四周，另有六大洲呈环形分布，它们之间被流淌着奶油或牛奶等不同流质的海洋分隔。呈同心圆环绕的大陆和海洋延伸约 1 600 万千米。整个宇宙宛如一个宇宙蛋，内有 14 层，呈水平分布。地表位于第 7 层，下面 6 层是地狱，上面 7 层是天，最低一层的天就是我们头顶可见的天空。[16]我们之后在亚洲的传说中还会遇到其他多层次的世界观。

"往世书"中广袤的宇宙提供了一个舞台，印度神话中无数的故事情节在此上演。或许正是为了容纳这些故事，"往世书"中的宇宙才如此广袤，这许许多多的故事构成印度教中不断发展的文化。例如，第五层环绕的海洋中流淌着牛奶，在往世书中一则著名神话中扮演重要角色，这则神话在史诗《摩诃婆罗多》中也有记载。故事中，神祇搅动天上的牛奶海，或许就是银河，以求制

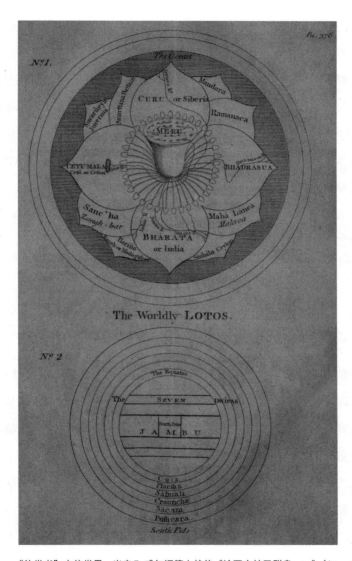

"往世书"中的世界，出自F. 威尔福德上校的《论西方神圣群岛……》（*An Essay on the Sacred Isles in the West...*），见《亚洲研究》（*Asiatic Researches*）第八卷，1808年

造出万寿灵汤。他们让巨蛇推动一座山，用这座山来搅拌牛奶海。当万寿灵汤开始滴落时，众神就排队领取各自的那一份灵汤。阿修罗天光，也就是《梨俱吠陀》中造成日食和月食的源头，变化成天神的模样，混在队列中，天神毗湿奴发现他后，斩下了他的头颅。不幸的是，此时狡黠的天光已经喝下一口灵汤，因此尽管身体已经分成两半，仍能永享万寿。后来，他的头颅被称为罗睺，身躯被称为计都，两者化为行星。[17]罗睺和计都都是黑黢黢的，无法被看见。当它们遮蔽太阳或月亮时，就会引发日食或月食，就像它们合并在一起作为阿修罗天光时在《梨俱吠陀》中的行为。[18]

地圆说来到印度

必须在指定时间举行《吠陀》中的祭祀仪式，这对天文学的准确度提出了更高的需求。通过更准确地掌握日月周期并计算，可以得到婆罗门祭司所需的更为可靠的历法。[19]与此同时，占星术以其理解世界的诱人前景在印度流行开来。占星师的要求比婆罗门更为苛刻。他们需要掌握相关技巧，以追踪所有行星相对于恒星的运行。这两个团体对准确度的迫切需求推动了印度天文学的发展。

印度的天文学家认识到，他们的社会地位以及对富有赞助人的吸引力取决于是否掌握最前沿的技术。这一需求迫使他们寻求外国专业技术。公元1年后的某个时间，关于行星和黄道十二宫的知识从美索不达米亚传入印度。太阳、月亮和五颗可见的行星，再加上印度当地传说中的两颗暗行星罗睺和计都，共计九个天体。

然而，地位最为尊崇的当数希腊智慧。《摩诃婆罗多》称颂其为"无所不知"，并表示希腊人最为人称道的就是他们的天文学知识。[20]"希腊人不敬神明，"来自公元第一个千年初期的一位作家评论道，"但在他们之中，这门科学（天文学）已经建树颇丰，因此，他们仍能被尊为千古流芳的民族。"[21]这是一句很高的赞誉。作者称希腊人"不敬神明"是表示他们不信仰神明，但仍颂扬他们"千古流芳"，而这个词常常用于歌颂圣典的作者。

在构建世界观时受希腊影响的印度著作中，最早可考的作品出自天文学家阿耶波多（476年—约550年）之手。他生活在华氏城，位于恒河河岸，印度东北部，孔雀王朝的阿育王曾将都城定于此地。在阿耶波多所处的时代，华氏城受笈多王朝统治。[22]在这篇简短的论文中，阿耶波多论述历法、数学，然后总结希腊的球体天文说。他明确论述地球的形状，所持观点与亚里士多德相呼应，"地球这一球体，是十足的球形，位于宇宙中心，星座之圈的中央，被行星轨道所环绕，由水、土、火和空气组成"。[23]他接下来正确地解释了日食月食现象发生的原因，也就是月亮的圆盘遮蔽住太阳、地球的影子经过月亮所造成的。他无须援引通俗传说中的暗行星罗睺。

阿耶波多在书中清晰地总结了亚里士多德的世界观。他根据希腊最常见的顺序给天体排序，月亮之后最近的是水星和金星，接着是太阳，最后是木星和土星。不过，他将希腊的内容与往世书中的元素相结合。他将须弥山安排在北极，陆地的中心："须弥山坐落在楠达纳森林中央，高宽皆为五英里，宝光闪烁，喜马瓦特山 环绕其四周，以宝石建成，十足的球形。"[24]地狱位于南极，处于一片辽阔的海洋中，神话中的兰卡城则位于赤道上。须弥山的地位从宇宙轴心降至区区"高五英里"，或者说八千米，这是相当大胆的一步跨越，但它仍保留了其象征性地位，作为宇宙轴心的一个点。

在某些方面，阿耶波多的世界观或许比亚里士多德更为现代。与一些希腊思想家相同，他提出地球本身在转动。"如人坐于船上，船行，静止的景物看起来在向后移动，"他写道，"所以在（赤道上的）兰卡，人会看到静止的星座沿直线向后移动。"这句话的言外之意是指兰卡城的人在移动而星星是静止的。但在下一句，阿耶波多似乎又自相矛盾："（星星）升起和落下的原因是因为在兰卡，星座和行星的圆圈在风的推动下不断沿直线向西移动。"[25]无论阿耶波多究竟作何想法，至少地球自转的观念没有给其他印度天文学家留下深刻印象。他们或是置之不顾，或是攻讦其为无稽之谈。如拉拉在8世纪写道："如果地球会旋转，那鸟儿如何归巢？再说，射向天空的箭矢不就会向着西方坠落。"[26]

尽管在地球自转方面存在争议，印度天文学家仍接受了阿耶波多所构建的基本体系。在他死后的几个世纪里，至少有六部梵文天文学著作采纳了亚里士多德的世界观。但他们并未在细节上达成一致。他们采用了若干种不同的参数来计算历法和行星的运行。多个学派先后涌现，每个都有各自的观测和结论。令人沮丧的是，这些观测的记录未能留存下来，只有一些文学作品对当时使用的天文仪器有所提及。[27]

虽然可以确定印度的地圆说最初起源于希腊，但传播路径并不明晰。印度天文学家没有机会接触到托勒密的著作以及其中的几何学和天文表，但这不成问题。[28]他们自己完全有能力进行所需的天文观测和计算。或许，他们听闻了希腊宇宙学的梗概，将其与印度的某些传统信仰相结合，然后发挥自身的数学技能填补空缺。有多方证据可以证明希腊天文学思想在阿耶波多所处的时代已经渗透至印度。例如，有一本现存的梵文天文学著作被称为《罗马人的论著》，另一本的作者是某位"保罗"，很有可能是个希腊人。[29]还有一本现存的《希腊：世界诞生》（*Yavana-jakata*），这本书"根据希腊人的教导"解释占星术的奥秘，虽然书中并没有提及地球的形状。[30]

历史表明，印度北面曾有过繁荣的希腊王国。亚历山大大帝去世不久后，恰巧有位名为麦加斯梯尼（约公元前350年—约公元前290年）的希腊使臣到访孔雀王朝的宫廷，并写下他的所见所闻。他的记述没能留存下来，但后世作者，如地理学家斯特拉波，曾引用他的记述。据斯特拉波所称，麦加斯梯尼注意到希腊和印度婆罗门在世界观上存在相似之处。例如，双方都认为宇宙是球形，地球位于其中央。[31]在往世书中，宇宙呈鸡蛋形状，由14层世界构成，地球位于中间层，这一叙述正反映了这一世界观。但他的证词并不能证明印度这时已经认识到地球是球体。

亚历山大大帝建立的希腊殖民地后来发展成为帝国，控制阿富汗和印度的西北部，一直持续到公元10年左右。然而，到阿耶波多所生活的公元5世纪，距离该帝国的衰落已经过去数个世纪，从时间上看不足以对他产生显著影响。我们还需搜寻更晚的交流，以对地圆说如何抵达印度次大陆做出有理有据的推断。一些在印度发现的硬币提供了线索。在笈多王朝时期，印度通过向罗马帝国出口丝绸和象牙等奢侈品积累了大量财富。两国贸易主要通过船只运输，船只来往于马拉巴尔海岸和埃及红海岸的港口。斯特拉波注意到，公元1世纪，仅一个港口每年就有120艘船驶往印度，而之前只有区区几艘。印度西海岸沿岸都能发现两国贸易的证据。[32]渔村发展成港口，吸引着手工艺人在此建立手工作坊，制造供以出口的商品。相应地，罗马人运来葡萄酒、油和玻璃器皿，但在与印度人的贸易中仍然存在严重的贸易逆差。他们通过以金币购买印度商品来弥补这一差距。罗马政府制定配额和关税制度，试图阻止真金白银的外流，但上流社会对东方奢侈品贪多务得，导致这些贸易举措无一见效。[33]

红海水域暗礁密布，横渡红海并出入印度洋需要高超的导航能力。有一本希腊语的东海航道指南留存下来，但除此之外，船长还需要掌握足够的关于星星、太阳和月亮的知识，才能在看不见海岸的海面上找到方向。[34]他或许不至于费心钻研托勒密或喜帕恰斯这样的数学天文学家的著作，但可能曾带着更为简明的著作登上贸易船只，如盖米诺斯或克莱奥麦季斯的作品，从而将它们带到了印度。并没有这些著作的印度翻译版本留存下来，但前文所述的梵文占星术手册《希腊的诞生》看起来与希腊语原著有相当密切的关系。[35]对印度天文学家而言，为地心宇宙重建数学上层结构，并将所得结果与观测记录相比较，这并不困难。我们难以确知这一过程是如何发生的，但它解释了为什么印度采纳了希腊的宇宙观，但相关的数学参数却有别于西方。

到公元7世纪，印度天文学家已经一致认为地球是球形。然而，他们认为也应尊重往世书中神圣的宇宙观。我们已经看到阿耶波多以何种方式将须弥山安排在北极。即使是对地平说以及罗睺和计都两颗暗影行星之说大加鞭挞的拉拉，也仍然尽己所能地汲取往世书中的观念。他将位于地球以下、传统上被描绘为不同地狱的六个层次放在地球内部，并将其他几个神圣的地理层次远远地放在南半球。[36]得到宗教典籍的认证后，印度占星术愈加名声在外，再加上天文学家为确保历法准确性所做的重要工作，共同推动了地圆说的普及。甚至一则往世书中的故事也采纳了希腊的宇宙观。[37]

天文学家之间的共识并不一定会进一步被更广泛的人群所接受，哪怕在受到良好教育的团体之中也是如此。对多数人而言，宗教典籍仍然具有权威性，到了15世纪，天文学家陷入防御的境地。作为回应，他们别出心裁地对往世书做出全新阐释。例如，成书于1500年前的《维亚纳定理》(*Vyanasiddhanta*) 将传统的地平说与天文学中关于天空和行星的理论相结合。[38] 身为一大声名赫赫的天文学家族的族长，吉纳纳拉贾则另辟蹊径。他指责那些拒绝接受地圆说相关论据的人，称他们"思维狭隘"，一味只知把往世书搬来证明地是平的，实际上却不曾读懂往世书。[39] 然而，他所采纳的宇宙观比拉拉更贴近于传统观念。例如，他虽然赞同地球是球形，但又提出地球是由龟支撑，也就是神祇毗湿奴的化身。他将层层环绕的七大海洋放在南半球，只有熟悉的盐海在北半球。最后，他认为物体之所以不会从地球坠落，不是因为重力，而是因为神的干预以及对跖地居民所拥有的特殊能力，在这两个因素的作用下，物体才能附着在地表。[40]

到了18世纪，作家们在结合传统与天文学方面愈加别出机杼。有位作者提出以下设想，认为这才是真实的：世界是巨大的圆形，中心坐落着须弥山，四周被大陆和海洋所环绕。小得多的球形地球飘浮在世界的上方，行星围绕着它运转。其他人则坚守传统的世界观，并尽力与天文学相调和。还有一种观点则更进一步，认为古代的世界的确曾是平的，只是古时发生了一场剧烈的地壳运动，使得世界变成如今所见的球形。[41] 幸运的是，绝大多数的天文学家在工作中只需使用天文表和计算工具，而无须忧心宇宙观。对他们而言，重要的是能够准确预测天空中可见光点的运动。他们用根据所在位置调整过的天文表，可以确定历法、重要的印度教仪式的时间，甚至可以通过纯粹的算术方法来绘制星座图。[42]

得益于其在南亚的核心地理位置，印度的文化可以传播至极为广泛的范围。印度与其西北方的波斯帝国之间有着尤为紧密的贸易联系，公元2世纪时，统治波斯帝国的是萨珊王朝。波斯人听闻过地圆说，但往世书中多层次的世界观对他们的影响更为深远。

12

萨珊波斯：
善思、善言与善行

　　很久以前，一位印度使臣带领着一行驮满珍宝的象队来到波斯众王之王霍斯劳一世（约512年—579年）的宫廷。这位印度使臣携带着一副由红宝石和翡翠制成的象棋，宣称但凡能有一个波斯人能在象棋上使他落败，他就会将自己所有的珍宝拱手奉上。这位使臣拒绝解释游戏规则，增加了这项挑战的难度。众大臣对着象棋苦苦思索三天三夜，试图弄懂游戏的逻辑。就在他们即将承认失败时，博克斯泰格之子博佐尔格梅赫尔挺身而出，宣称他能揭示象棋的奥秘。如其所言，他详细地描述每一步棋，三度击败印度使臣。圣心大悦。博佐尔格梅赫尔接着介绍被他称为"双陆棋"的游戏，让使臣带回印度。他解释称双陆棋的棋盘平坦如大地，黑白棋子象征着夜与日。骰子有六面，就像天空围绕着地球翻转，每一面的数字代表波斯帝国国教琐罗亚斯德教教义的一部分。"1"代表至高神；"2"代表精神和物质世界；"3"代表"善思、善言与善行"；"4"代表地的四个角落；"5"代表天空中的不同光明;"6"代表创世的阶段。霍斯劳拍手称快,令博佐尔格梅赫尔带着礼物陪同使者返回印度,以彰显波斯人卓越的智慧。[1]

萨珊帝国

这则故事在中古波斯语中保留下来。中古波斯语是第二个波斯帝国的语言,其疆域从阿富汗一直延伸至幼发拉底河。这个帝国由萨珊王朝统治,崛起于亚历山大大帝征服第一个波斯帝国的五个世纪之后。萨珊王朝第一任众王之王是阿尔达希尔一世(180年—242年),他在战役中击败帕提亚君王阿尔达班四世(191年—224年),夺取了帕提亚帝国的领土。

在萨珊王朝的统治下,琐罗亚斯德教的祭司期望所有波斯人都遵循他们的仪式和教义。祭司特别强调君王有责任遵照他们所规定的信仰。祭司宣称"王权遵循宗教,宗教基于王权",以此将自身与国家紧密相连。[2]然而,强制推行教义正统性面临着重重困难。尽管祭司仔细校对了《阿维斯塔》中的古老文字,但此时这些口头相传的传说已经历经两千年岁月。一直以来,它们被视为神圣的文字,导致它们的形式早已凝固在一种被遗忘的语言之中。因此,它们的含义几乎无人可解。[3]现代学者通过将《阿维斯塔》与其他早期印欧语文本相对照,如《梨俱吠陀》,可以掌握更多内容,但很大一部分依然晦涩难解。萨珊王朝的祭司试图以注释推广他们的阐释，但没能阻止琐罗亚斯德教在后几个世纪里走向内部分裂。

除了琐罗亚斯德教徒，波斯人还统治着数量庞大的基督徒、犹太教徒、佛教徒等群体。不同的信仰、多样的教条相互混杂，旧有的教义混合后滋育出全新的宗教。其中糅合得最成功当数一位名叫摩尼（216年—277年）的人所创建的教派，他在巴比伦附近出生，并在那里长大。他确定拿撒勒的耶稣为先知，汲取犹太教和吠陀思想中的元素，后者是他在印度之旅中学到的。摩尼教强调琐罗亚斯德教义中的二元论，宣称物质世界本质上是邪秽的。其信徒追寻超越身体的堕落，上升为纯粹的精神性存在。

在祭司期望君王成为《阿维斯塔》忠实的信徒的同时，统治者却比神职人员更关心大局。广袤的萨珊帝国内繁衍了多种多样的文化和传统，强制统一宗教具有引发叛乱的风险。无论如何，阿尔达希尔一世之子，萨珊王朝第二任君王沙普尔一世（215年—270年）对摩尼及其信徒持支持态度。在君王的允许下，摩尼教传播至波斯各地，甚至传入了罗马帝国，祭司对此深恶痛绝。不幸的是，沙普尔一世的继任者们对摩尼的思想不再持友好态度，或许是因为对其日益增长的影响力有所警惕，最终将他迫害致死。摩尼死后，摩尼教历经波斯帝国和罗马帝国范围内的零星镇压而存活下来。西方最著名的摩尼教信徒是希波的圣奥古斯丁（354年—430年），我们之后还将遇到这位基督教主教和圣人。摩尼教还向东传播至中亚和中国，并在那里留存到至少14世纪。

因缘际会下，一幅绘制于约1300年的中国画轴幸存至今，让我们得以欣赏摩尼教辉煌而精妙的宇宙图景。这幅画轴现为日本藏家的私人藏品，直到2009年才经确认属于摩尼教的作品。而揭露出这幅画作的真正渊源之所以耗费这么长时间，颇有些缘故。画作的图像属于中国风格，又包含明显的佛教元素。最近在中亚沙漠发现的摩尼教篇章才令学者最终辨认出画轴与文本史料之间的对应关系。[4]

被识别出真正渊源后，这幅画轴提供了一扇独特的窗户，让我们得以窥探摩尼教及琐罗亚斯德教和佛教的世界观。在最初的设计中，这幅画轴最初可能作为教学辅助工具悬挂于墙上。画轴高约1.2米，画面中的《宇宙图》（*Diagram of the Universe*）呈纵向排列。顶端是"光明之境"，其下是"新天堂"，被赐福之人的灵魂栖居于此。其次是十重天，黄道带位于最下方。天空之下是八层大地。最高一层是人居住的地表。大地呈圆形，分为四个区域，一道海洋如护城河般环绕着大地。海洋之外是一圈山脉，熊熊燃烧的地狱入口就位于山脉之中。宇宙由侧边的柱子支撑着。大地中央是一座山，山的中心看起来像是一棵巨大的树。这座山最有可能是须弥山或哈拉山，即吠陀和琐罗亚斯德教传说中的世界轴心，顶端的高原坐落着32座城市。还有另一种解释是，宇宙整体代表人，这一坚硬直立的物体象征着他的阴茎。

对琐罗亚斯德教徒和摩尼教徒而言，世界的形状至关重要，因为它是黑暗与光明大战的舞台。摩尼默认在我们之上居住着一位仁慈的神祇，其敌人则隐匿在我们下方。对琐罗亚斯德教徒而言，整个世界最初由仁慈的神祇阿胡拉·马兹达所创造，现在却承载着善恶交战留下的伤痕。而摩尼教徒则认为大地属于阴翳之境，被赐福之人的灵魂希冀着逃离。这两种信仰与佛教和吠陀中的传说一样，想象宇宙是多层次结构，上面是重重天空，下面是层层地狱，大地在两者之间。

对摩尼教而言，存在必须有一个从高到低、从光明到黑暗的等级划分，而大地属于基础创造。然而，球形宇宙同样能够表达《宇宙图》所囊括的神学真理。希腊的新柏拉图主义者已成功将存在的等级链和亚里士多德的世界观相结合。巧合的是，几位新柏拉图主义的领军人物曾于公元6世纪出访萨珊波斯。

学院的关闭与波斯的流亡

如前文所述，新柏拉图主义始于公元3世纪普罗提诺的传授。这一派哲学博采众长，后来汲取了部分基督教思想。基督教投桃报李，也将一些新柏拉图主义元素纳入宗教体系。然而，仍有许多新柏拉图主义者对基督教深恶痛绝。罗马帝国于公元4世纪正式皈依基督教以来，对其他宗教日渐严苛。公元529年，查士丁尼皇帝（482年—565年）颁布法令，宣布关闭异教徒所主导的雅典哲学院，或至少不再由政府提供资助。⁵早在几个世纪以前，柏拉图最初创建的学院已被苏拉关闭，为表示纪念，这所学校也自称

"学院（Academy）"。查士丁尼仅保留了亚历山大那些行事较为温和的异教徒，哲学教学在那里蓬勃发展，一直持续到7世纪埃及落败于罗马帝国。

雅典这七位失去教职的老师决定前往波斯寻求机会。他们曾听闻波斯君王霍斯劳一世的美名。我们在前文关于象棋和双陆棋的起源的故事中已经看到，霍斯劳十分渴望获得印度的智慧，不过比起棋盘游戏，他或许更青睐占星术。这位君王在登基前铲除多位王室成员，以稳固地位，杜绝后患。从更积极的角度来看，他资助学术，支持翻译，以求巩固琐罗亚斯德教的正统地位，丰富波斯帝国的知识资源，赢得了"不朽的灵魂"之美名。特别是，他积极搜罗希腊文献，将它们译为本国语言。

在波斯人自己眼中，他们是最早发展科学和哲学的民族。波斯传说认为，亚历山大大帝在公元前4世纪入侵波斯帝国时，曾下令将记载着琐罗亚斯德智慧的书籍译为希腊语。然后，他将原稿焚毁殆尽。[6]这一说法有部分属实。亚历山大大帝的确焚毁了古波斯国都波斯波利斯，致使其文化遭受重创。萨珊王朝的君王掌权以来即提供资助，收集留存下来的琐罗亚斯德教典籍残篇。霍斯劳如今寄希望于重新收集那些据称被亚历山大大帝窃取并传回希腊的知识。

一如既往，波斯人最想获取的是关于占星术的书籍。这时，希腊人作为预测者的声誉已经超过最初的巴比伦占星师。这令人啼笑皆非，因为在希腊人看来，占星术与东方才是息息相关。例如在《马太福音》中，据说循着星辰来到耶稣诞生地的东方三博士正是占星师，并且极有可能是琐罗亚斯德教的祭司。波斯语言中用以描述占星师的词汇异常丰富，包括"星辰解说家""黄道解说家"和"星辰测算师"，足以说明他们对这一主题的重视程度。[7]波斯人尤其感兴趣的是那些以个人命盘为主题、附有个人命运描述的案例研究。人们可以借此探查个人命运与出生时所处星宿之间的关联。萨珊王朝时期，托勒密的占星术著作也经译介进入波斯。[8]

在这支欢快的新柏拉图主义流亡队伍中，领导者名叫达马西乌斯（活跃于500年—540年），还有一位成员叫作昔兰尼的辛普利丘斯（活跃于520年—560年）。辛普利丘斯为亚里士多德著作撰写评注，保留下前苏格拉底学派散佚著作中的珍贵片段。在评判阿那克萨哥拉和巴门尼德的贡献时，我们所凭借的正是前苏格拉底学派留下的这部分残篇。

我们之所以能得知七位新柏拉图主义者的这场迁徙，是因为希腊历史学家阿加提阿斯（约536年—约582年）在五十年后记录下这一事件。[9]这趟旅程对哲学家们而言并不轻松，因为当时波斯和罗马两大帝国要么正值交战状态，要么处于暂时休战。霍斯劳手下不乏翻译古叙利亚语和希腊语文本的人才，但雅典最负盛名的哲学家的来访必定令人难以抗拒。他十分欢迎他们在帝国安居。

当这批雅典哲学家于公元6世纪30年代初抵达萨珊宫廷时，这位年轻的君王俨然已是老到的军事将领、精明冷酷的政治家和知名的学者。他很可能询问了一些问题，以便判断这些哲学家是否从希腊带来有价值的学术成果。事实上，一篇标题为《答霍斯劳》（*Answers to Khosrow*）的论文留存下来，据历史学家阿加提阿斯所称，这篇论文为七位哲学家之中的一位吕底亚的普里西安（活跃于约500年—约540年）所作。论文中回答关于新柏拉图主义伦理学和自然哲学中的一系列常见问题，并采纳亚里士多德的世界观，即球形的地球位于世界中心。[10]我们很难确定普里西安是否曾向君王本人呈递《答霍斯劳》，但其中的内容很可能是真实的。

《答霍斯劳》表明，吕底亚的普里西安将地圆说带到了波斯，但他并不是唯一一位将地圆说带至波斯的希腊人。萨珊帝国还生活着其他为数不少的希腊人。当年跟随亚历山大大帝征战的士兵留在当地繁衍生息，聚居处一直延伸到印度。近期的沙普尔一世在伊拉克南部建立贡德沙普尔城，他在253年攻占安条克后，将民众驱逐出城，这些希腊民众就生活在贡德沙普尔。[11]

无论如何，《阿维斯塔》的注释和波斯流行文学，如双陆棋的故事，都没有显示出波斯人已经对地圆说有所了解。大多数留存下来的琐罗亚斯德教文本成书于8或9世纪，距离萨珊王朝被阿拉伯人征服已经过去了很久，却仍然秉持着传统的世界观。这些著作成书时，琐罗亚斯德教已经被边缘化，不再具备主流宗教的官方影响力。这些文本可能有意使用与当时不相符的描述，以留存濒临散佚的古老教义。无论如何，没有迹象表明地圆说曾经是琐罗亚斯德教思想的一部分，尽管波斯占星师所使用的天文表采用的是印度和希腊的球体天文学。[12]

　　至于这七位新柏拉图主义者，他们在波斯并没有逗留太久。据阿加提阿斯所称，他们震惊于东道主的荒淫残暴。但我们不宜将这位历史学家视为值得信赖的中立见证者，毕竟他将霍斯劳错误地描述为一个无知蠢货。不过，新柏拉图主义者确实在此经历了文化冲击，因而期盼着重返故里。有一天，他们偶然看见路边有一具没有入土的尸体。根据琐罗亚斯德教的仪式，人死后尸体会被曝于野外，经受风吹日晒，直到被野兽啃食殆尽。这群哲学家表现得像是一帮不够敏锐的游客，令仆人将尸体掩埋。等他们第二天再次经过此地，发现尸体又被挖了出来。这当然是死者家属所为，他们简直为逝去的亲人所遭受的亵渎感到惊骇。幸而其中一位哲学家在梦境中得知死者生前与母亲乱伦，导致地球拒绝埋葬他。因此，他们不再插手，匆匆地回了家。查士丁尼皇帝的镇压手段再强硬，总好过波斯人这些难以理解的仪式。[13]

　　与此同时，萨珊帝国继续与罗马帝国争夺霸权。在霍斯劳一世之孙霍斯劳二世（约570年—628年）统治期间，两大帝国爆发了一场规模宏大的战争，以波斯人占领叙利亚和埃及告终。这场大战过后，双方均是国库空虚，筋疲力尽，及至7世纪中叶，当对新信仰满怀壮志的军队从阿拉伯沙漠席卷而来时，这两大帝国根本无力抵抗。如今，只有少数琐罗亚斯德教徒还在吟唱《阿维斯塔》中的颂歌，有关萨珊王朝的种种故事却被铭记于伊朗的民族史诗《列王纪》（*Book of Kings*）之中。

13

早期犹太教：地极

　　罗马皇帝哈德良（76年—138年）真可谓行遍天下。在位二十年间，他访问了不列颠、埃及和两地之间的大多数地区。在犹太教的传说中，哈德良在犹地亚遇到一位名叫约书亚·本·哈纳尼亚（卒于131年）的拉比（犹太人的学者），于是向其连珠炮般地提出一系列问题。交谈中有一个话题涉及蛇的妊娠期，约书亚·本·哈纳尼亚说是7年，但哈德良坚称雅典的异教哲学家说只有4年。为解决这一争议，哈德良便命令拉比前往雅典，把哲学家们带到自己面前。

　　约书亚·本·哈纳尼亚乘船来到希腊，找到异教徒总部。他避开看守，直驱对方老巢，请求指教。面对这一请求，哲学家们提出谜语竞赛挑战，并承诺如果拉比获胜，就同意邀请，到他的船上与他共进午餐。否则，他们就会取他性命。谜语竞赛开始，犹太人和异教徒你来我往，战况激烈。

　　"如果鸡蛋里的小鸡死了，"哲学家们问道，"它的灵魂会从哪里升出？"

"从哪里进，就从哪里出。"拉比答道。

"如果盐变质了，"哲学家们追问道，"该用什么调味？"

"用骡子的胎盘。"拉比答道。

"但（无法繁育的）骡子没有胎盘。"哲学家们说道。

约书亚·本·哈纳尼亚面不改色。"盐会变质吗？"他反驳道。

"世界的中心是哪里？"他们问道。

"就在此处！"拉比答道。这或许涉及希腊哲学中一条尤为奇特的宗旨：世界是个球体，因此世界表面不存在中心。

最终，哲学家们承认落败，同意到约书亚·本·哈纳尼亚的船上与他共同用餐。他们一登船，就被锁了起来，送到了哈德良面前。哲学家们抵达后，对皇帝未曾稍稍假以辞色，皇帝便要拉比除掉他们。[1]

《圣经》中的世界观

约书亚·本·哈纳尼亚很可能的确见过哈德良。在哈德良巡游帝国期间，任何有身份地位的人都可能有机会觐见帝王。令人扼腕的是，帝王与拉比的友好关系对犹太教毫无助益。公元131年，拉比死后不久，犹地亚爆发起义，据称导火索是哈德良试图禁止割礼。罗马镇压起义后，将当地民众流放，并将这一地区改名为巴勒斯坦。

这则关于约书亚·本·哈纳尼亚和哲学家的故事虽然包含了

部分历史上的真实事件，却更像是一个被夸大的传说，意在说明异教的希腊智者并不像其自以为的那样智慧无双，尤其无法与精英拉比相较。故事记录于《塔木德》（*Talmud*），这部著作首次成书于约公元600年。学识渊博的犹太人对宗教律法进行宣扬和阐释，他们的箴言被汇辑成册，形成了这部卷帙浩繁的著作。其标准印刷版共有6 200页，是古代存世体量最大的著作。[2]此外，《塔木德》共有两个版本，一版起草于巴勒斯坦，另一版则起草于巴比伦尼亚。公元前6世纪，国王尼布甲尼撒将耶路撒冷的民众流放到巴比伦，当地逐渐形成犹太群体。公元前539年，巴比伦落入居鲁士大帝的掌控，流放随后结束。居鲁士大帝允许犹太人返回耶路撒冷，尽管许多犹太人因为已在美索不达米亚获得财富和威望而选择留在当地。

犹太教尊崇《塔纳赫》（*Tanakh*），即《希伯来圣经》，基督教称之为《旧约》。这部经文在公元前300年形成最终版本，但所根据的传说可上溯至千年以前。有鉴于其历史之悠久，可以预想《希伯来圣经》所反映的是传统的世界观。经文无须明确教导地是平的，因为这是《圣经》的作者与当时所有人共同默认的观念。[3]例如，我们在前文已经看到，在公元前8世纪，希伯来的先知以赛亚曾提到"地的四方"，这或许是在讥讽亚述国王其时进犯耶路撒冷所展现出的野心。相比地的四方，《圣经》中更常提及的是"地极（ends of the Earth）"。例如约伯宣称上帝"鉴察直到地极，遍观普天之下"，以及在世界之上"铺张苍天"（《约伯记》28:24；

9:8）。同样地，约伯还指出地是由柱子支撑着，上帝使柱子震动而引发地震（《约伯记》9:6）。如以赛亚所言，"（神）坐在地之圈上，地上的居民好像蝗虫。他铺张穹苍如幔子，展开诸天如可住的帐篷"（《以赛亚书》40:21-2）。在此语境下，以赛亚所指的"地之圈"只能是圆盘，而非球体。

《创世记》中有关六天创世的叙述是《圣经》中最后完成的部分之一。其作者通常被认为是一位希伯来祭司，他的世界观与巴比伦的世界观相类似。其中对创世的描述与《天之高兮》中马尔杜克的创世历程虽然不是完全对应，但显然都起源于美索不达米亚的环境。然而，巴比伦与希伯来的作者有着不同的神学宗旨。如前文所述，《天之高兮》旨在论证巴比伦对世界的统治的正当性。相比之下，在《创世记》的描绘中，上帝出于仁爱而创世，并根据自身的形象创造人类。[4]

考虑到《圣经》的成书时间，其中自然不会涉及希腊关于地圆说的任何内容。毕竟直到公元前4世纪中期，亚里士多德才列举出地球是个球体的证据，而此时《希伯来圣经》大部分已经完稿。无论是提出其教导地球是个球体，还是提出其认为地球绕太阳旋转，都是忽略时代局限的观点。此外，《圣经》的作者也无意向任何人传授关于宇宙构造的知识。他们以易于理解的日常语言写作，从而宣扬上帝统治天地的核心教义。

其他在汇编《圣经》时未被收录的古代希伯来文献有更为明确的对世界形状的描述。例如，据创作于约公元前300年的《以诺书》（*Book of Enoch*）记载，太阳从地的东边的六扇门之一中升起，穿越天空，从西边的门落下。夜间，太阳从地北边的苍穹后方穿过，回到黎明之门。太阳升起和落下的门随着季节的变幻而不同，因此在天空中会有不同的轨迹。[5]《以诺书》虽未被收入《圣经》，也是一部地位尊崇的经文，被收入《死海古卷》（*Dead Sea Scrolls*）。[6]其他犹太文献，如《以斯拉启示录》（*Apocalypse of Ezra*）和《亚伯拉罕圣经》（*Testament of Abraham*），包含以巴比伦传说为蓝本的不同世界观，但都没有提及地圆说。[7]

《塔木德》

公元前几个世纪，就在那些《塔木德》中引述的拉比为神圣的律法冥思苦想之际，关于希腊哲学的知识正在地中海如火如荼地传播。然而，犹太教徒却有充分的理由对学习希腊哲学保持谨慎态度。公元前2世纪，叙利亚的安条克四世国王（约公元前215年—公元前164年）曾试图在其统治下的犹太教徒之间强制推行希腊风俗，包括对异教神祇的崇拜。他统治的疆域涵盖犹地亚和加利利地区，属于昔日亚历山大大帝所开创帝国的一部分。在其迫害下，犹太人发起反抗，付出惨重的代价后，最终成功建立起独立政体，由耶路撒冷的大祭司统领。可想而知，犹地亚和美索不达米亚的犹太人对希腊文化并不热衷，甚至于许多人持鄙夷态度，那则关于约书亚·本·哈纳尼亚与雅典哲学家的故事正是生动的例证。

不出所料，拉比采用传统的世界观来阐释《圣经》，丝毫没有涉及亚里士多德的宇宙论。例如，《塔木德》中引述的拉比一致认为《创世记》提到的苍穹是天空的顶部。但这又引发了对于苍穹的组成成分的疑问。《塔木德》的一大魅力在于其中引述的拉比常常持不同意见，令读者对何谓正确的阐释感到迷惑不解。在苍穹的组成成分这一问题上，有人认为它是凝结的固态水，就像牛奶凝固成奶酪那样。[8]也有人说苍穹由火和水混合搅拌而成。关于苍穹的数量也存在争议。尽管在其他圣经文献中从未有过先例，《塔木德》中却有一篇颇具影响力的文字认为苍穹不少于七层，构成七层天的边界，每一层都各自有名称和功能，相互堆叠。[9]我们已经在吠陀教的往世书中碰到过七层天，但不应据此认为印度与《塔木德》之间存在联系。这一概念更有可能源自七颗可见的星——月亮、太阳、水星、金星、火星、木星和土星。

《塔木德》中虽然已就地是平的达成共识，但就具体细节却仍存在诸多争议。部分拉比认为地的基底十分深邃——横跨这段距离需要五十年。其他观点认为，地位于水上，水流经山脉，而山脉则坐落于风上。[10]这意味着太阳无法在夜间从地的下方穿过。相反地，如《以诺书》所述，太阳从世界边缘、苍穹之后穿行而过。

关于这最后一点，《塔木德》引述了犹大·哈–纳西（约135年—220年）的观点。他不同寻常地被希腊人对这一问题的看法所吸引。他指出非犹太教的专家认为太阳从地的下方穿过，并且认为他们的观点可能是正确的。犹大·哈–纳西观察到温泉水夜间更为温暖，以此论证其主张。他据此思索，这或许是因为太阳从下方经过时加热了地下水道。[11]犹大·哈-纳西是一位备受尊崇的注解者，在《塔木德》中常被简称为"拉比"。他承认希腊人对太阳路径的认知是正确的，我们在下文中即将看到这一点如何推动着后来的犹太学者接受亚里士多德的宇宙观。

犹太教与希腊文化

历史的变迁使犹太民族分散于西班牙和印度之间各地。流散在外的犹太人最大的聚居地位于亚历山大。亚历山大大帝建立这座城市后不久，就有犹太社群驻扎于此，到公元1世纪已颇有根基。他们所使用的语言自然是希腊语而非中东的阿拉姆语，更不必提经文中的希伯来语。因此，他们需要希腊语版的《圣经》。

希腊语版《塔纳赫》完成于公元前100年前，被称为《七十士译本》(*Septuagint*)。它是操希腊语的犹太人的权威经典，后来也被基督徒所普遍接受。《七十士译本》的名称来自一则关于其起源的传说。据故事称，国王托勒密命令亚历山大的大图书馆馆长创建综合性知识库。这则故事最早的来源解释道："国王的图书馆的负责人获得巨额资金，以作收集可能范围内世上所有图书之用。通过购买和誊写，馆长尽己所能地完成国王所托。"[12]作为项目的一部分，馆长安排一支由72名希伯来学者组成的顶尖团队，从耶路撒冷来到亚历山大翻译《圣经》。

《七十士译本》虽然是以希腊语写成，但不再像《塔纳赫》那样采纳亚里士多德的宇宙观。事实上，其与《希伯来圣经》的出入之处更贴近于《以诺书》中的世界观。例如在《传道书》（*Book of Ecclesiastes*）的一节中，希伯来语原文写道："日头出来，日头落下，急归所出之地。"《七十士译本》的译者将这一节译为"日头出来，日头落下，行至它的地方；从那里升起，向南前进，绕行至北方"（《传道书》1:5–6）。这似乎意味着太阳白天在天空的南面穿行，夜间则沿着世界北面的边缘回到升起的地方。使用希腊语的基督徒后来正是依据这个并不贴切的《传道书》译本来证明地是平的。

多元化人口使得亚历山大这座城市充斥着隔阂与暴力。公元40年，局面愈演愈烈，城中犹太教徒组成一个代表团前往罗马，向皇帝控诉当地非犹太教徒滋扰闹事。代表团由一位备受尊崇的学者领导，名叫斐洛（活跃于约20年—约40年）。他的弟弟是多位国王和皇帝的近交，几乎已完全希腊化。斐洛则横跨犹太和希腊文化，曾获益于包含斯多葛学派和亚里士多德著作研读在内的哲学教育，志趣则集中于柏拉图。其留世的著作大多试图赋予宗教典籍以象征性意义，以此融合《圣经》和柏拉图哲学。例如，据《创世记》叙述，上帝将亚当和夏娃驱逐出伊甸园后，派天使在此守卫。斐洛借用希腊天文学将天使作为寓言来解读。他提出，其中一位天使指的是宇宙自东向西转动的外层球体，另一位天使指的是自西向东旋转的内层行星球体。[13]显而易见，斐洛赞同亚里士多德的世界观：在球形的宇宙中，七颗星围绕着地球运行。他曾顺带提及地球的其中一个半球，表明他认同地球是个球体，并且太阳在夜间经过地球的下方。[14]但他没有分析或是试图反驳《圣经》中那些暗指地是平的的内容。他满足于这一争议停留在悬而未决的状态。

斐洛对希腊自然哲学和地圆说等知识的接纳，并非其同时代犹太民族的普遍态度。在坚持传统世界观的说希腊语的犹太人中，弗拉维奥·约瑟夫斯（38年—100年）便是一例。他因记录以下悲惨历史而被铭记：犹太人起义反抗罗马，以耶路撒冷圣殿于公元70年遭到摧毁而告终。劫难过后，约瑟夫斯迁居罗马，在此潜心著书，试图捍卫犹太教不受异教诋毁。他以《圣经》为基础写下犹太史，主张犹太民族是一个古老的民族，与巴比伦人、埃及人和罗马人一样值得尊敬。约瑟夫斯为便于读者阅读用希腊语写作，并以文学而非哲学为典范。他的世界观类似于荷马关于圆盘被海洋所环绕的描述，因此可以轻易地将其与《圣经》相调和。例如，根据他对《创世记》中创世故事的叙述，上帝将海水倒入地的周围，使其被海水环绕，这和荷马在《伊利亚特》中对阿喀琉斯的战盾的描述颇为类似。[15]

在接下来的几个世纪里，使用希腊语的犹太群体逐渐融入到拉比的犹太教，后者更为看重自身以希伯来语和阿拉姆语书写的著作。希腊文学的影响力脱离主流，斐洛对犹太教和异教哲学的融合也被遗忘。拉比继续反对希腊宇宙观，教导传统的世界观。

不过，他们察觉到必须谨慎对待这一课题。法律禁止公开讲授《创世记》的开篇，而必须向单独的学生传授。拉比相信创世故事中包含着神秘的含义，只应该传授给受过足够训练的学生。[16]这样的情况没有永远持续下去。几个世纪以后，犹太神学家从阿拉伯的学术成就中了解到包括地圆说在内的希腊哲学。

我们很快就会讲到这个故事，在此之前，还需了解一个将名为拿撒勒的耶稣的加利利传教士奉为创始人的犹太教派是如何看待地圆说的。这个教派正是基督教。[17]

14

基督教：
万事万物均由神的旨意建立

公元30年4月7日，罗马帝国犹地亚行省总督本丢·彼拉多（活跃于26年—36年）判处将一位犹太闹事者在耶路撒冷城外钉上十字架。[1]这件事本身并没有什么不同寻常之处。罗马已经征服地中海，正实施铁腕统治。反叛者难逃惨死。拿撒勒的耶稣（约公元前4年—30年）宣称将在逾越节期间在耶路撒冷制造骚乱，这对罗马人而言不过是轻微的搅扰，却已经给了他们充分的理由将他鞭打到奄奄一息，然后钉在十字架上，将他处死。

后来，耶稣的信徒坚信他已死而复生。他们开始向犹太同胞宣扬耶稣就是他们等待已久的弥赛亚。他们称，遗憾的是，对《圣经》的严重误读致使犹太人一直以来误以为弥赛亚是位政治领袖，但他统治的实际上是精神疆域。耶稣的门徒原本都是犹太人，但经过一场辩论之后，他们决定也向异教徒宣讲福音。这项倡议起步缓慢，但最终取得巨大的成功，到公元4世纪，就连罗马帝国也正式皈依基督教。

耶稣和《新约》

　　《新约》包含四福音书和各种书信，几乎全部出自说希腊语的犹太人之手。因此，《新约》中处处可见对《七十士译本》的引述，即于亚历山大完成的《旧约》希腊语译本，并反映出其传统世界观。关于耶稣所受引诱的故事便是一例。根据《马太福音》，耶稣在旷野禁食四十昼夜后，魔鬼前来试图使他堕落。魔鬼企图让耶稣听命于他，两次试探均以失败告终之后，他再次发起冲击。"魔鬼又带他上了一座最高的山，将世上的万国，与万国的荣华，都指给他看，对他说，你若俯伏拜我，我就把这一切都赐给你。"（《马太福音》4:8）耶稣不为所动，魔鬼这才罢手。

　　福音书的作者假定人在足够高的山上可以看见所有土地。这一假设只有在地是平的时才能成立。公元1世纪的犹太作者持此观点是意料之中的事。同样地，《新约》中的《犹大书》（Letter of St Jude）表面上是耶稣的弟兄所写，其实引述了《以诺书》中的内容，仿佛它是受到启示的预言（《犹大书》1:14）。据推测，书信作者应该也接受以诺的世界观。

　　然而，福音书的作者中有一位必然不是犹太人。他就是《路加福音》（Gospel of Luke）和《使徒行传》（Acts of the Apostles）的作者。传统观点认为他是一位异教医生，曾与塔尔索的圣保罗（卒于约65年）在其传教的部分旅程中同行。几乎没有理由怀疑这一点，《使徒行传》部分内容以第一人称叙述，表明作者是亲历者，可作进一步证实。路加熟谙希腊文学和所处时代的各种哲学流派。他在《使徒行传》中讲述保罗在雅典与斯多葛学派和伊壁鸠鲁学派的哲学家的相遇，并引述阿拉托斯《天象》这本流传广泛、对星座进行诗意描绘的著作（《使徒行传》17:28）。

《路加福音》常常呼应《马太福音》中的故事，表明两者有相同的来源。但最具启发性的当数两者之间微妙的差异。例如，路加这样叙述耶稣受到引诱的故事：

> 魔鬼把他带到上方，霎时间把有人类居住的世界上所有王国都指给他看，并对他说："我将给你所有的权柄和荣华；这原是交付我的，我愿意给谁就给谁。你若在我面前下拜，它们就都属于你。"（《路加福音》4:5-7）

路加有意对《马太福音》中这段内容做出修改。他删去山，代之以耶稣脚下所呈现的世界景象。此外还有一处区别：路加用以形容"世界"的希腊词语是"ecumene"，字面意义指"已知的世界"，即欧洲、亚洲和非洲三大洲。路加在脑海中想象魔鬼从太空中向耶稣展示地球上有人类居住的部分，如同西塞罗《西庇阿之梦》中那样。而马太在叙述耶稣受引诱的故事时，用来表示世界的词语是"kosmos"，意指整个宇宙。对于两位福音作者所使用语言的差异，最好的解释是马太遵循《旧约》中的世界观，路加则已知晓地球是球体。后世的基督徒需要选择遵循哪条路径：接受《圣经》的传统观点，以之代替亚里士多德的地圆说，或是祈祷问题能完全消失。

早期基督教

平民百姓的所思所想很少会被古代作家关注，因此，对于如何看待地球形状这样一个细枝末节的话题，要查明他们的看法面临着诸多困难。基督教最早的信徒来自底层，这一阶级的人即便不是文盲，也极不可能会对宇宙学有所了解。他们的宗教关切也是家庭式的。在皈依基督教前，他们崇拜家庭神祇，供奉祖先。[2]他们虽然也承认像宙斯和雅典娜这样的伟大神祇的存在，但很少胆敢向他们祈祷。这是高级祭司和皇帝的特权，与庶民无关。基督教的最大亮点就是那位创造世界、推翻帝国的强大神祇真正地关心普通民众。基督徒所宣扬的是宇宙的伦理秩序不仅仅有益于贵族勇士或富有的知识分子，还会惠及所有人。

最能反映普通基督徒观念的文本首推未被《新约》收录的各种旁经，比如标题为《保罗启示录》（*Apocalypse of Paul*）的著作。部分旁经没有在希腊语中留存，而是保存于科普特语或古叙利亚语中。多部著作涉及游览宇宙，我们可以从中收集到这些佚名作者认为大地是扁平的圆盘，或许四周被水环绕，上方是呈拱顶状的天空。[3]基督徒也会阅读非正典的犹太文献，如《以诺书》，书中描绘太阳从位于世界边缘的大门升起和落下。这些传统的世界

蓝色弹珠，阿波罗 17 号宇航员拍摄的地球照片，1972 年

托勒密世界地图，1467年尼古劳斯·杰马努斯手抄本

摩尼教宇宙图，元朝，
13—14世纪，挂轴，绢
本设色描金

孔什的威廉《哲学概
要》（*Dragmaticon
philosophiae*）中的
插图页，14世纪

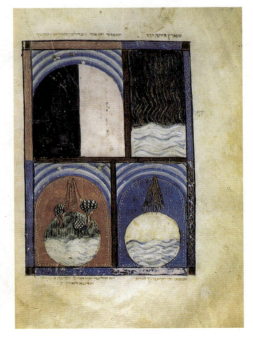

创世的前三日，《萨拉热
窝的哈加达》（*Sarajevo
Haggadah*）中的插图
页，约1350年

弗拉·毛罗的《世界地图》，1459年—1460年，装裱于木板上的手绘羊皮纸

利玛窦的《坤舆万国全图》，1602年

伊斯兰世界地图，扎克里亚·卡兹维尼《创世奇迹》（*The Wonders of Creation*）中的插图页，约1553年

须弥山宇宙图，19 世纪，布本设色唐卡

观在地中海东部的普通民众之间流传了数个世纪，无论他们是否为基督徒。

然而，几乎所有留世的早期基督教文献都是出自主教之手。有别于多数信徒，他们具备文化素养，并且往往接受过古典教育。他们熟谙柏拉图和亚里士多德等哲学家的著作，即使是通过间接了解，并且在校期间就接触过亚里士多德的世界观。

主教们清楚《圣经》中暗含着传统的宇宙观，并且不曾提及地圆说。这牵扯到一个更广泛的问题。他们应如何将异教的精华知识融入基督教中，同时又避免受其危害？对于如何处理这一问题，各位主教并未达成共识。早期基督教对希腊哲学的态度不一，有人抱以有限制的热情，有人加以不折不扣的谴责。[4]

大多数主教了解亚里士多德的宇宙论，也意识到这可能会在信徒之中引发争议。他们在谈论时必须小心谨慎，既不违背传统观点，又不肯定其真实性。凯撒里亚主教圣巴西略（329年—379年）在这一问题上有独特的应对方式。他家境富裕，曾在君士坦丁堡和雅典接受当时顶尖的异教学者的教导，熟谙亚里士多德和托勒密的宇宙观。然而他敏锐地认识到当面向普通民众履行牧师职务时，应避免以无法调和的关于自然的描述使他们感到困惑。

公元4世纪70年代的某个时候，巴西略在向一群劳动人民布道时，讲述了一系列关于创世的故事。他概述亚里士多德的宇宙模型，并且明确表示他认为该模型足够准确。但这不是他所表达的重点。正如他对观众所言："假使这一体系对你而言有任何可信之处，那么你应当崇敬的正是这种完美秩序的源头：上帝的智慧。"[5]同样，在思索月亮的光是否反射自太阳时，他在明确表示自己认可哲学家的答案的同时，设法避开了这个问题。[6]

几个世纪以来，受过教育的基督徒一直对教区居民秉持着这样傲慢的态度。凯撒里亚的巴西略在布道时讲述《创世记》的四百年后，圣若望·达玛森（675年—749年）在《正统信仰阐述》（ *Exposition on the Orthodox Faith* ）中也采用了类似的策略。圣若望是一位生活在叙利亚的修道士，其时这里已被阿拉伯人征服，他是最后一位被罗马天主教敬仰的希腊教父。他说，有人赞同古代的异教徒，主张宇宙由多个球体组成。还有人采纳《圣经》中的模型，认为天空是笼罩在大地上方的穹顶，根据这一模型，正如《七十士译本》所言，太阳在夜间绕着北方穿行，回到升起的地方。圣若望坚持认为这些并不重要，因为无论是哪种形式，自然都遵循着上帝所制定的法则。他写道："无论何种形式，万事万物均由神的旨意所创造和建立，均包含着神的意志和计划，其基础无法被撼动。"[7]圣若望绝不希望被那些相对而言接受过良好教育的读者误解，认为自己不了解前沿的自然哲学。因此，为表明自己完全清楚所探讨的事，他接着简短而准确地描述日食月食现象的起因以及亚里士多德对天空结构的看法。[8]他还提到天文学家的普遍观点："总而言之，（地球）比天空小得多，几乎就像一个点悬浮在天空中央。"[9]

尽管受到镇压，基督教在罗马帝国仍然日渐流行，到公元312

年，就连君士坦丁大帝本人也皈依了新信仰。君士坦丁大帝似乎仍觉转变不够极端，进一步将国都从罗马迁至君士坦丁堡（今伊斯坦布尔）。历史证明这是一项明智之举。公元5世纪，西罗马帝国被包括哥特人、汪达尔人、法兰克人和盎格鲁－撒克逊人在内的日耳曼部落占领。公元476年，日耳曼蛮族的铁腕人物奥多亚塞（约433年—493年）废黜西罗马帝国的末代皇帝，随后以国王的身份统治意大利。现代历史学家将东罗马帝国称为拜占庭帝国（根据君士坦丁堡的原名拜占庭命名），该帝国操希腊语，通行希腊文化，但仍以"罗马"自居。罗马帝国的东部向来比西部更富庶、人口更稠密。这意味着在后古典时代，世界上大多数基督徒居住在小亚细亚、叙利亚和埃及。这些群体非常活跃且数目众多，以至于今天仍有留存，尤其在埃及有约500万科普特人。

会幕

罗马帝国内的基督徒必须遵守皇帝规定的正统教派的限制。而在帝国疆域之外，其他派别传播到了波斯、中亚乃至印度和中国，甚至还有埃塞俄比亚。这些基督徒中部分是逃离罗马专制统治的宗教难民，即在早期席卷教会的神学争论中落败的一方。有关耶稣基督的性质的教义被君士坦丁堡斥为异端，却在帝国权威无法企及之处蓬勃发展。自公元4世纪以来，围绕地球形状的争议正是分裂东罗马帝国的基督徒的问题之一。

这一争议起源于两大学派采用不同的阐释《圣经》的方法，这两大学派通常被认为是亚历山大学派和安条克教理学院，其中安条克是位于叙利亚北部的大城市。亚历山大的注释家将《圣经》作为寓言来解读，寻求平易浅直的文本含义之外的更多层次的意义，这样的解读颇有过于宽泛的风险。公元1世纪时，亚历山大的犹太人斐洛正是寓言化解读《圣经》的首创者。安条克教理学院则更倾向于关注故事本身，认为可以按照其字面意义来理解这些故事。公元4世纪，安条克教理学院的领袖是一位修道士和主教，塔尔索的迪奥多（卒于约390年）。

迪奥多几乎没有作品留世，但我们可以从后世作家的总结中拼凑出他的教义。例如，他曾写下《驳命运论》（*Against Fate*）对占星术展开尖锐的抨击。公元9世纪，主教君士坦丁堡的佛提乌（约815年—897年）以其为主题撰写了一篇书评，我们从中可以得知迪奥多反对亚里士多德的球形宇宙说。佛提乌写道："天空不是球形的；它的形状就像拱顶或帐篷。迪奥多认为自己可以为此观点提供经文性权威，并且不仅关于形状，还涉及太阳的升起和落下。"[10]

我们可以猜测迪奥多采用了《圣经》的哪些片段作为证据。我们翻阅《旧约》可以发现，《以赛亚书》第40章第22节将天空比作帐篷。在《七十士译本》中，《传道书》中说太阳在夜间沿着世界北面的边缘回到升起的地方。操希腊语的基督徒认为《七十士译本》受到《圣经》直接的神圣启示，安条克教理学院则按照字面意义解读。

迪奥多门下有两位使徒：金口圣若望（347年—407年）和摩普绥提亚的狄奥多尔（约350年—428年）。两人曾同在安条克的里巴尼乌斯（约314年—约393年）创办的学校中进学，自此结为至交。里巴尼乌斯是一位异教的修辞学教师，成就斐然。有着这样的教育背景，圣若望和狄奥多尔必然熟知亚里士多德宇宙论的证据。投入迪奥多门下后，两位使徒禁欲苦行，潜心神学。对狄奥多尔而言，苦行生活尤为艰难，他曾一度还俗结婚，后又在圣若望的请求下回归教会。两人最终都成为主教。金口圣若望意外被擢升为君士坦丁堡大主教，成为拜占庭帝国在政治和宗教大动荡期间最有权势的教士。

身为安条克教理学院成员，圣若望和狄奥多尔预设《圣经》中的一切都具有神学意义，并且所言即所指。他们否认异教所教导内容的正确性，赞同塔尔索的迪奥多的世界观，即世界就像一顶帐篷。他们从《圣经》中搜寻到世界呈现这种形状的原因。[11] 出自《新约》的早期佚名基督教文献《致希伯来人书》提供了至关重要的线索。

这封使徒书信将耶稣比作犹太教在会幕中侍奉的大祭司，只不过耶稣是整个世界的大祭司，"坐在天上至大者宝座的右边；在圣所，也就是真帐幕里，作执事。这帐幕是主所支的，不是人所支的"（《希伯来书》8:2）。最早提及"会幕（tabernacle）"的是《旧约·出埃及记》（*Book of Exodus*），其中讲述摩西带领以色列人离开埃及，穿越红海，进入沙漠，最后抵达应许之地迦南。会幕就是以色列人在流亡中随身携带的帐篷，作为移动圣殿。《出埃及记》描述了上帝关于如何建造会幕的详细指示。

根据安条克教理学院的观点，沙漠中的帐篷就是《致希伯来人书》中提及的"真正的会幕"的化身，而后者指的是整个世界。也就是说，宇宙就像是《出埃及记》所描绘的帐篷。其形状类似于集装箱：箱子底部是大地，上方是天空。金口圣若望认为这是对亚里士多德宇宙观的确凿驳斥。"那些声称天空旋转的人在哪里？"他问道，"那些宣称它是球形的人在哪里？因为此处同时推翻了这两种说法。"[12]因此，对于圣若望、迪奥多和狄奥多尔而言，地平说构成他们与《圣经》相一致的世界观的一部分。相比而言，凯撒里亚的圣巴西略和圣若望·达玛森承认地球是球体，但认为这是一个无关紧要的细枝末节，不具有神学意义，略过了这一话题。

科斯马斯的宇宙观

公元5世纪初，摩普绥提亚的狄奥多尔的学生聂斯脱利（约386年—约451年）成为君士坦丁堡的大主教。在后古典时代，基督教内部教会分立，聂斯脱利也和部分安条克教理学院成员一样卷入了纷争。他的错误在于抨击对圣母玛利亚的过分崇敬，以及废止其"上帝之母"的通行称号。聂斯脱利的观点受到其他教士抗议，被迫流亡，随后在公元451年的迦克墩公会议上被正式定罪。为谨慎起见，君士坦丁堡教会随后也将塔尔索的迪奥多逐出教会。金口圣若望的职业生涯同样动荡起伏，但他有幸最终站在正统教派一方，迄今仍是希腊正教基督徒中最受尊崇的教父之一。

聂斯脱利的信徒往东逃到了正处于萨珊王朝统治下的波斯。波斯的国教是琐罗亚斯德教，因此，波斯国王一度将基督徒视为外国势力的密探，时不时对其进行镇压，但最终意识到许多基督徒臣民和他们一样憎恶罗马人。因此，到了公元6世纪，波斯国王不但包容聂斯脱利派东方教会，还将多位主教引为知己，这并非琐罗亚斯德教的祭司所乐见。[13] 例如，在6世纪40年代担任东方教会牧首的阿巴一世（约490年—552年）即出身于波斯贵族家庭。

阿巴一世出生于琐罗亚斯德教家庭，成年后皈依基督教。他曾在罗马帝国广泛游历，并在拜访君士坦丁堡和亚历山大期间学习了希腊语。在他访问罗马国都期间，查士丁尼皇帝曾尝试与其会面，探讨摩普绥提亚的狄奥多尔的神学观点，也就是阿巴一世正在东方教会内部大力倡导的观点。[14] 琐罗亚斯德教背景使他更易接受狄奥多尔的观念，即宇宙的模型类似于会幕那样的帐篷。我们已经知道《阿维斯塔》等琐罗亚斯德教典籍所教导的世界观和其他早期的宇宙模型一样，以地平说为基础。与之相比，亚里士多德的地圆说更像是某种新颖的奇谈怪论。

阿巴一世最终未能在君士坦丁堡与查士丁尼会面，但他在亚历山大却引起了一场轰动。他在这里遇见来自安条克的商人康斯坦丁（活跃于约520年—约550年），后者为寻求贸易机会曾远赴印度。康斯坦丁曾聆听阿巴一世的教导，其中必然包括安条克教理学院的会幕理论，这时与这一理论关系最紧密的就是摩普绥提亚的狄奥多尔。[15]康斯坦丁感到自己具备对这一话题展开阐释的素养，因为他曾广泛游历，有着丰富的地理知识。因此，当朋友建议他写写安条克教理学院的世界观时，他立马着手进行撰写。[16]他完成的这本书最终成为历史上最著名的地平说辩护，今天被称为《基督教地形学》（*Christian Topography*）。由于康斯坦丁没有给作品署名，他的名字很快被遗忘，直到最近一份引用其观点的亚美尼亚语手抄本才使我们发现了他的真实身份。[17]相反，《基督教地形

科斯马斯·印第科普尔斯基的世界观，插图来自《基督教地形学》（*Topographia christiana*），10世纪

学》的作者采用化名科斯马斯·印第科普尔斯基，意为"印度旅客"。为避免混淆，我将根据其传统名字科斯马斯来称呼他，即使他自己未必能认出这个名字。

在着手撰写这本书之前，科斯马斯已经在红海和阿拉伯海进行了25年的贸易。[18]他在此期间可能积累下颇为可观的财富，所以有闲暇写作，也有财力请人为《基督教地形学》绘制豪华插图。有三份9至12世纪期间的手抄本留存至今，这些插图也在书中作为装饰。根据这本著作的阐述，呈箱子状的会幕即为正确的宇宙模型，作者以此对安条克教理学院的世界观做出深入的辩护。[19]与此同时，科斯马斯否认亚里士多德地圆说的正确性，声称地圆说会带来一些绝对荒谬的事情，比如对跖地的存在。[20]为支持其观点，他大量引述包括金口圣若望在内的安条克教理学院成员的观点，并提供图表和图片。[21]他知道受过教育的希腊人普遍认同地圆说，并将其归咎于首次提出这一观点的巴比伦人（事实上，如我们所见，是希腊人将地圆说引入了美索不达米亚）。[22]

当《基督教地形学》在6世纪40年代问世时，可以说科斯马斯并没有说服亚历山大的知识界。但他至少也没有被他们所完全忽视，甚至引起了那个时代最伟大的希腊哲学家约翰·费罗普勒斯（约490年—约570年）的关注。约翰是位基督徒，但接受过那时学院中主流的新柏拉图哲学的训练。约翰和科斯马斯一样对亚里士多德的自然哲学秉持怀疑态度。但他对亚里士多德主义的批评观点精妙、条理清晰，至今仍符合逻辑。例如，他质疑亚里士多德关于宇宙永恒的学说，表示这在逻辑上并不合理，也与经文相去甚远。他还是第一个明确否定亚里士多德关于重物下落速度快于轻的物体这一观点的人，并早于伽利略一千年指出，一个简单的实验就可以证明这个观点是错误的。此外，他提出抛射体理论，表明与亚里士多德的观点相反，物体在移动它的力被移除后将继续移动。[23]不过，在以下问题上，约翰·费罗普勒斯和亚里士多德达成了绝对的一致：地球是个球体。

大约在6世纪50年代，当约翰对《创世记》中的创世故事进行详尽的注释时，科斯马斯进入了他的视野。约翰没有写明科斯马斯的名字（而是将摩普绥提亚的狄奥多尔作为地平说的代表拥趸），但确实多次明确提到《基督教地形学》。[24]约翰所面临的挑战在于经文中缺少支持地圆说的确凿证据。尽管他将《圣经》敬奉为上帝的言语，却无法用它来论证地球是球体，甚至只能被迫坚称它根本不教授天文学。相反，为证明宇宙是球形的，他指出了一些经验性观察。[25]他指出的证据包括日食月食现象、星星的运动以及日升与日落。

至于科斯马斯，他对经文的解读相对粗浅。但由于《圣经》作者的确认为地是平的，他要论证这些作者支持他的观点并不困难。即使宇宙形似于会幕这一理论十分牵强，他仍可以在《圣经》中找到证据。

约翰对安条克教理学院世界观的抨击或许起到了抑制其扩散的效果。公元6世纪时，安条克教理学院世界观的类似观点在东罗马帝国的教会之中十分盛行。[26]但此后，无论是叙利亚人还是正统基督徒都明显更少谈论这一世界观。地圆说很可能至少在受过教育的人之中得以进一步普及。例如，7世纪的亚美尼亚学者、基督徒希拉克的阿纳尼亚斯（约600年—670年）完全相信亚里士多德的宇宙观，并且可以准确地解释日食月食现象的成因。[27]与此同时，叙利亚的基督徒向学生传授的天文学仪器知识默认地圆说的正确性。[28]公元9世纪，君士坦丁堡的佛提乌对《基督教地形学》的评价甚至低于迪奥多的《驳命运论》。他说道，这本书"写作手法拙劣，甚至缺乏基础的条理性"；书中许多内容"从历史上看令人难以信服"，可以说作者"所关注的是神话而非真相"。[29]

尽管如此，如20世纪一位历史学家那样评价"科斯马斯所做的笨拙的努力对中世纪的影响几近于无"，却也未免言过其实。[30]诚然，《基督教地形学》直到18世纪才被译为拉丁语，因此直到近代才为西方所知。但这部著作绝没有被拜占庭帝国遗忘。现存的三本完整版手抄本均装饰有科斯马斯当初请人绘制的豪华插画。下令制作《基督教地形学》手抄本的人一定认为它值得如此不菲的投入。大约同一时期，拜占庭的教父语录集中往往附有安条克教理学院成员对《创世记》的注释。[31]一位现代学者甚至说道："毫无疑问，集中体现于科斯马斯的安条克教理学院的宇宙观反映了拜占庭帝国对这一主题的观点。"[32]事实虽不至如此，但中世纪希腊人之间确实流传着一些奇特的宇宙观。例如，一位佚名的拜占庭帝国作家认为日食月食现象由暗星所引起，这种暗星颇有些

类似于印度传统占星术中罗睺星。[33]尽管亚里士多德的世界观日渐
普及，但在拜占庭帝国覆灭以前，科斯马斯和安条克教理学院的
观点或许始终不曾在修道院中绝迹。

从建立到覆灭，拜占庭帝国始终处于威胁之中。他们必须防
御北面的部落和西面的天主教十字军。但最顽固的敌人来自东面。
如前文所述，7世纪初，拜占庭帝国与萨珊波斯交战后陷入僵局，
两国无不精疲力竭。当推翻萨珊王朝的阿拉伯人席卷而来，拜占
庭帝国根本无从抵抗。公元636年，阿拉伯人在雅尔穆克战役中击
败拜占庭帝国，占领叙利亚和埃及这两个富庶的行省。七百年后，
奥斯曼土耳其人于1453年夺取君士坦丁堡，彻底消灭罗马帝国的
最后残余。

15

伊斯兰教：
大地如地毯般铺开

公元762年7月30日，周五，午饭时间刚过，哈里发曼苏尔（714年—775年）在底格里斯河岸建立新都。为展现乐观，曼苏尔将新都命名为"和平之城"，但后世称之为巴格达。曼苏尔命占星师团队推算最吉利的时辰，我们因而知晓都城圆形城墙破土的确切时间。占星师团队中有一位波斯人法扎里（活跃于约760年—约780年），还有一位犹太人玛莎拉（活跃于约760年—约815年），后者的占星术著作日后将闻名于中世纪欧洲。[1]

曼苏尔是阿拔斯王朝的第二任哈里发。尽管身为阿拉伯人、先知穆罕默德（约570年—632年）的旁支后裔，阿拔斯家族却是在波斯军队的帮助下才得以取代倭玛亚王朝。萨珊帝国覆灭后，波斯贵族失去权势地位，对倭玛亚王朝心怀怨恨，因此，当阿拔斯家族造反时，他们自然乐意助其一臂之力，推翻压迫他们的倭玛亚王朝。

阿拔斯家族反叛表面上看起来是阿拉伯人的王朝更替，实际上更接近于波斯人反向掌控昔日的入侵者阿拉伯人。曼苏尔谨慎地安排刺杀了最位高权重的波斯将领，但仍需安抚其他伊朗盟友。他将新都建在临近萨珊帝国古城泰西封的北面，还聘请波斯官员来治理国家，从而在他们眼中建立起其政权的正统性。阿拔斯王朝的哈里发最终沦为执掌大权的波斯高官的傀儡。[2]从长远来看，以巴格达为国都的阿拔斯王朝取代以大马士革为国都的倭玛亚王朝使得阿拉伯帝国失去了在底格里斯河东岸的统治地位。尽管波斯人已经皈依伊斯兰教，琐罗亚斯德教也已走向衰落，他们仍拒绝接受阿拉伯帝国的霸权，并保留了本民族的语言。如今，阿拉伯语是从摩洛哥到伊拉克的通用语言，但伊朗人仍操波斯语，并为波斯语蕴含着富饶的诗歌传统而感到自豪。

翻译运动

倭玛亚王朝在人口主要聚集地的外围建立驻守城市，把阿拉伯士兵和被征服的民众隔离开来。而阿拔斯王朝则认识到，只有摒弃狭隘的民族偏见才能维持疆域统一。不同于倭玛亚王朝，阿拔斯王朝鼓励非阿拉伯人皈依伊斯兰教，同时试图将犹太教和基督教等其他宗教的领袖拉入自己的势力范围。例如，东方教会牧首（阿巴一世也曾担任这一职位）蒂莫西一世（727年—823年）受邀以巴格达为根据地，在这里与哈里发就各自教义的优势展开友好辩论。当哈里发想要亚里士多德逻辑学著作的阿拉伯语译本时，他期待由蒂莫西提供。[3]就这样，亚里士多德的逻辑辩证法从希腊语直接译为阿拉伯语，其宇宙论的抵达则要曲折得多。事实上，曼苏尔可能是在巴格达建都十年后才初次听闻地圆说，而且信息来源并非希腊或波斯，而是印度。

阿拔斯王朝政权稳固后，邻国便派遣使臣来其国都查探情况。大约在773年，一支来自印度的使团抵达新近建成的都城巴格达，哈里发曼苏尔就是在此主理朝政。我们无法确定这支使团来自印度的哪个王国，可能是已于6世纪倾覆的笈多帝国的王朝余脉。其中有位使臣携带着一本梵语版的数学天文学著作，吸引了哈里发的注意。毕竟在这一时代，印度天文学享有空前绝后的盛名。曼苏尔一直有向中国派遣使臣，很可能知道有佛教天文学家在为中国皇帝工作（这一点我们之后将进一步了解）。[4]哈里发国和中国这时在中亚已经存在边境划分，两国曾于751年展开怛罗斯之战。被俘虏的中国人将造纸术传入中东，书籍制造的成本由此大大降低。[5]

在哈里发的命令下，宫廷占星师法扎里安排人将这本梵语著作译为阿拉伯语。这本著作被称为《天文表》(*Zij al-Sindhind*)，是阿拉伯语中最早的数学天文学著作。[6]著作的精华是其中的天文表，占星师可以根据这些表判断行星位置、绘制天宫图。由于天文表中纵横交错的线条形似挂毯上的经线和纬线，他们便称其为zij，也就是波斯语中的"线"。[7]

《天文表》的梵语原作和阿拉伯语译本都没能留存下来，但我们可从后世的引述中了解书中的内容。原作应该基于一部写于阿耶波多去世一个世纪以后的印度天文学著作。据自然哲学家比鲁尼（973年—约1050年）记载，法扎里从印度的资料中发现一个描述地球周长的数字，约40 000千米。[8]

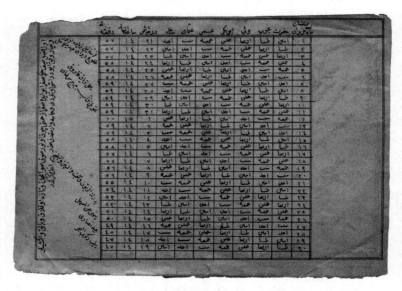

伊斯兰天文学著作

印度使团抵达时，巴格达已经存在希腊语和古叙利亚语的天文学书籍，其中有些应该提到过地圆说。毕竟在美索不达米亚，希腊人数量可观，学校也会讲授亚里士多德哲学。然而这些希腊语作品几年后才会被译为阿拉伯语。无论如何，阿拉伯历史学家对法扎里的《天文表》十分推崇，表明他们将其视为伊斯兰天文学成就的起源。[9]

在阿拔斯王朝时期、在国都巴格达，将印度、波斯和希腊的作品译为阿拉伯语，这是知识史上的一大盛事。在8世纪60年代都城建成后，哈里发曼苏尔开始实施这项计划。曼苏尔对波斯人关于如何治理帝国的指导意见尤其感兴趣，它们原本是为萨珊帝国所作，而如今曼苏尔实际上正是萨珊帝国的继承者。[10]所有完成的译作保存在一间被称为"智慧宫"的藏书室中，这可能只是宫殿中的一个房间。然而智慧宫这样一个令人浮想联翩的名字却使人误以为其类似于一所大学，或至少是阿拔斯王朝的翻译运动的中心。这两种传说均与事实不符。[11]有几任哈里发的确曾接见不同领域的学者，甚至亲自垂询工作进展。但没有证据表明巴格达存在类似于现代大学或是（同样是虚构的）亚历山大大图书馆那样的机构。

与翻译运动关系最密切的哈里发首推曼苏尔之孙马蒙（786年—833年）。马蒙的父亲曾颁布政令，宣布次子爱敏（787年—813年）日后将承袭自己的哈里发之位。他封马蒙为呼罗珊省总督，该省是一个重要省份，大致涵盖现今的伊朗北部和阿富汗地区。然而父亲去世后，兄弟关系迅速破裂，经过一场阅墙之战，马蒙于813年登基成为哈里发。他推出种种举措以推动中央集权化，统一哈里发国，翻译运动即其诸多举措中的一项。通过译介波斯和希腊的学术成果进入阿拉伯，马蒙宣告他的疆域正是萨珊帝国和罗马帝国的合法继承者。[12]

　　这场翻译运动是实用主义的，侧重于医学教材等实用文本。天文学之所以重要，主要是因为占星师需要天文学知识来推进工作。在托勒密的《数学论文》于805年译为阿拉伯语后，伊斯兰帝国的学术研究充分吸收其球形天文学观念。[13]《数学论文》后来以《至大论》(*Almagest*)闻名，字面意思为"宏大的"，这一名称在其于12世纪传入欧洲时得以保留，并一直延续至今。亚里士多德的《论天》直至850年左右、哈里发马蒙去世后才被译为阿拉伯语，但其中关于地圆说的内容大多已在托勒密的著作中得到阐述。9世纪巴格达的哲学家在其研究中吸收了球形天文学观念，如阿拉伯人肯迪（801年—873年）和波斯人花拉子密（约780年—约850年）。肯迪在一封简短的相关主题信件中采用几何学进行论证，如果亚里士多德关于所有重物都会落向宇宙中心的论述是正确的，那么地球就是位于宇宙中心的球体。[14]花拉子密的代数著作被译为拉丁语，奠定了中世纪欧洲算术教育的基础，因此成为西方最负盛名的阿拉伯数学家之一。在接下来的几个世纪里，以阿拉伯语写作的天文学家继续完善托勒密的工作，试图找出更加简洁的解释行星运动的方法。[15]

　　在阿拔斯王朝时期，人们将来自印度、波斯和希腊的学问称为"外来科学"。这一称呼并没有贬低的意味，仅仅只是陈述事实，以将其与律法和经文阐释等学科区分开来。[16]这场翻译运动始于8世纪，而此时《古兰经》研究已经是一门相当成熟的学科。由于孕育《古兰经》的环境与文化多元的巴格达大相径庭，其世界观自然有别于承袭自印度和希腊天文学等外来科学的世界观。

《古兰经》

《古兰经》记录的是穆罕默德传颂的教义，最初以独立章节或称为苏拉的形式流传，后在哈里发奥斯曼（约576年—656年）的主理下于650年左右整理成书，此后其文本和架构几乎未曾变动。由于《古兰经》与7世纪初阿拉伯的环境紧密相连，多数世俗历史学家据此认为今天的文本如实记录了穆罕默德的传道内容。[17]

《古兰经》认为宇宙是真主的创造，由"诸天与大地"组成，这个表述在全书共计出现逾两百次。其中天是复数，因为共有七层天，一层在另一层之上。[18]其上方是水，与《创世记》中苍穹之上的水相呼应，再往上是真主的宝座。七层天中最低的一层就是我们所能看见、在我们上方的天空，是坚固的保护顶，因真主的持续作用而维持存在状态。[19]大地是"平铺的"，像地毯或床那样铺开，其上点缀着山脉，以保持稳定："我曾展开大地，并将许多山岳投在上面。"[20]有一种提议认为有七个大地与七层天相匹配，尽管《古兰经》没有对这一观念展开阐述。[21]

如我们所预料，《古兰经》中的世界观反映的是阿拉伯部落的传统信仰。和《圣经》一样，《古兰经》是在谈论真主的力量这一背景下提到天和地，是为称颂他创造宇宙并维持秩序。关于世界结构的内容都是偶然提及，对核心主题而言无关紧要。引入关于世界形状的新观念可能会模糊穆罕默德试图传授的宗教信息。

《古兰经》中的基础世界观相对清晰，但仍在许多方面模棱两可。比如，它没有告诉我们大地是圆盘还是正方形。[22] 书中也没有提到太多关于世界边缘的内容。我们已经了解到，像希腊这样的航海文明认为大地周围环绕着巨大的海洋，内陆的波斯则想象大地的边缘遍布山脉。《古兰经》没有采纳其中任何一种。阿拉伯人的贸易横跨沙漠，与穆罕默德相关的麦加和麦地则都是内陆城市。可想而知，他们的世界边缘不会是海洋。事实上，《古兰经》叙述了一则关于亚历山大大帝的故事，我们跟随这位征服者抵达远东和远西，他在这两个地方分别目睹了日升与日落。每晚，太阳坠入黑泥渊，而非海洋。[23] 据《古兰经》所述，月亮和太阳各循一条轨道运行，然后，在夜间可能是在大地下方运行。[24] 书中并未明确描述天空的穹顶。

穆罕默德曾外出经商，如果贸易任务曾将他带至叙利亚（极有可能），他将会遇见东方教会那些认为宇宙就像《圣经》中的会幕的基督徒。穆罕默德或许也思考过克尔白的形状，这一立方体建筑位于麦加的中心，现位于大清真寺内。[25] 反映世界形状的或许是克尔白，而非会幕。

先知及其同伴的言论

《古兰经》是伊斯兰教的至高权威，但据传还有其他文本源自穆罕默德和身边同伴的言论。其信徒默记下这些言论，口头相传，直到几个世纪后经由笔头记录下来。这些言论被称为"圣训"，采取简练的对话片段的形式，在这些对话中，信徒发出提问，先知做出回答。不幸的是，后来一些据称为穆罕默德的言论显然属于为赢得辩论或证明某项观点的伪托。随着伪托言论数目激增，正典中逐渐显现出明显的前后矛盾。学者谨慎对待这一问题，不遗余力地通过核实口头传播链来验证言论的真伪。[26]其中许多言论被判定为"证据薄弱"，因此受到怀疑。到公元900年，专业研究者去芜存菁，将成千上万的言论编纂成六部有共通之处的圣训集，被公推为享有较高的可信度。[27]

这些言论是对伊斯兰教早期学者的争论和思想的珍贵记录。尤为重要的是，它们反映了伊斯兰国家在希腊天文学和哲学的翻译占据主导地位之前的学术环境。从这个意义上看，证据薄弱的圣训虽然不是穆罕默德本人的言论，仍能佐证穆斯林在公元900年以前的观点。

圣训对《古兰经》的意义加以阐释，或是处理经文中没有明确涵盖的问题。多数言论涉及律例问题，但也有一些提到宇宙的结构。许多言论基于《古兰经》中的内容表示共有七层相互堆叠的地，对应七层天。例如，一则出自正典的圣训表示："凡不义地夺取他人土地之人，必将在复生日堕入七层地下。"[28] 与此相反，波斯学者塔巴里（829年—923年）引述了一则否认地与地相互堆叠的圣训。他引述道："共有七块大地，它们是扁平的岛屿。每两块地之间隔着海洋。"[29] 这可能受到了印度的往世书或琐罗亚斯德教《阿维斯塔》的世界观的影响，它们的世界观同样认为大陆被海洋分隔开。

15世纪，来自开罗的博学者苏尤蒂（约1445年—1505年）从圣训集和宗教专家的观点中汇编了许多关于传统天文学的言论。[30] 他汇辑的合集中包含大量令人眼花缭乱的关于世界形态的观点，以及不同传统之间相互哺育的证据。他记录的部分言论肯定了共有七层相互堆叠的大地，地与地之间的距离需要五百年才能穿越。地之上是七层天，天与天之间的间距同样遥远。诸天之上是广袤的海洋，海洋之上是八头巨大的山羊在支撑着真主宝座。另有一则言论省略了山羊，表示大地位于一条鱼的上方，每当鱼跃动时，大地就会震动。还有一种更传统的观点认为有一座山环绕着大地，并将大地固定于其下方的岩石上。[31] 多种多样的传说表明，尽管穆斯林在七层天和七块地的基本图式上达成了一致，仍有根据自身见解发展和丰富这一模型的自由。

即使在关于地圆说的知识得到普及之后，《古兰经》中的世界观仍被很大一部分信徒视为典范。[32] 然而，它并不是虔诚的穆斯林所被期望遵循的教义。正如盛行于15世纪的《古兰经》注释——《哲拉莱尼古兰经注》（*Tafsir al-Jalalayn*）所言：

至于真主（在经文中）的言论，"平铺的"，[33]在字面意义
上表示大地是平的，启示律例中多数学者也持此观点，不同
于天文学家所认为的大地是个球体，但后者的观点并不违背
律例中的任何基本信条。[34]

　　就连反对希腊哲学某些方面的穆斯林也逐渐对亚里士多德的
宇宙观习以为常。阿布·哈米德·安萨里（1058年—1111年）即
为一例。他或许是最负盛名的伊斯兰教义学家，才华斐然，是那
些痴迷于译为阿拉伯语的外来科学的思想家的劲敌。他最开始以
在巴格达最好的经学院教书为生，并在这里写下《哲学家的矛盾》
（ *The Incoherence of the Philosophers* ），尖锐地抨击企图干预宗教事务
的亚里士多德学派。他的主要抨击对象是伊本·西那（980年—
1037年），这位杰出思想家的作品为阿拉伯哲学的许多领域奠定了
基础。安萨里本人浸淫于希腊哲学传统，作为伊本·西那的拥趸
的对抗者，他之所以构成如此巨大的威胁，原因也在于此。他正
是从对手的立足点出发将他们击败。
　　安萨里在《哲学家的矛盾》中对二十篇论文展开分析，这些
论文大多源自伊本·西那的思想，比如世界的永恒和诸天是否有
生命，并论证这些观念不是谬误就是未经证明。安萨里（至少在
本书中）并未提出自身的学说，而是揭露了那些号称哲学拥有全
部答案的人的虚伪。其中最著名的是他对第十七篇论文的驳斥，
他在其中对因果公理提出质疑，表明无法确切证明任一条物理定

理始终能保持正确。

安萨里以谨慎的态度来挑选需要抨击的论文，因此，地球理论不在其列显得意味深长。他摒弃《古兰经》中的传统世界观，转而将亚里士多德的基础宇宙原理视为理所当然。他假定宇宙是个球体，甚至直接提到了亚里士多德的《论天》，表示无须在这一问题上进行争论。[35]他说道，理论和实践科学未必与神圣律例相悖，即使哲学家的确容易迷失。注释家应当接受真主可以用他期望的任何方式创造世界。亚里士多德所说大地是个球体并且位于球形宇宙的中心或许是正确的，但关于大地必得如此的言论却是错误的。真主以其智慧可以用他所愿的任何方式创造世界。[36]同样，信徒无须忧虑物体如何维系于球形的大地这类物理原理，因为这是真主的安排。

安萨里在自传《摆脱谬误》（*The Deliverance from Error*）中进一步劝告那些拒绝科学之人。他警告称，如果虔诚的穆斯林忽略日食月食现象等景象的自然解释，可能会导致伊斯兰教受到轻视。任何断然拒绝天文学却自以为在捍卫信仰之人，都冒着造成巨大伤害的风险。[37]

安萨里等人关于地球形状的观点不是宗教教义的一部分，并没有立即推翻《古兰经》中的世界观，但的确削弱了其可信度。从9世纪起，哲学家和数学家开始一致认为大地是球形。宗教长老也逐渐转圜，接受了这一观点。他们并非不谙世故，如有必要，也能接受适当脱离字面意义来阅读《古兰经》，以汲取他们眼中的真义。³⁸在之后的多个世纪里，他们顺利地对经文中的篇章进行重新阐释，使其与地圆说相一致。

时至今日，仍能偶见穆斯林持传统世界观的报道。1995年2月12日，据《纽约时报》报道，沙特阿拉伯的大穆夫提阿布德·阿尔-阿齐兹·伊本·贝兹（1910年—1999年）曾提出一项法特瓦（伊斯兰律法的裁决或教令），规定任何声称地球是球形的人都是异教徒，应该被处死。³⁹这份报道是失实的。但谢赫伊本·贝兹的确曾公开宣称那些关于太阳是静止的言论是异端邪说。至于他究竟如何看待地球的形状，我们无从得知。记者罗伯特·莱西报道称，这位谢赫本人认为地球是平的。无论如何，他并不认为应据此责难同胞。⁴⁰和15世纪《哲拉莱尼古兰经注》的作者一样，谢赫伊本·贝兹承认科学家所说的地球是个球体，只是自己并不持此观点。然而，有注释家否认他认为地是平的，指出他曾在文章中解释称，《古兰经》中的语言是基于日常现象。地是平的这一观念是地球规模之巨大所造成的印象。

谢赫伊本·贝兹出生于利雅得的布商之家。幼年丧父，不到二十岁即因感染而失明。他克服这一困难，在伊斯兰教法学领域取得深厚的造诣，成为杰出的学者。他必然深谙《古兰经》（在虔诚的穆斯林中并不罕见），熟知圣训集和伊斯兰教法学的其他经典文献。利雅得直到石油繁荣时期才开始接触西方文化，而此时他已经失明，或许从未见过今天人们所熟知的地球仪和从太空中拍摄的地球照片。从其知识领域看，他了解地球理论，也可以解释这一理论为何能与经文的平易解读相兼容。但也许在内心深处，他从未真正相信这一点。

何处是麦加的方向？

地球的形状或许不是教义问题，却在宗教上带来了深远的影响。穆斯林无论身处何地都需知道麦加的方向。《古兰经》规定，信徒应面向圣城中心的古老圣殿——克尔白——的方向祈祷。在建造清真寺时，建造者会根据所处位置摆正方位，在相应的墙上设置壁龛，标记出祈祷的方向。不幸的是，有鉴于地球是个球体，确定确切的方位成了一个棘手的难题。你需要知道自己和麦加所

麦加的克尔白

处位置的经纬度，然后还需要运用一些球面三角学。[41] 今天，你大可以从手机上下载应用就能解决所有问题，但穆斯林在早年间既没有准确的地图也缺少高等数学知识。因此，一些年代久远的清真寺的定位并不如人们预期的那样准确无误。[42]

旅行者会查阅图表，来确定在不同城市面向麦加的方向。他们认为克尔白位于地球中心，其他城市围绕着它分布。许多存世的手抄本中的图表都遵循这种分布。由于这些图表假设地球是个平面，因此，每座城市相对于麦加的距离无关紧要，重要的是它相对于麦加的方向。为明确祈祷时应面向哪个方向，你可以查阅一份相关指南，这些指南包括一些天文观测，可以帮助你确定克尔白的方向。[43] 这些辅助资料说明了某个特定星座从地平线上升起的位置，是穆罕默德时代之前在沙漠中确定方位的重要依据。相比于接受亚里士多德学派教育的天文学家所采用的数学方法，普通人更加熟悉这些方法。

由于传统方法没有考虑到地球是球形，在远距离上不够准确。到9世纪，数学家已经掌握抵消地球表面曲度所需的技术，为进行计算，还需要伊斯兰世界各个城市的坐标。[44] 如前文所述，亚历山大的托勒密在《地理》中列出了许多地点的经纬度。巴格达的天文学家有途径获取这份资料，但问题并未得到解决。托勒密的地点辞典中遗漏了许多他们关注的地点，甚至包括麦加这座城市本身。

学者何以开始自行编纂坐标清单，我们并不清楚其中的原委。

后世多名作家提到哈里发马蒙曾命人绘制帝国地图，但没有摹本留世。他还曾派遣出两支远征队测量地球的大小。这两支远征队通过步测的方式，测出按星星的位置确定的一度纬度的距离，得出的地球周长介于 38 500 至 40 000 千米之间，与现代数据一致。最后，哈里发命数学家花拉子密整理出约五百个地点的经纬度。不同于马蒙的地图，这张坐标表保存了下来。[45] 将花拉子密的坐标表

伊斯兰教的神圣地理，手抄本，也门，1365-7

与地球大小估算结合起来，哈里发的绘图师得以绘制出一幅显示地点和距离的疆域地图，至少是在采用数据是准确的情况下。尽管我们并不清楚这张图的作用，却不难理解这样一张图表何以会具有重要的政治和军事应用意义。

我们没有理由认为马蒙资助绘图项目是为了确定清真寺的位置，尽管这是一个顺带附赠的用途。9世纪，所有准确计算克尔白方向所需的因素都已齐备，尽管如此，这种方法却并没有被推广应用。13世纪，采用经纬度来寻找麦加的方向的指南的确存在，但相当罕见。[46] 就像宇宙论一样，在地圆说于18世纪和19世纪成为主导理论之前，传统和球形的导向方法共存了数个世纪。[47]

16

晚期犹太教：
异邦智者击败了以色列智者

对于中东和地中海的犹太群体而言，无论拜占庭帝国或波斯帝国走向覆灭，由伊斯兰哈里发帝国取而代之，其影响都微乎其微。而在西班牙，西哥特国王曾颁布反犹法令以庆祝其与天主教会的融合，犹太人的处境好多了。

在这一时期，多数犹太人已经认同拉比的权威性，而拉比的礼拜仪式和律法均使用希伯来语。操希腊语的犹太教曾繁衍出《圣经》的《七十士译本》和亚历山大的斐洛，在此时已基本消亡。《塔木德》和《塔纳赫》成为宗教文化的基石。因此，在8世纪和9世纪，当阿拔斯王朝的哈里发首次资助译介希腊哲学和科学时，对犹太学术几乎毫无影响。例如，成书于公元800年左右的《圣经》注释《拉比埃利泽一世篇章》(*Chapters of Rabbi Eliezer the Great*)将天空描述为类似于翻转的盆或笼罩在大地上的帐篷，"张于水面，如同一艘船漂浮于大海之中"。[1]《拉比埃利泽一世篇章》之后还呼应了《以诺书》中关于太阳从世界边缘的门中升起和落下的描述。犹太人日益被占星术所吸引，但他们的世界观似乎并未受其影响。

犹太人重新发现希腊思想

在9世纪期间，随着希腊思想在阿拉伯知识分子之间逐渐深入人心，自然也开始吸引犹太学者的注意。在展示如何使哲学服务于犹太信仰的人中，萨阿迪亚·果昂（882年—942年）当居首功。萨阿迪亚姓名中的"果昂（gaon）"表明他是宗教学校的校长，他曾在美索不达米亚的苏拉城担任这一职务。[2]他出生于埃及，后应苏拉城当地犹太群体领导者的邀请迁居苏拉。萨阿迪亚曾凭借其掌握的天文学知识，帮助解决关于新月日期的分歧。这是至关重要的，因为阴历决定了何时庆祝重大的宗教节日。

萨阿迪亚看起来是苏拉城宗教学校校长一职的理想人选，但他并不如赞助人所希望的那样便于操控。没过几年，由于他拒绝被收买去支持一项有问题的法律决议，引发了一场争端，导致其被驱逐出苏拉。之后，他逃至巴格达，并在此潜心修习。萨阿迪亚借鉴阿拉伯哲学家的作品，主张正确理解宗教需要同时运用理性和信仰。他在巴格达写下了其最具影响力的著作《信仰与观点之书》（*Book of Beliefs and Opinions*），这正是拉比将神学哲学化的首个范例。[3]

作为拉比兼学者，萨阿迪亚的权威地位意味着其可以推动犹太思想的重大调整。如同一段时间以来神学家所做的那样，他用哲学验证宗教教义，质疑异端邪说，制定标准以明确理性何时能合理地帮助犹太人实现良好和尽责的生活。他解释称，礼仪规则是上帝的指示，因此，遵循这些规则是信仰问题。相对地，《圣经》和《塔木德》中的道德戒律可以根据理性分析推知。此外，理性是针对宗教谬误的强大武器。[4]和约翰·费罗普勒斯一样，萨阿迪亚用理性反驳以下理论：宇宙是永恒不变的，而非由上帝从虚无中创造。

他在《信仰与观点之书》中没有直接探讨地圆说，只在《创世记》的注释中有所提及，他在其中指出地球是球形，只有北半球的一部分适宜居住。[5]他在这个话题上最实质性的评论出自他年轻时在埃及写下的对一部神秘著作——《形成之书》（*Book of Formation*）的注释。《形成之书》在今天被视为卡巴拉的早期资料，即在中世纪晚期盛行于犹太人之间的独特的数字神秘主义形式。

萨阿迪亚将《形成之书》从希伯来语翻译成阿拉伯语，并添加上更为详尽的个人注释。由于原文本关注的是数字的神秘意义，萨阿迪亚从中得出关于世界形状的推论或许看起来颇有些奇怪。无论如何，他将《形成之书》解释为支持传统世界观，即天空是笼罩于平坦大地之上的穹顶——"如同屋顶覆盖着房子"。[6]他认为早期的一些拉比也持此观点，包括约书亚·本·哈纳尼亚（他曾遇见皇帝哈德良，并难倒雅典哲学家）和前文所述的《拉比埃利泽一世篇章》的作者。这些权威人物无不遵循《以诺书》中的观点，认为太阳永不沉入大地之下。相反，到了夜间，太阳隐藏在不透明的穹顶后，并穿行回到升起的地方。

萨阿迪亚反对公认的观点，拥护亚里士多德的宇宙观：天和地呈球形，前者是位于后者中心的点。他解释称太阳在夜间沉入地下，它的光芒会被遮挡，直至下一日升起。为支持其观点，他援引之前拉比们所提出的多种多样的观点，来论证其新颖的观点不乏先例。证明新颖观点其实不新可以消除人们的疑虑。比如，他引述《塔木德》中的篇章，犹大·哈-纳西在其中认为非犹太学者关于太阳经过地下的观点可能是正确的。[7]诚然，犹大·哈-纳西从未说过地球是球体，但他认可异教宇宙论在某些方面具有正确性，萨阿迪亚从而得以为地圆说辩护。

其他犹太作家紧随其后，也开始采纳亚里士多德的宇宙观。邓纳什·伊本·塔米（约890年—960年）正是其中之一。他为《形成之书》作注，还撰写了一本名为《球体结构》（*The Configuration of the Orb*）的天文学手册，并将其献给埃及的统治者。[8]至于萨阿迪亚·果昂，在其睿智神圣的名声再次变得无可非议之时，他回到苏拉的宗教学校，在这里度过了人生的最后五年。他展示了哲学在强化信仰方面的效用，开创下犹太思想的新方向。亚里士多德成为宗教真理之争中的潜在盟友，而不必因为其异教徒的身份就遭到贬低。可惜他的许多观点的确难以与《圣经》或《塔木德》相融合。萨阿迪亚去世两个世纪后，中世纪犹太教最负盛名的思想家摩西·迈蒙尼德（1138年—1204年）直面这一挑战。

摩西·迈蒙尼德

迈蒙尼德出生于科尔多瓦市，其时这里是伊斯兰时期的西班牙的一大知识中心。不幸的是，在他幼年时，这座城市所落入的政权不容异说，不愿皈依的犹太教徒和基督徒只有死路一条。迈蒙尼德家族踏上了逃亡之路，最终定居开罗。这时，迈蒙尼德已经是一名知名教师，家族也颇有声望。他的弟弟则成了位商人，远航至印度寻找香料。这段航行危险重重，弟弟不幸溺亡于大海之中。迈蒙尼德深感悲痛，但为家族重新积聚起了财富。他后来成为开罗犹太群体的领袖，并担任苏丹的医生。传说他在老年死于过度劳累。

萨阿迪亚主要依赖穆斯林关于希腊哲学的间接知识，迈蒙尼德则不同，他沉浸于原文本，尽管是阿拉伯语译本。他的宇宙观密切遵循亚里士多德的球形模型。如其在《妥拉之基》（*Foundation of the Torah*）中所言："所有这些天空都环绕着宇宙，宇宙呈球状，地球位于其中央。"这些天空就像洋葱的皮，彼此之间没有间距。迈蒙尼德感兴趣的只是天文学概况，不过也提到有更多内容关于"循环与星座的科学，希腊学者在这些领域写下了许多书籍"。[9]

尽管认同亚里士多德的大多数学说，但作为虔诚的犹太教徒，迈蒙尼德仍对希伯来先知可能犯错感到不安。相反，他坚持认为哲学与《圣经》之间的矛盾是虚幻的。他说道，问题在于"邪恶的异族人夺走我们的财产，终结我们的科学与文学，杀害我们的智者；我们变得蒙昧无知"。换言之，降临在犹太民族身上的灾难剥夺了他们真正理解民族传承的能力，生活在粗野人群之中更是加剧了这一问题。他喟叹道："我们倾向于认为这些哲学观念与本民族宗教毫无关联，正如未受教化之人认为这些观念与个人观念毫无关联一样。然而事实并非如此。"[10]

为帮助学生融合亚里士多德哲学和犹太教，迈蒙尼德写下了他最著名的作品《迷途指津》（*The Guide for the Perplexed*）。他采用多种策略来调和经文与理性，包括对《圣经》文本进行仔细分析，以表明其可以按照与哲学相一致的方式来阐释。他发现越来越难维持《塔木德》的权威性，但书中引述的拉比的分歧对他有所帮助。例如，为证明接受亚里士多德宇宙观某些方面的正当性，迈蒙尼德引用了萨阿迪亚曾引用过的《塔木德》中的同一篇内容，即犹大·哈–纳西承认在天文学问题上异教哲学家有时可能是正确的。迈蒙尼德略微调整措辞道，在这个问题上，"异邦智者击败了以色列智者"。[11]

在亚里士多德宇宙论和传统世界观仍存在分歧的地方，迈蒙尼德采取更加宽和的态度。在推测问题上，他说每个人都有权接受他们所认为已得到最具有说服力的证明的结论。[12]对于其他问题，比如地与天的距离，《塔木德》或许只反映了当时最先进的知识。[13]而有些事情则根本无从知晓，例如从地球向外的行星轨道的精确顺序。[14]

迈蒙尼德的这些观点在其生前就已在犹太同胞间掀起了轩然

大波。在其死后，随着他的著作传入欧洲，围绕他遗留下来的见解的争议愈演愈烈。法国北部的拉比以熟谙《塔木德》闻名，十分不满于迈蒙尼德推崇的将理性和哲学作为武器来捍卫宗教的观点。其中的领袖雅各布·本·梅尔（卒于1171年）无暇理会理性主义，奉行《圣经》中的传统世界观。比如，他说太阳不可能从地的下方穿过，此外，他或许认为世界是平的，其上笼罩着天空的穹顶。[15]

与此同时，亚里士多德哲学在基督教知识圈大行其道，进一步加深拉比对迈蒙尼德的怀疑。法国犹太人清楚自身的危险处境。关于1096年莱茵地区十字军大规模屠杀的记忆警示着他们，基督教东道主随时可能翻脸无情。而事实上，天主教权威当局不久就参与围绕迈蒙尼德的争议。他们审查他的著作，宣称它们属于异端邪说，并于1232年将其焚毁。犹太人震惊于敌人的干预，认识到了谁才是共同的敌人，于是捐弃前嫌，承认迈蒙尼德对上帝和《圣经》的忠诚，即使仍然没有认可他的结论。[16]

无论相对保守的拉比持何种观点，亚里士多德主义仍从西南开始慢慢地渗透进欧洲犹太教。受到亚里士多德主义在伊比利亚半岛的强大影响，西班牙犹太人长久以来一直熟悉哲学思想，哲学家阿威罗伊（1126年—1198年）就是其中的代表人物。例如，卡巴拉思想的重要文献《光辉之书》(Zohar)创作于13世纪的西班牙，就将地球描述为球体。书中还进一步解释称七层天空呈球状排列，和迈蒙尼德一样把天空比作洋葱皮。[17]

同样，大约在1350年创作于西班牙的《萨拉热窝的哈加达》是作为逾越节读物的插图版手抄本，在其关于创世的插图中明确描绘出球形的地球。这本独特的书结合了希腊和犹太的意象，将两者都作为权威的来源，将球形的地球融入屋顶呈穹顶状的宇宙，其中屋顶代表着会幕。[18]

法国和德国的犹太人对于接受哲学进入宗教法律较为迟缓，但也逐渐认识到它的价值。例如，来自法国南部的拉比、争议性人物吉尔松尼德（1288年—1344年）十分了解地圆说，并尝试改进托勒密的行星运动模型。面对不可阻挡的大势，许多拉比决定，既然地球的形状无涉于财产、仪式纯洁性或任何可能被视为重罪的事物，那么他们大可不必对此做出最终裁决。[19]不过，即使后来到了16世纪，仍有一些人否认与《塔木德》和经文中的世界观相矛盾的古代或当代的科学发现。[20]

宣道兄弟会（多明我会）一直是基督教中攻讦摩西·迈蒙尼德的先锋。但该团体也是倡导融合亚里士多德哲学和天主教教义的最热衷的支持者之一。就在迈蒙尼德的著作在他们主导下遭到焚毁的几十年后，多明我会学者圣托马斯·阿奎那（1225年—1274年）在其系统神学著作中毫无顾忌地将犹太智者推为权威人物，更不必提穆斯林哲学家。对于多明我会和托马斯·阿奎那而言，地圆说是毋庸置疑的。天主教学者从古代拉丁资料中获知地圆说以及亚里士多德宇宙观的基本知识。然而，这一宝贵的古代智慧却通过最为遥远的罗马世界这样迂回曲折的路线，才在中世纪早期的基督徒中得到普及。颇为矛盾的是，促使地圆说在西方观念中变得根深蒂固的书籍写于现今英国东北部的一处郊区，泰恩河畔的纽卡斯尔。

17

中世纪早期的欧洲：
各个方向同等浑圆

公元390年左右的四旬斋期间的某一天，米兰的圣安布罗西（339年—397年）站起身来，以创世六日为主题发表一系列布道。主教安布罗西同时也是一位杰出的思想家，浸淫于以西塞罗作品为核心的拉丁文学传统。但作为一名神职人员，他需要进行大量的布道，无暇全部从头开始撰写。因此，他此次布道采用了前文曾提及的凯撒里亚的巴西略关于《创世记》前几章的布道，两人所处时代相近。和罗马帝国东部大多数受过教育的人一样，巴西略说希腊语，也用希腊语写作。西方这时的主导语言是拉丁语，但和东方一样，主教所在的社会阶层往往是旧贵族成员。安布罗西就是一个典型例子。他在意大利北部担任新政长官时，因民众呼声高涨而被任命为主教。

在就《创世记》进行布道之时，安布罗西向聚集在面前的米兰信徒承诺，他们无须为异教宇宙观中的细枝末节忧虑。并非是他认为这一话题有何不妥。事实上，如果哲学家能理解地球悬浮于天空中的优雅方式，自然会更好。这能让他们有机会"最大限度地呈现神圣艺术家和永恒工匠的卓越成就"。不过，安布罗西此时的布道对象是普通民众，因此弱化了他那寻常人难以企及的深厚学识的重要性，向信众承诺好基督徒无须专业的科学知识。他满足于提醒他们在阅读《圣经》时不要过分注重字面意义："当我们读到上帝说'我奠定了地的柱子'时，我们不能认为世界真的是由柱子支撑着，而要理解为上帝的力量支撑并维持着地的本体。"[1]

安布罗西等使用拉丁语的神学家认为地球是球形，但仍然认为地球的形状无关紧要。君士坦丁大帝的亲信拉克坦提乌斯（活跃于约300年—约330年）则持不同意见。他在一篇为基督教辩护的冗长文章中对多项取自异教哲学家著作的主张加以反驳。地圆说正是他驳斥的学说之一，在他看来简直令人难以置信。他完全清楚有许多证据和解释据称可以证明地是球形，但对它们施以无情的嘲笑。他质疑道，异教哲学家"是为娱乐或其他目的而空谈哲理，有意且蓄意地为歪理辩护，以实践和卖弄他们说废话的才能"。[2]他承诺自己可以证明地必然是平的，可惜没有足够的篇幅来详细阐述其论点。

拉克坦提乌斯是一位极富影响力的作者。其拉丁语写作风格优美，为他赢得了"基督教西塞罗"的美名。尽管如此，几乎没有证据表明他对地球形状的独特观点引发了同时代或后来中世纪的关注。今时今日则大为不同。对其文学声誉而言颇为不幸的是，拉克坦提乌斯如今最为人所知的标签是明白无误的地平说者。

希波的奥古斯丁和西方基督教

在后古典时代，如果你想出人头地，掌握修辞艺术是一条行之有效的途径。安布罗西最著名的门生的父亲就有这样的想法，他精打细算，存钱送极有天赋的儿子上学，期望他日后能成为一名律师。计划并未奏效。这位年轻人，希波的奥古斯丁，在公元386年接受安布罗西洗礼成为基督徒，并在此后不久抛弃了俗世财富。

奥古斯丁后来成为西方所有神学家中影响最深远的巨擘，其卷帙浩繁的拉丁语著作构成了整个中世纪及之后的天主教教义的基石。他原在母亲的培养下是一名基督徒，但在离家接受教育时开始反抗，并广泛涉猎各种宗教信仰。他最终选择了摩尼教，该教派由约一个世纪前的波斯人摩尼所创建。

对奥古斯丁而言，摩尼教的魅力在于它解释了痛苦的存在。该教派教导称物质世界是某个邪恶神祇的创造，所以生命中痛苦多过欢愉并不意外。尽管如此，正如其在自传《忏悔录》中所言，奥古斯丁发现摩尼教教义存在严重问题。父亲资助的教育使他了解到天文学家可以准确预测出行星的运动。而对摩尼教而言，这是对神明的亵渎。他教导说，行星是神圣的存在，其任务是引导正直者的灵魂升入天堂，到上帝身边。通过数学计算可以确定他们穿越天空的轨迹，这样的观点令人憎恶。[3]但奥古斯丁知道，天文学家可以提前多年做出计算，"日食月食现象的日期和时辰，是全蚀还是部分蚀"。[4]即使是摩尼教中地位最尊崇的传道者也无法调和教义与天文学之间的矛盾。巧合的是，在378年和381年发生了两次从迦太基可见的日偏食。[5]奥古斯丁无法将这种可预期性与宗教信仰相融合，经历信仰危机后，最终脱离摩尼教。[6]

与此同时，奥古斯丁已经搬到米兰。他在这里遇见安布罗西，并在这位主教的影响下开始重新考虑皈依基督教。他的母亲也来到意大利，并安排他与一位贵族女子订婚，他因此不得不抛弃相处十五年的情人。奥古斯丁最终放弃婚姻，没有与未婚妻结婚。相反，他接受基督教洗礼，回到非洲，并在四年后被委任为牧师。公元395年，他成为希波主教，尽管并非心甘情愿，并担任这一职务直至去世。

奥古斯丁从未丧失对科学的兴趣，他称颂数学是帮助我们的头脑掌握非物质概念的一条途径。[7]成为主教几年后，他担心信众落入与摩尼教相似的陷阱，将关于自然世界可经证实的错误主张奉为宗教教条。他在《创世记直解》（*Literal Meaning of Genesis*）中劝诫称，异教徒对天文学所知甚多："这极不体面，也会招致灾祸，必须竭尽全力加以避免，不让他们听见在他们所称的基督教文献中，基督徒在这些话题上夸夸其谈，胡言乱语。"[8]

在其职业生涯里，奥古斯丁为《创世记》撰写了至少三本注释，反复强调基督徒不应触及科学发展的风险。他探讨诸如月亮为何有盈亏、天空的形状以及天空是否旋转等问题，很少给出明确的答案。他的目的不在于教育读者关于天文学的事实，仅仅意在表明无论当代科学怎么说，《圣经》都能与之相融合。

奥古斯丁显然知道亚里士多德关于球形宇宙的世界观，但对于其是否正确却模棱两可。他写道，天空可能是个盖子而非球体，月亮可能会自行发光而非反射太阳的光线。[9]哪种观念才是正确的并不重要，因为《圣经》可以被解读为与任一理论相协调。书中采用的是日常语言，它不是一本科学教材。因此，基督徒不应卷入关于某个特定科学理论是正确还是错误的争论当中。

当涉及地球形状的问题时，奥古斯丁保持了沉默。他没有试图证明地圆说与《圣经》相符，也没有主张《圣经》作者认为地球是平的。我们无从得知沉默背后的原因。奥古斯丁知道异教哲学家宣称地球是球形，也知道这一结论与《圣经》的字面解读不太契合。他或许是有意决定自己只是不愿深入讨论这一问题。这不是他愿意誓死捍卫的事业，他甚至不愿自己强烈的自尊为此受到一丁点损害。即便如此，现代专家确信奥古斯丁认为地球是球体。他尊重希腊天文学，也曾在为相关话题作注时偶尔不设防地有所表露，以上证据都可以清晰地表明这一点。[10]

在其位于非洲北部的故乡希波城，当奥古斯丁处于临终之际，一支汪达尔部队正驻扎于城外。不久后，他们将征服整个省份。汪达尔是来自东方的众多蛮族之一，在公元4—5世纪迁入罗马领土。尽管拜占庭帝国尝试击退侵略者，或与之相互融合，但在侵略者的威势下，西罗马帝国仍然逐渐解体。罗马本身也在410年和455年遭遇洗劫。

西罗马帝国的覆灭延宕了一些时日，但最终烟消云散。罗马城曾是人口达百万的大都市，落魄成了一座小镇，瑟缩于往昔繁华留下的废墟之中。蛮邦间跨越新边疆的贸易减少后，经济随之崩溃。社会愈加穷兵黩武。善于领兵作战者坐上王座。一开始，罗马旧贵族（接受过修辞学和哲学训练的基督徒）负责为新君处理行政事务。但他们很快就被政治权力驱逐，便去教会中寻找新的职位。

意识到时代在变化后，一些幸存的罗马贵族试图保护古代作家的著作，并制定全新的教育课程大纲。这是一门面向希望成为高级牧师而非世俗官僚的基督徒所设立的阅读课程。课程的必读书目由从显赫要员隐退为修道士的卡西奥多罗斯（约490年—约585年）所规定，其中包括基督教和世俗作家的著作，不过学习后者的目的在于启发对前者的理解。卡西奥多罗斯本人对托勒密十分熟悉，也很清楚地圆说，只是未对这一问题给予过多关注。[11]

塞维利亚的伊西多禄

当修道士在埋首抄写拉丁古典文学之际，读者却日渐减少。至于希腊的科学和哲学著作，由于无人具备相应的语言阅读能力，它们在西方几近绝迹。甚至对地球形状的认知——即使不是完全消失——也变得模糊不清。履职多年的塞维利亚大主教圣伊西多禄（约560年—636年）所写下的多部体量庞大的著作正是这一混乱局面的典型例证。

西班牙曾在数个世纪中是罗马帝国的行省，但在伊西多禄所处的时代，西班牙由昔日入侵帝国的蛮族后裔西哥特国王所统治。西哥特人是基督徒，但并非正统信徒。伊西多禄的家族在这一点上对其加以纠正，使王朝皈依天主教。其中希瑟布特国王（565年—621年）在登基后曾迫害犹太人，以巩固其在教会中的地位。这时，伊西多禄已经继承哥哥的塞利维亚大主教之位，并履职长达近四十年。

伊西多禄来自一个古老而高贵的家族，这一家族成功地重新建立起其在教会中的支柱地位——伊西多禄的弟弟是主教和圣人，姐姐是修女。他广泛阅读，尝试将异教和基督教知识收录进百科全书，总结神圣和俗世的智慧。他的著作包含海量的信息，其中很多信息富有价值，但也不乏误导性信息和讹误。他无愧于"互联网守护神"这一现代称号。

伊西多禄最知名的著作是一本名为《词源学》（*Etymologies*）的词典，他历经数十年的工作方才在临终前完成这本书。书中有一节关于天文学的内容，他在这里采用典型的亚里士多德世界观，只是把地球描述为圆盘。其中较为特别的是他对拉丁词语 orbis terrae 的定义，前文我们提到这个词可以表示圆或球，而伊西多禄则将其定义为"像车轮一样圆"。[12]许多现代学者曾认为伊西多禄所说的圆形的 orbis terrae 是指有人类居住的世界，而非整个地球。遗憾的是，《词源学》的文本难以与这一解读相调和。近几十年来，现代学者开始转变观念，不再赋予伊西多禄拥有质疑精神的美誉，认为他必然认同地圆说，而是推测他或许并未接受这一理论。[13]

伊西多禄所撰的自然科学指南《物性论》并没有使事情变得更加清晰。书名呼应伊壁鸠鲁学派卢克莱修的一首诗，是有意将异教学说神圣化的一种努力。[14]其结果是前后矛盾，混乱不堪。例如，伊西多禄详细描述天文学和地理学，但未能将这两个主题融合成相一致的世界观。正如在《词源学》中一样，他认同亚里士多德的球形宇宙观，地球位于宇宙中心，行星围绕地球运行。他探讨五个气候带，解释气候带与南北极圈和南北回归线之间的关系。他理解日食月食现象的成因，并解释它们是月球或地球遮蔽太阳光线所造成。[15]由于公元611年曾发生日全食和月全食，西哥特国王希瑟布特本人也对日食月食现象非常感兴趣。[16]国王钦佩伊西多禄的博学，甚至为他写下一首关于这些现象的自然成因的诗。[17]

从伊西多禄对天体的探讨可见，尽管他从未明言，却让人觉得他认同地圆说。但当涉及地理学时，他对世界的描述却又更符合地平说。他在插图中将气候带描绘为排列在圆盘上的五个圆圈，而不是环绕着球体的带子。示意图中的北极和南极地区相邻，他在文本中也明确指出这一点。[18]《物性论》中还有其他关于圆形大地的示意图，本书因此也被称为"轮之书"。这些插图只会加强读者对于大地是个圆盘的印象。

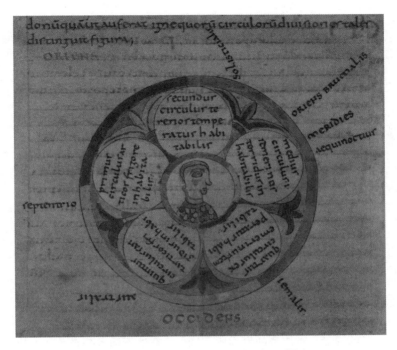

伊西多禄《物性论》中的气候带，8世纪末—9世纪初

总体可见，伊西多禄的著作和前苏格拉底学派的哲学家阿那克萨哥拉一样，认为地球是个圆盘，处于球形宇宙的中心。然而主教认识到自己难以洞见所有奥秘。他引述前人米兰的安布罗西的话道：无须深究上帝对世界的具体安排。[19]

伊西多禄的模棱两可让今天的学者深感绝望。他似乎不愿明确表态。不同于从普林尼到托勒密的古典作家，伊西多禄没有提供任何关于地球形状的证据。因此，先前未曾了解过关于亚里士多德宇宙论的知识的同时代人可能不会通过阅读伊西多禄的著作而对地球有更深入的了解。假如伊西多禄知道地球是球体，他也未曾试着向读者传授这一知识。地圆说是一个必然需要教导的理论，而伊西多禄甚至没有尝试去教导。最简单的解释就是他不相信这一理论。

塞维利亚的伊西多禄是一位影响深远的作家，其《词源学》涵盖关于天上地下万事万物的知识。在书籍稀缺且昂贵的时代，能在一本书中了解到需知的一切无疑是诱人的前景。其中一位狂热读者就是《埃斯库特·伊斯特宇宙志》（*Cosmography of Aethicus Ister*）的神秘作者。《宇宙志》成书于公元700年左右，据称基于作者埃斯库特·伊斯特早年间所写的游记，尽管没有证据表明这样一位埃斯库特曾真实存在过。

《宇宙志》所描述的世界类似于荷马的传统世界观，即大地是扁平的圆盘，被广袤的海洋所环绕。它在地下插入基督教版本的地狱，并表示天堂在大地南北两面通过巨大的铰链附着于大地边缘。[20]作者在地理信息方面大量借鉴伊西多禄的《词源学》，但没有迹象表明他熟悉地圆说——他显然没有从对伊西多禄的深入阅读中学到这一理论。[21]

爱尔兰思想家对地球形状的认识也不太明确。《宇宙志》的作者自称曾在爱尔兰度过一段时间，浏览那里的图书馆，但没留下好印象。他将东道主贬作"毫无技术的工作者"和"无知的教师"。[22]这种评价颇为尖刻。爱尔兰在中世纪早期的学术成就有目共睹。尽管如此，7世纪的爱尔兰文献中并没有关于地球形状的明确结论。以修道士为主的有文化素养的群体或许的确曾在拉丁古典资料中遇见提及地圆说的资料，但可能没有辨认出地圆说，更遑论相信这一理论。[23]如果他们曾意识到古代著作在教导地球是球体，他们一定会深感困惑，几乎不可能丝毫没有提及这一理论。[24]

可敬者比德

混乱过后，最终在8世纪初由这一时代最伟大的学者驱散了笼罩于地球形状这一问题上的迷雾。这位学者来自一个名为诺森布里亚的英格兰小国，世人尊其为可敬者比德（672年—735年，于1899年被封圣）。他的一生都生活在他那间位于泰恩河南岸的贾罗市修道院附近。出人意料的是，这间小小的、比德每日做多次祷告的修道院教堂至今仍屹立于纽卡斯尔市郊，尽管修道院的其他部分已经所剩无几。

比德的写作横跨多种主题。如今，他最为人称道的当数《英国教会史》（*History of the English Church*），我们从中可以获知大量中世纪早期的英国历史。然而，比德之所以驰名于整个欧洲，却是源自他对历法的研究。他曾查阅伊西多禄的著作，但当涉及理解世界的结构时，他求助于老普林尼的《博物志》——他称其为"那本令人愉悦的书"。[25]

比德根据普林尼的观点来描述地球，并决意采用清楚明确的表述，以免造成误解带来风险。他希望读者理解地球的形状如何决定了诸如太阳的高度、不同星星从地平线上升起的时间等问题。他说道，地球"不仅仅是像盾一样的圆形，也不仅仅像轮那样展开，而更像一个球，各个方向同等浑圆"。[26]比德的语言具有伊西多禄所明显缺失的精确性，而这恰恰是作者在传达惊人事实时所被期望具有的特质。作为地球曲度的证据，他指出太阳升起和落下的时间取决于人所处的位置。此外，老人星只能在南方如埃及等地区看见，无法在意大利或更北方的地区看见。比德本人从未见过老人星，也从没去过意大利。相反，他在书中环游世界，在普林尼包罗万象的百科全书中获知所需知道的一切。

比德之所以提到地球不像轮子，可能是为了直接反驳搅乱局面的伊西多禄。他甚至在临终前仍对伊西多禄的《物性论》念兹在兹。他说道："我不希望我的学生阅读谬说，或是在我死后徒劳地进行这项任务。"[27]比德理应感到安心。他那本历法著作传遍了整个欧洲的缮写室。像比德这样一位地位尊崇的作者能对地圆说作出如此掷地有声的论断，大大推动了这一理论的普及。此外，他在一本关于复活节日期的书中也提到了地圆说，这是基督教教士最为关注的主题，也有助于这一理论的普及。[28]

9世纪时，在强大的法兰克王国查理大帝（约747年—814年）——这位皇帝自诩继承了罗马帝国的衣钵——宫廷中效力的学者展开了一场文化复兴。他们开始抄写马克罗比乌斯和马尔提亚努斯·卡佩拉等人的经典著作，将古代学问重新加入课程。[29]比德的作品为异教的合奏增添了基督教的声音，有助于消除关于亚里士多德宇宙观能否与《圣经》相兼容的疑虑。

查理大帝本人也致力于钻研天文学，和西哥特国王希瑟布特一样，尤其渴望能理解日食月食现象。他曾写信给爱尔兰修道士圣但尼的邓格尔（活跃于约810年—约828年），请教发生于公元810年两次日食月食现象的成因。邓格尔回复以一篇简短的论文，其中概述了宇宙的球形模型，以及太阳、月亮和地球如何相互作用引发日食和月食。[30] 将邓格尔的这篇短文抄写并配上插图，使其成为教学辅助材料，以供地位不如皇帝那样尊贵的学生学习。因此，在经历奥古斯丁的模棱两可和伊西多禄的迷惑不解之后，地圆说在8世纪后成为中世纪基督徒世界观中毋庸置疑的一个部分。

对跖地

基督徒已经厘清关于地球形状的争论，但还需就另一面是否有人类居住做出定论。那里是否有一块对称的大陆？是否有人类居住？如果有，是不是在那里生活的所有人都上下颠倒？

"antipodes（对跖地）"一词意为"相对的脚"，最早出现于西塞罗的拉丁语文章中。他创造这个词来讥讽以下观念："在地球的另一面，有人站立的方向和我们相反，脚底朝向和我们相反的方向。"[31]

老普林尼否认对跖地居民的存在不合情理这一观点。他指出，知识分子声称地球各处都有人类居住，尽管普通民众好奇为什么

"下面的"居民不会落入太空。普林尼颇为通情达理地表示，假如世界另一面真的有人，他们会对我们提出同样的问题。[32]尽管希腊拥有极为丰富的奇幻航行传说，也有为数不少的探险家曾向西和向东远行，却从未有人自称到访过对跖地。普林尼认为这在意料之中。在他看来，分隔南北半球的热带高温也阻隔了两个半球的宜居地带之间的交流。就算澳大利亚人真的存在，也从未有人见过他们。

马克罗比乌斯在《西庇阿之梦注释》中也认为地球各处都有人，包括南半球。他还解答了关于对跖地居民是否上下颠倒的永恒疑虑。"不必担忧他们会从地球落入天空，因为没有什么东西会向上掉落。如果对我们来说，地球在下，天空在上，那么对他们来说，上方就是他们所见在自身之上的方向，不会有向上掉落的风险。"[33]

相比之下，早期基督教作者明确谴责关于对跖地居民的推测。地平说者拉克坦提乌斯显然对地球另一面可能有人类居住的想法不屑一顾。他认为地圆说本就是无稽之谈，正是这一理论诱引出所谓上下颠倒的人这样的愚蠢观念。[34]至于奥古斯丁，他解释称即使地球是球体，也无法证明对跖地居民的存在。很有可能整个南半球都是海洋。这样一片遥远的大陆即便真的存在，也没有人的生命长到足以完成这趟远航。[35]伊西多禄将对跖地居民视为诗人的臆测，认为从自然规律来看他们并不可能存在。[36]甚至就连明白无误地指出地球是球体的可敬者比德也表示，没有证据能表明地球另一面存在陆地。他无法理解为什么明明没有人到过那里，却还有人坚持认为它们存在。[37]

对对跖地的怀疑弥漫到了西方教会高层。748年，可敬者比德去世不久后，教皇听闻萨尔茨堡的维吉尔（他是德国的爱尔兰传教士之一）支持世界另一面存在有人类居住的陆地后，怒不可遏，表示如果维吉尔果真持此观点，就必须罢黜他的修道士之职。我们无从得知维吉尔对这个问题的真正看法，无论如何，其之后的职业生涯似乎并未因这场争议受损。他于766年成为主教，并于1233年成为圣人。[38]

历史学家曾以围绕对跖地居民是否存在的争议为由，证明中世纪人认为地球是平的。然而，一直在西方基督徒默认地圆说的很久以后，围绕对跖地的争论依旧如火如荼。关于大陆的排列、海洋的宽度也存在许多分歧。到了中世纪末，其中一些问题开始具有举足轻重的意义。

18

中世纪鼎盛时期的世界观：
地球呈球形

　　还记得那批为建造巴格达推算出最吉利的时辰的占星师吗？我们在前文看到其中一位占星师法扎里将印度一篇天文学论文翻译为阿拉伯语，从而将地圆说引入阿拔斯王朝哈里发的宫廷。另一位占星师玛莎拉在8世纪初出生于巴士拉的一个犹太家庭。他在实用占星学方面著述颇丰，并且一直活到813年以后，这时地圆说在巴格达的天文学家群体中已经根深蒂固。除了占星术以外，他的著作全集中还收录有一篇关于亚里士多德宇宙论的论文，名为《球体之书》(*Book of the Orb*)。书中完整叙述了地圆说，并附有相关证据。我们之前只知道阿拉伯语原本的拉丁语译本。但在2011年，东京大学的一位语言学家宣布他找到了不少于三份阿拉伯语版本。[1]对于学界而言这是一大幸事，但对于玛莎拉而言却并不值得庆幸，因为这一发现表明他显然并非此书的原作者。

　　阿拉伯语版《球体之书》的面世表明世界的图书馆和档案室仍有大量宝藏等待发掘。历史学家将如今多数手抄本所在的洞穴和地下室称为"煤层截面"。还有丰富的矿藏等待着在古代语言和古文字学（解读古代手稿的技艺）方面具有必备技能的学者——采掘。谁能预料到像阿耶波多和伊本·西那这样的作家还会有什么遗失的作品有一天重现于世？

从阿拉伯语版《球体之书》中的一条评论看来，此书在玛莎拉去世150年后，由犹太医生邓纳什·伊本·塔米在埃及写成。我们在前文已经与他打过照面，因为他是最早跟随萨阿迪亚·果昂着手撰写关于地圆说的文章的犹太作者之一。他为苏丹所写的亚里士多德宇宙论指南《球体结构》今已散佚，有可能就是先前归功于玛莎拉的《球体之书》。[2]由于邓纳什·伊本·塔米的这本书是一本实用的天文学入门读物，因此，它通过连接巴格达和托莱多的犹太学者的通信网络传播到了西班牙。其时西班牙大部分地区受穆斯林统治，犹太人口兴旺。不知何故，邓纳什的名字从手抄本中消失了，取而代之的是更为知名的占星师玛莎拉。约一个世纪以后，托莱多落入基督教国王的掌控，图书馆中的这本书随后重见天日。

希腊和阿拉伯学问如何传入欧洲

11世纪，穆斯林统治下的西班牙饱受内战蹂躏，四分五裂，多个小型公国割据一方，格局动荡。伊比利亚半岛北部，基督教王国争相称霸，挑拨诸位穆斯林王公自相残杀，趁机扩大疆域。

1085年，莱昂和卡斯蒂利亚的国王阿方索六世（1040年—1109年）以精明的外交手段几乎兵不血刃地夺取了伟大的托莱多城。托莱多曾经是西哥特时期的西班牙国都，如今再次成为基督教的重要中心。

至少自比德时代以来，西方基督徒就已经熟知亚里士多德宇宙论的基本概念，其中包括地圆说。但他们同样也知道自身在科学领域远远落后。[3] 马克罗比乌斯和马尔提亚努斯·卡佩拉的著作中提到了托勒密和欧几里得等著作未被收入天主教国家图书馆的希腊作者，他们从而得知了自身所缺失的内容。这凸显出拉丁人在西罗马帝国覆灭后由于失去希腊学术成就而面临的知识"贫瘠"。

基督教国王占领托莱多后，西方得以有机会弥补缺失。整个欧洲的学者聚集于西班牙，投身翻译阿拉伯语书籍，其中很多书本身就是从希腊语转译而来，数百年来，拉丁语世界对这些著作一无所知。一群诺曼冒险者入侵后，包括西西里在内的南欧希腊语地区的图书馆也落入天主教的掌控。寻找久负盛名的古代著作以及阿拉伯语对这些原本的注释为学术研究注入了新的动力。西欧由此兴起一场翻译运动，正如四个世纪前阿拔斯王朝的巴格达曾为吸收希腊哲学和科学所付诸的努力。

在这项将阿拉伯语翻译成拉丁语的任务中，意大利牧师克雷莫纳的杰拉德（约1114年—1187年）做出了卓越贡献。他从拉丁语资料中汲取所能学到的全部知识之后，前往托莱多寻找托勒密的《至大论》。他在这里学会了阿拉伯语，并将数十本著作翻译成拉丁语，这些译本迅速在整个基督教欧洲传播开来。杰拉德去世后，学生将其所有译著汇辑起来。[4]和托勒密一样，他的合集中包含亚里士多德的《论天》以及伊本·西那和阿基米德的作品。其中还有《天体之书》这样相对不为人知的作品，杰拉德翻译这本书时应该还处于职业生涯早期，因为我们发现孔什的威廉（约1090年—约1154年）于12世纪40年代就已经采用他的译本。[5]

新派哲学思想在法国北部大教堂所在的城市引发震荡，威廉正是其中的中心人物。他曾在法国西南部的沙特尔教书，之后受权势显赫的诺曼底公爵若弗鲁瓦（1113年—1151年）聘请，担任其众子的老师。公爵的其中一位儿子于1154年成为英格兰国王，即亨利二世（1133年—1189年）。威廉在此期间写下《哲学对话录》（*Dialogue on Philosophy*），并在引言中向若弗鲁瓦公爵致以敬意。他"倾尽全力为您和您众子写下适宜于科学研究的内容"，并在下文中赞扬公爵鼓励孩子学习学术科目，而不是成天玩游戏。[6]公平而言，这些男孩理应将大多数时间用于学习兵法，因为他们家族首先是军人。为此，威廉的教学目标不是培养未来的学者，而是尚武的贵族。

《哲学对话录》的主旨是记录哲学家与公爵之间的对话，分别代表威廉本人和其赞助人若弗鲁瓦公爵。公爵提问并寻求解惑，可以视为反映了威廉在其漫长的教学生涯中所解答的疑惑。其中他必须处理的一个问题就是关于地球是球体的理论。"关于地球的形状，我的确有些疑惑。"公爵承认道，然后请哲学家解释我们如何得知它是球体。[7]威廉显然不能把学生知道世界是球形视为理所应当，因此从基础原理开始解释。除了由比德推而广之的标准论据之外，他发现最近翻译的《球体之书》亦不失为理想的资料来源。[8]

《球体之书》列举多条论据以证明地球不是平的，并辅以示意图加以佐证。威廉从以前的书中选了一个例子，请读者想象在扁平的世界上有两座城市，一座在远西，另一座在远东。正如相应的图中所示，太阳升起不久后，就位于东边城市的正上方。接下来，太阳必须穿越天空，在落下前将处于西方城市的上空。而事实上，无论处于何地，太阳在正午时分都处于天空中的最高点，因此，地不可能是平的。[9]诚然，这一论据只有在太阳与地球距离很近时才能成立，但威廉主要意在说明地圆说有悖于直觉。读者的思考方式不应该"像动物那样，信任直觉多于理性"，只因为他们无法在日常生活中感知到地球的球状就认为地球是平的。就连高山和深谷也无损于世界的球状。[10]

尽管若弗鲁瓦的儿子们未必读过，但威廉无疑将这本对话录作为辅助教材使用。书中图解丰富，阐释清晰，几个世纪以来深受贵族追捧。其中最华丽的存世版本是波希米亚国王瓦茨拉夫四世所使用的版本，创作于1402年。[11]书中插图华美异常，甚至削弱了原版所著称的清晰明确的特性。然而，《哲学对话录》远非中世纪最普及的天文学教材。这一荣誉属于英格兰人约翰·萨克罗

水面的弧度，插图来自克里斯托佛·克拉乌，萨克罗博斯科《球体注释》(1581)

博斯科（卒于约1256年）为大学生所写的一本简短的手册。

　　大学的发明是中世纪影响最为深远的成就之一。大学成立为法人团体，实行自治，向学生收费，从而不必仰赖于喜怒无常的统治者的资助。这使得大学实际上得以维持不朽。[12]事实上，中世纪大多数大学屹立至今。今时今日，法人团体的法律形式主导着全世界的高等教育，更不用提各种形式的企业。

　　在中世纪期间，大约有一百万学生走进大学校门。[13]他们14岁入学，如果没有补习课程，难以读懂像亚里士多德和托勒密这类作家的艰深著作。一类用简易拉丁语写成的简明教材应时而生。在天文学方面，学生们依赖的是萨克罗博斯科的《球体》(The Sphere)。我们只知道这位作者在13世纪执教于巴黎大学，此外一无所知。他的教材以托勒密的观点为依据，提纲挈领地介绍了关于宇宙的知识，其中删去了数学部分，最后以对日食月食现象的解释收尾。

《球体》在第一部分将亚里士多德的宇宙模型描绘为一个巨大的球体，地球是位于中央的微粒，接着阐述了地圆说的几条依据。就其简短的篇幅而言，《球体》堪称全面，涵盖了学生为取得学位所需了解的全部信息。[14]研究生则会直接接触到亚里士多德的《论天》，以及圣托马斯·阿奎那等学者的注释。虽然多数学生都不会学得这么精深，一两年就会毕业，去从事法律工作或进入教会。

乔凡尼·第·保禄，《创造世界与逐出乐园》，1445年，木板描金蛋彩画

但我们可以肯定，但凡受过教育的人在职业生涯初期就会了解到关于地圆说的知识。似乎并没有人为《旧约》作者从未听闻地圆说而感到过于困扰。

说明高层贵族以及念过大学的人了解地球是个球体是一回事，要明确普通人的想法又完全是另一回事。和17世纪前几乎所有的学术文本一样，萨克罗博斯科的《球体》和孔什的威廉的《哲学对话录》都是用拉丁语写成。所谓"识文断字"指的是掌握古代语言，而不是英语、法语或德语等语言。中产阶级的孩童通过《圣经》和祷告学会阅读本国语言，但它们显然不会教导关于宇宙论的知识。还有很多人根本不会阅读。要找到地圆说已经普及至精英阶层之外的证据，我们还需广泛查阅不同的文学种类和其他的艺术形式。例如，当锡耶纳画家乔凡尼·第·保禄（卒于1482年）想要描绘上帝创造宇宙时，他可以根据亚里士多德的宇宙观来作画，因为他知道人们可以看懂。

普遍的认知？

大约在12世纪初，一群歌者开始在南法及周边地区巡回演出，行踪不定。世人称他们为行吟诗人。这群艺术家可能是平民，也可能来自贵族阶级：要加入他们的行列，唯一的要求是拥有一副令人陶醉的嗓音。行吟诗人歌颂骑士和少女，将故事背景设定在查理大帝、亚瑟王或特洛伊战争所处的时代。根据存世的诗歌，他们还曾在向观众歌颂历史上的英雄事迹时偶然提及地圆说。例如，在法国的一则冒险传奇中，亚历山大大帝曾收到一个球作为礼物，他认为这个球象征着自己即将征服的世界。[15]

然而，有如一家优秀的电视台，行吟诗人的剧目不仅限于戏剧和冒险传奇，还包括纪录片。古法语中有一种体裁叫作教谕诗，可追溯至13世纪，诗歌会向听众介绍关于世界的已知知识的概况。教谕诗中曾提到地球是"像苹果那样的球体"，听众一听就能理解地球是球形，毫无歧义。[16]遗憾的是，我们对这些诗歌的表演环境、听众身份一无所知。但可以肯定的是，它们的影响力必然超过大学教材，正如今天的商业出版物销量远胜学术专著。

但丁·阿利吉耶里（1265年—1321年）是行吟诗人中最负盛名的一位。他原出生于佛罗伦萨，后于1301年因受城中政治纷争的波及而遭到流放。他用托斯卡纳的方言（现代意大利语的前身）进行写作，因此在意大利各城邦的商人中颇受欢迎。其最知名的诗歌《神曲》（*Divine Comedy*）叙述但丁游历地狱、炼狱和天堂的旅程。他巧妙地结合亚里士多德的宇宙观和基督教的来世观，将宇宙描绘为多重等级，从宇宙中心的地狱深渊一直上升到宇宙边缘之外的上帝的神圣景象。

《神曲》的第一部分《地狱篇》的开篇场景是在地球表面，但丁在森林中迷失了方向。这时异教诗人维吉尔现身，带领他一路向下穿越九圈地狱。他们在地狱中心发现了撒旦，他腰部以下的身躯被冰封于冰湖之中。从世界另一面出来后，但丁站在炼狱的巨山下。在天主教的神学观念中，被赐福的逝者的灵魂在此净化自身的罪孽，之后才能升入天堂。根据天主教教义的教导，炼狱既是受罚之地，也是喜悦之地，因为在此受苦的灵魂知道，一等时机圆满，他们注定能够逃离。在《神曲》的第二部分，但丁沿着山的阶梯向上攀登，前往月球。这里是天堂的大门。

亚里士多德曾解释称，不同于地球，月球以上的天体并不会腐化，这使得它们在基督徒的观念中成为适宜的天堂所在地。但丁将它们分成九重天，分别是七颗行星天、恒星天和最外层包围宇宙的天。和亚里士多德一样，他将上帝的居所安置在最外层天之外。《神曲》的第三部分《天堂篇》叙述但丁在高洁的女性基督徒贝缇丽彩（诗人失散的爱人）的陪伴下，翻越诸天。

但丁在创造永恒的景象之时，显然大量借鉴基督教神学观念和古希腊宇宙观。然而，我们在本书目前遇到的最接近但丁世界观的出处来自同时期的中国，即在前文赏析过的摩尼教《宇宙图》。《神曲》和摩尼教教义之间存在明显的差异。首先，它们对于宇宙的形状存在分歧。但丁遵循西方中世纪的共识，认为宇宙由球体构建而成。中国的摩尼教则想象多重世界相互堆叠，呈纵向排列。但一旦超越基本差异来看，就会发现它们具有相似之处。两种世界观都描绘了天堂和地狱的等级，在地球表面之上和之下存在多个层级。它们都显示有一座山横跨天和地之间的空白。它们都具有强烈的道德感的方向——向上是美德，向下陷入邪恶之中。两种世界观都认为宇宙按照伦理原则而构建，善与恶的典范分别占据宇宙的顶端和底端。

我们没有必要据此推断但丁受到摩尼的直接影响。[17]毕竟，分层的宇宙观可以回溯到古巴比伦。往世书、《古兰经》和《塔木德》中都有其身影。在所有这些宇宙观中，大地都夹在天堂和地狱之间。但丁重新构建分层宇宙，以表明神学意义同样可以被纳入球形宇宙之中，地球则是位于宇宙中心的球体。"下"指向中心，"上"指向边缘。

宗教典籍以其权威性的确可以阻碍地圆说的普及，但传统世界观和球形世界观在宗教上很少有难以调和之处。但丁表明，先前被描绘为分层宇宙的神学观念同样可以呈现为洋葱的形状。

在中世纪末期，散文作家也曾提及地圆说。地理著作《曼德维尔游记》(*The Travels of Sir John Mandeville*)就是其中一例，以法语和英语版本发行。这本书可追溯至14世纪中叶，叙述作者从其位于欧洲西北部的家乡出发，穿越亚洲抵达西印度群岛的旅程。尽管这本游记多见不准确的描述和不恰当的言论，但可谓风靡一时。

我们对于这位幻想性质的旅行指南的作者一无所知，只知道他的名字肯定不是约翰·曼德维尔爵士，因为这样一位人物并不真实存在。事实上，作者从未离开家乡远游，只是断章取义地截取书中读到过的关于遥远国度的信息。尽管如此，他毫不怀疑地球是球体。在一段关于东南亚岛屿的闲谈中，他解释称，由于世界是球形，南半球的人们无法看见北极星。相反，他们会通过观察南极上方的一颗星星来确定方向。这颗星星在北纬度地区无法看见，但可以在利比亚看见。[18]事实上，这颗所谓的"南极星"并不存在，很可能是作者对老人星的穿凿附会。《游记》作者显然欣然接受整个世界都有人类居住的观点，嘲讽那些"理解能力有限"的人担心对跖地居民会落入太空。[19]

《游记》提供了一些对地球周长的估算，介于32 000至48 000千米之间，这意味着环游世界并非不可能。在这个冒险故事中，主人公差一点就能完成环球航行，却在最后一段旅程中无法获得通行许可，不得不原路返回。尽管如此，《游记》作者仍旧未能理

哈罗德二世加冕仪式，取自贝叶挂毯的细节，11世纪末

解地圆说的所有含义。即使在解释地球是球形时，他依然想象耶路撒冷不仅是地球中心，还是地球的至高点。他表示从欧洲去往这座圣城必须向上攀登，而前往印度的旅程则是向下的。[20]

关于地圆说的知识在中世纪已经普及的证据不仅限于书面文字。尽管大多数人并不识字，他们仍然可以观看图片和物品。以加冕宝球为例。后古典时代以来，国王会获得一个加冕宝球，作为王权标志的一部分。宝球即代表地球，其顶端的十字架象征着君主的世俗权力受到上帝意旨的支配。可以推测，假如中世纪人认为地球是平的，他们向统治者呈上的理应是一个餐盘。[21] 贝叶挂毯上有一幕描绘了1066年哈罗德在威斯敏斯特大教堂加冕为英格兰国王的场景，他的手上正拿着宝球。这一传统延续至今——2023年，国王查尔斯三世在同一地点加冕时也接过了一个类似的配饰。

球形世界

表明中世纪人知道地球形状的种种证据并不意味着他们看待世界的方式与我们相同。迄今为止，他们最普遍的想象仍是源自荷马的大陆圈。塞维利亚的伊西多禄为这一方案设计出一种简洁的表达方式，称为T–O地图。其中"O"由海洋的圆圈构成，以东为上。圆圈中有两条分割线，一条自北向南贯穿中部，另一条从其中心分支向西。这两条线共同形成"T"，将圆形陆地分割成

塞维利亚的伊西多禄
的T-O地图,《词源学》
(1472)

三部分。上方的半圆代表亚洲。下方被"T"的竖干分成欧洲和非
洲,这个竖干代表着地中海。横支代表着尼罗河和顿河。这样的
安排带来这样一个结果:耶路撒冷通常接近世界中心。[22]

　　伊西多禄的影响力确保T-O地图享有独立于其书籍的漫长生
命力,成为中世纪地理学中的主要模型。自然哲学家后来基于亚
里士多德宇宙观提出了一条论据,以解释为什么有人类居住的世
界必然是圆形。我们在前文看到,亚里士多德说过地球之所以位
于宇宙中心,是因为重物会自然而然地沉到那里。其次最重的元
素是水,构成包围着地球的外壳。其次是气,构成大气层。最后
就在月球之下,最稀薄的元素火构成隐形的火层。这意味着包围
着地球的水、气和火的外壳必须大于地球。哲学家在这个问题上

赫里福德《世界外衣》，约1300年，羊皮纸

往往过于忧虑。他们担心大陆会被汪洋大海所完全淹没。[23]一个解决方案是假设这两个球不是同心球，这一方案在1400年以后占据主导地位。地球的一面从海洋中突出，意味着干燥陆地的区域是圆形的，正如T-O地图所示。巧合的是，这一理论也导致世界另一面不可能存在大陆。亚里士多德本人曾对有人类居住的世界是

个圆圈这一观点加以嘲讽，但似乎并没有人对此感到困惑。[24]

T-O地图简单明了，以简易的方式呈现出地球上有人类居住的部分。它还为更加详细的mappa mundi，即拉丁语中的"世界外衣"，提供了基本形式。这幅地图存世最大的版本悬挂于赫里福德大教堂的图书馆。它将地球描绘为扁平的薄膜，通过夹子固定在宇宙之环上，类似于一个巨大的蹦床。赫里福德地图在地理上并不准确，但色彩丰富，充满细节，展现了基督教的世界观。它不仅仅是一张地图，还跨越时间，描绘了重要的历史事件。和典型的地图一样，中心是耶路撒冷，耶稣被钉在十字架上。诺亚方舟平稳地停在安纳托利亚东部的山脉上，埃及则是亚历山大大帝安营扎寨之处。地图仔细标注了所有内容，因此，在1300年，即这幅地图面世不久后，一位修道士在观看赫里福德地图时，可以在上面找到自己的位置。在那里，他可以看见自己在整个神圣和世俗的历史上所处的位置。[25]

一百五十年后，欧洲对地理的了解更为全面，但仍可以概括为圆形地图。威尼斯的商业大亨尤其对他们从中东所获得的香料产地一清二楚。他们最令人印象深刻的地图由弗拉·毛罗于1450年左右所绘，是中世纪地图绘制的巅峰之作。地图以南为上，其右下角的欧洲很容易辨认。但另一方面，为适应圆形的框架，地图对亚洲和非洲进行了奇怪的扭曲。弗拉·毛罗是来自威尼斯泻湖穆拉诺岛的一名修道士。尽管他不主张大陆构成一个完美的圆圈，但还是在有人类居住的世界的边缘补画了一些岛屿，从而使整体呈现为圆形。地图中没有迹象能表明地球呈球形，但画框角落的图示描绘了亚里士多德宇宙观和伊甸园。

T–O 地图和《世界外衣》一直延续到 16 世纪，直到欧洲人发现美洲才被淘汰。但中世纪人并不总是将大陆描绘成圆圈。他们所掌握的地形知识足以使他们意识到，这可能不是地球上陆地的真实构造。旅行远比我们所设想的更加普遍，无论是出于贸易、军事还是外交目的。一些勇敢的旅行者抵达了中国和蒙古。甚至有记录显示，曾有远东的旅行者来到欧洲，其中一位还受到教皇接见。[26]这意味着人们所理解的亚洲比欧洲更加广袤，一些中世纪的世界地图反映出了这一点。地图中的亚洲呈现为椭圆形、杏仁形或长方形。[27]

起源于西班牙北部的一个地图系列包含位于非洲下方的第四块大陆，形状类似于月牙。这块虚构的大陆源自伊西多禄的一句脱口而出的话。[28]他否认对跖地的存在，认为其不符合自然规律，但他承认南方可能有第四块大陆，和我们处于地球的同一面，异常炎热，和有人类居住的世界之间隔着不可逾越的海洋。他认为这块孤立的大陆可能是关于对跖地居民的传说的起因。[29]直到 18 世纪，仍有探险家相信还有一块神秘的大陆等待被发现，坚持在南方海域搜寻着未知的南方大陆。

15 世纪，随着托勒密《地理》重见天日，关于地球表面的现代图景和我们现在所熟悉的大陆形状开始成形。然而，始于 15 世纪的探险航行表明，地球表面与人们所设想的情况大不相同。

19

哥伦布与哥白尼：
必将发现新世界

　　巴黎卢浮宫悬挂着一幅由埃玛纽埃尔·洛伊茨（1816年—1868年）所绘的画作《克里斯托弗·哥伦布面对萨拉曼卡高层议会》。洛伊茨的父母从德国移民到美国，但他又返回欧洲接受艺术培训。他继续以美洲为主题进行绘画，包括展现哥伦布事业的一系列画作。他在《萨拉曼卡高层议会》中描绘的场景取材自华盛顿·欧文（1783年—1859年）撰写的探险家哥伦布的传记，名为《哥伦布与大航海时代》（*History of the Life and Voyages of Christopher Columbus*，1828）。画面中，哥伦布站在桌子左侧，桌上堆满了证明他可以向西航行，横渡大西洋抵达印度的证据。与他相对而立的是一群教士，其中有一位修道士自卫般地紧紧抱着一本《圣经》，还有一位红衣主教正在阅读一本又厚又大的书。

　　华盛顿·欧文是美国著名的浪漫主义短篇小说家。在到访西班牙期间，他获准查阅官方档案，他从中收集了日后创作哥伦布传记时所用到的材料。这本传记在商业上大获成功，共发行一百

埃玛纽埃尔·洛伊茨，《克里斯托弗·哥伦布面对萨拉曼卡高层议会》，1841年，布面油画

多个版本，使得所谓哥伦布证明地球是球形的说法变得深入人心。在启发洛伊茨创作这幅画作的生动情节中，萨拉曼卡召开会议商讨西班牙王室是否为哥伦布的航行提供资助，这位探险家不得不面临委员会的反对。在欧文的叙述中，教士们的反对意见并不一致。他们一开始引用拉克坦提乌斯的说法来表示反对，提出地球不可能是球形，然后：

> 他最基础的主张，即大地是球形，有悖于经文中的比喻性文字。他们注意到在《圣经·诗篇》中，天被描述成像兽皮一样铺张开来，根据注释家的观点，则像是幔子或帐

篷……圣保罗在《致希伯来人书》中将天比作会幕或帐篷，铺张在大地之上，他们据此推断大地一定是平的。[1]

这种说法没能劝阻哥伦布，专家们于是转而表达对对跖地的担忧，而这显然和他的计划毫无瓜葛。后世作家为搜寻科学与基督教之间存在巨大冲突的证据，对欧文的故事大肆渲染。哥伦布摇身一变，从一个尚武、为信仰寻找新大陆的天主教徒，变成了反抗教士的蒙昧主义的斗士。

哥伦布于1450年左右生于热那亚，一生多在海上度过，通过前往西非、不列颠甚至可能还有冰岛的航行，他不断精进着自身的航海技能。在为横渡大西洋的探险之旅筹措资金的多年里，他在意大利和葡萄牙都遭到拒绝。1486年，他来到西班牙进行尝试，政府委派的萨拉曼卡委员会拒绝他的计划。地球形状这一问题并不是拒绝的理由之一——所有人都知道地球是球形，并且认可向西航行可以抵达西印度群岛在理论上具备可行性。《曼德维尔游记》中的环球航行故事虽然是虚构的，但大体上言之成理。

那么具体是什么让专家们怀疑哥伦布计划的可行性呢？问题在于欧洲没有人知道美洲的存在，他们只能认为必须从西班牙一路连续航行到日本。这大约是19 000千米的距离，远远超出15世纪船只的能力。为使计划可行，哥伦布需要证明航程实际上比这短得多。要做到这一点，他对地球周长和大陆大小的认知必得存在很大的错误。对他来说幸运的是，亚历山大的托勒密的地理著作在这一问题上也存在错误。

哥伦布和地球的大小

在15世纪，意大利人文主义者开始四处搜寻古代文献，以使它们重新流通起来。发现于德国的卢克莱修的《物性论》就是这一时期重见天日的古代文献之一。另外还有亚历山大的托勒密所著的《地理》。不同于《至大论》，《地理》几乎已被遗忘，甚至在拜占庭帝国也是如此，直到于1300年左右在希腊一间修道院的图书馆发现了一本。[2]一个世纪以后，在1406年，《地理》传播到佛罗伦萨，并在那里被翻译成拉丁语。如前文所述，托勒密的《地理》主要是约8 000个地点的经纬度。然而对中世纪读者而言，这本书在概念上的新颖之处在于指导如何将地球球形的表面投射到平面纸上。由此绘制而成的世界地图与《世界外衣》截然不同。相反，它显示了欧亚大陆围绕地球表面曲度所跨越的长度。在接下来的一个世纪里，这幅地图被印刷成千上万次。通过观察这幅地图，人们可以直观地了解各大洲与地圆说的关系。

托勒密《地理》的一个不足之处在于他对地球周长的估算。如前文所述，中世纪的人们所公认的地球周长是古希腊时由埃拉托色尼计算得出的252 000斯塔德（大致相当于50 000千米）。虽然有些偏大，但偏差并不离谱。但托勒密错误地采用仅为180 000斯塔德（大约33 000千米）的估算。[3]这样一来，地球大小缩小

30%，欧洲和亚洲之间的西渡距离缩小到约 13 000 千米。哥伦布对此产生了兴趣，但对于一艘小小的船只而言，这仍是一段无法不停歇地完成的距离。所幸他可以利用另一处错误，一处由意大利数学家保罗·托斯卡内利（1397 年—1482 年）所犯下的错误。1474 年，当葡萄牙国王在考虑是否资助哥伦布时，托斯卡内利在给国王的信中附上了一张地图，这张地图所显示的亚洲比实际情况向东多延伸了 8 000 千米。[4]哥伦布将这封信复印下来，并坚信他需要航行的距离不高于可控范围内的 5 000 千米。[5]

萨拉曼卡的专家们没有同意。他们认为既没有理由否认由埃拉托色尼计算的地球周长，也没有理由认同由托斯卡内利推测的亚洲长度。如威尼斯人弗拉·毛罗的地图所示，他们认为有人类居住的世界是圆形，从由水组成的地球中突出。这意味着世界的其他部分必然都被海洋覆盖，并且从西班牙横渡大西洋抵达西印度群岛必然超过整个地球的一半距离。[6]

委员会的确有些抱残守缺。在哥伦布所处的时代，地图绘制者已经不再将大陆描绘成从由水组成的地球的一侧突出的陆地圆圈。他们从托勒密那里得到启发，托勒密认为地球是一个坚固的球体。海洋位于球面的凹陷处，因此，世界任何地方都有可能存在干燥的陆地。一个制作于 1492 年的地球仪令人称奇地幸存至今，没有任何受到中世纪传统圆形大陆观影响的迹象。[7]这个地球仪被称为"苹果地球"，由广泛游历的商人马丁·贝海姆（1459 年—1507 年）委托制作，现保存于德国纽伦堡博物馆。地球仪以托勒

马丁·贝海姆，贝海姆地球仪，约
1492—1494年，羊皮纸、纸、铁和铜

密的推断为依据，又在贝海姆缺乏了解的地方做了一些调整。此
外还有一些讹误：斯堪的纳维亚没有与北面的大陆相连，英格兰
城市林肯被定位在苏格兰。地球仪上没有美洲，这是一个引人注
目的遗漏。在贝海姆地球仪制作时，哥伦布已经开启第一趟航行，
但他直到第二年才返程。不过，即使关于美洲的消息能够及时传
回，也很难确定应该把新大陆添在哪里。大西洋的大小基本正确，

但在哥伦布的坚持下，位于西方的成了亚洲而非美洲。贝海姆地球仪将日本放在今天佛罗里达稍微偏南的位置。

贝海姆担任葡萄牙王室顾问，因此，贝海姆地球仪至少在一定程度上可以反映伊比利亚半岛的探险发现。葡萄牙虽然拒绝了哥伦布，但有自己的勘察计划。他们花费数十年在西非海岸南部附近进行勘探，寻找黄金，并以寻找前往印度的海上航线为最终目标。1488年，巴尔托洛梅乌·迪亚士（约1450年—1500年）绕过好望角，证明与托勒密的观点相反，航行进入印度洋并非不可能。迪亚士向葡萄牙国王报告这一发现时，哥伦布本人就在现场。[8]诀窍在于深入大西洋航行，把握好吹向好望角的风向，而不是沿着非洲海岸缓慢前行。几年后，一支遵循这一策略的远征队意外发现了巴西。

葡萄牙航行对于宇宙地理学而言意义深远。回想一下，古代许多作者认为热带地区炎热得难以穿越。葡萄牙穿越赤道的进步是对这一传统智慧的有力反驳。事实证明，赤道周围地带虽然炎热难耐，但欧洲人可以在这里生存。如果古人在这一方面的观点是错误的，那么有可能他们对地理学的其他方面也并不了解。

地缘政治考量是探险的主要动机。葡萄牙和西班牙感到自己被孤立于欧洲的西部边缘，无法从通过埃及流向威尼斯的繁荣的香料贸易中获利。哥伦布一向主张西方航线的首要优势在于建立直达远东香料产地的路线，获得相比于威尼斯和阿拉伯商人的竞争优势。军事野心也发挥了重要作用。伊比利亚半岛上的贵族欣然自诩为对抗异教徒的十字军战士。西班牙正在攻克格拉纳达最后的穆斯林堡垒，并最终将摩尔人驱逐出安达卢西亚。葡萄牙人则在北非与伊斯兰教展开斗争，夺取富饶的货物集散中心休达。但在地中海的另一端，伊斯兰教正冉冉上升。奥斯曼帝国于1453年占领君士坦丁堡，并逐渐蚕食巴尔干半岛。一条通往印度的海上航线可以绕过土耳其，特别是如果这条路线能连接基督教欧洲与祭司王约翰所统治的神秘国度——这一国度位于非洲或亚洲某个地方。

在经济、军事和宗教因素都支持开辟通往西印度群岛的替代航线的情况下，西班牙君主费尔南多（1452年—1516年）和伊莎贝尔（1451年—1504年）无视顾问们的建议，决意资助横渡大西洋的远征。就这样，1492年，哥伦布带领着一支由三艘船组成的舰队，驶向辽阔难测的大海。当他在三周后碰到加勒比海的岛屿时，并不惊讶，因为根据他的计算，这里接近于他期望发现东亚的地方。直到去世，他始终认为自己已经航行到印度。我们今天仍将他发现的岛屿称为西印度群岛。尽管在地理学上多有错误，但哥伦布让欧洲认识到美洲的存在，其成就令人瞩目，其影响蔚为深远。他并没有"发现"美洲。美洲此前已有许多住民。他也不是首个横渡大西洋的人。早在几个世纪以前，维京人就已经取道格陵兰岛横渡大西洋，并在加拿大短暂定居。然而，正是哥伦布等欧洲探险家首次连接了相隔遥远的国家。他们统一了世界地图。

哥伦布发现了欧洲人未知的大陆，一等消息传扬开来，西班牙只得放弃日本和中国就在不远处的希望。这是一个令教士们颇感尴尬的问题，他们为此必须解释《圣经》作者何以没能发现美洲的存在。正如16世纪初的一位作家挪揄道："这趟航行不仅证明前人关于陆地的许多论述是错误的，还令宗教典籍的阐释者感到焦虑难安。"[9]

古典泰斗的境遇同样艰难。一位现代作家为淘汰他们的陈旧观念而沾沾自喜道："如果托勒密、斯特拉波、普林尼或索利努斯站在我面前，我会让他们自愧不如，迷惑不解。"[10]值得庆幸的是，罗马人似乎的确曾在著作中间接提及美洲。尼禄皇帝的大臣塞涅卡是一位斯多葛学派成员，他似乎在戏剧《美狄亚》（Medea）中预言哥伦布将发现美洲：

> 当海洋松开世界的束缚，而大地展现其辽阔，当泰西斯（海洋之妻）揭示新世界，而图勒（冰岛）不再是最遥远的陆地，到那时，一个时代将会到来。[11]

哥伦布并没有"证明地球是球形"。事实上，他的航行甚至没有为地圆说提供新的证据。向西航行4 800千米抵达美洲所能证明的，并不比向东步行同等距离抵达中亚所已经证明的更多。大约唯一一个不认为地球是球形的欧洲人正是哥伦布本人。在第三趟航行中，哥伦布对北极星的观测记录异常混乱，以至于他甚至相

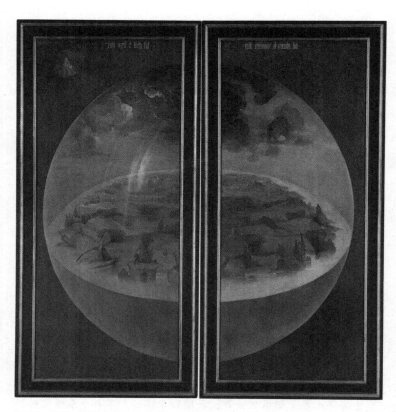

希耶洛尼米斯·博斯,《人间乐园》（外侧画板），1490—1510 年，橡木板上的油画，三联画

信世界已经变成了梨形。正如其在探险记述中写道，地球不是球体，"而是呈梨形，除了突出一长段的蒂，其他地方都是圆的，或者说地球就像一个滚圆的球，上面有一部分类似于女人的乳头"。他似乎认为北极星的异象是自己在这个突起部分航行所致。他迅速补充道，这并不表示托勒密是错的——东半球确实是完美的球形，如亚历山大学派所称，只有西半球向外突出。[12]

然而即使是在哥伦布所处的时代，仍有人认为将地球描绘成圆盘更符合他们的目的。荷兰艺术大师希耶洛尼米斯·博斯（约1450年—1516年）创作的三联画《人间乐园》的正面就是一个生动的例证。这幅著名的画作曾是西班牙王室的收藏，现在可以在马德里的普拉多博物馆看到。由于这幅画前照例总是观者如云，你很难近距离地观赏画中的花园。但如果绕到后面，你就可以看到三联画门上的画。门合拢时，画面会形成一整个球体，其中一半是水。水域环绕着无人居住但肥沃的大陆，代表在《创世记》中创世的第三天，干燥的大陆和植被首次出现。不同于乔凡尼·第·保禄，博斯这幅画作取材自《圣经》，并且并未试图与亚里士多德的世界观相调和。他完全清楚地球是球体，但仍然认为在一幅理想化的画作中，可以把地球表现为圆盘。

环游世界

哥伦布的成功推动葡萄牙人加倍努力寻找绕过非洲的东方航线。1497年，性情残暴、意志坚定的航海家瓦斯科·达·伽马（约1460年—1524年）成功穿越好望角，抵达印度马拉巴尔海岸。从多方衡量标准来看，这场探险堪称一场灾难。大部分船员在途中丧生，船队所到之处几乎总是引起当地人的敌意，最后勉强艰难返程。然而，他成功抵达印度本身足以激励葡萄牙派遣出更大的舰队前往印度洋，他们的技术优势和狂暴的坚韧不拔在那里开拓出海上领域，他们因此得以短暂地跻身欧洲列强。

　　然后，在亚里士多德声称有可能实现环球航行的两千年之后，在1522年，东方和西方最终通过环球航行者连接在了一起。这一成就通常归功于费尔南多·麦哲伦（1480年—1521年）。他是一名从事印度贸易的葡萄牙老兵，这时为西班牙王室效力。但他后来死于与菲律宾当地部族的冲突中，我们因此难以断定他的哪位船员是第一个环游世界的人。

　　1519年9月，麦哲伦率领一支由5条海船组成的船队，从西班牙西南部的桑卢卡尔－德巴拉梅达的港口启航，继续执行哥伦布的任务，寻找通往亚洲香料群岛的西方航线。他成功穿越南美洲顶端的海峡，驶入辽阔的海域。他将这片海域命名为"平静之海"，即太平洋，因为相比船队在大西洋所遭受的狂风暴雨，这里显得格外平静。穿越海峡后，麦哲伦向北航行，寻找能够带他向西横渡太平洋的风向和洋流。横渡这片辽阔的水域是一项史无前例的壮举，麦哲伦如果事先知道太平洋如此辽阔，绝不会去尝试。他们不幸历时整整三个月才最终上岸，途中不知为何避开了遍布西太平洋的所有岛屿。

　　麦哲伦在菲律宾去世后，剩余船员艰难地绕过非洲，最终乘着一艘船在离开三年后抵达西班牙。最初的270名船员中返回故里的不足20人。取决于他们先前向东航行的距离，其中有1名或多名水手是最早完成环球航行的人。或许是恩里克，他原本是来自苏门答腊的奴隶，麦哲伦把他带上作为翻译。主人去世后，恩里克留在了菲律宾，但不清楚他是否回到自己的家乡，从而完成他以远东而非西班牙为终点的环球航行。麦哲伦航行的结果表明，并不存在穿越太平洋到达东亚的可行航线。直到1580年，弗朗西斯·德雷克爵士（约1540年—1596年）返回英格兰，才有第二支探险队成功完成环球航行。

地球是运动的

横渡海洋和绕过非洲海岸的航行淘汰了托勒密的地理学观点。要推翻他的天文学观点则还需要一些时间。很少有人深入钻研《至大论》或是掌握预测行星运动所需的计算。其中一位在数学研究上付诸艰苦努力的学者是尼古拉·哥白尼（1473年—1543年）。他是一名波兰教师，曾在意大利接受教育，沉浸于托勒密复杂的几何模型和阿拉伯人对其著作的补充研究。经过多年的思考以后，他于1543年出版《天体运行论》（ *On the Revolutions of the Heavenly Spheres* ）。书中反对所谓地球静止于宇宙中心的古老公理，并提出地球围绕着太阳运转。我们在此无意探讨哥白尼的观点如何促成了亚里士多德宇宙观的淘汰，但他对地圆说的观点却值得一看。[13]

哥白尼认为有必要写一写地球的形状，这似乎有些奇怪。毕竟地圆说应该已经被所有读者视为理所当然。他之所以探讨这一话题，有以下几个原因。首先，他选择采用相同的书籍结构，有意识地呼应《至大论》。这意味着要从宇宙和地球的形状开始入手。哥白尼关于地圆说证据的一章简短精练，提到了一些古老的例子，包括老人星在埃及可见而在意大利不可见，在船桅顶端比在甲板上看得更远。之后，他提到亚里士多德观察到的现象，即在月食期间，地球投射在月球上的阴影呈弧形。[14]

哥白尼提及地圆说的第二个原因是为了说明人们对科学问题的观点是会改变的，即使是卓越的教士作家也会出错。他在序言中写道："因为这并非什么秘辛：拉克坦提乌斯是杰出的作家，但称不上数学家，在地球形状这一话题上，他在嘲笑那些赞同地球是球形的人的时候，言辞极其幼稚。"这是宗教法庭的审查员所无法容忍的。1616年，天主教会否认日心说，批判其荒谬愚蠢，更与《圣经》相悖。禁书目录管理委员会审查《天体运行论》后，将哥白尼的理论降级为纯粹的假设。审查员对文本的改动较为微小，但删除了提及拉克坦提乌斯的部分。[15]这并不是因为审查员认为拉克坦提乌斯的地平说言之成理，只是不希望哥白尼拿一位地位显赫的基督教神父开玩笑，让人怀疑教会是否理解自己所谈论的内容。

哥白尼关于地球是行星的构想无法与亚里士多德的世界观相调和。亚里士多德证明地球必须是球形，因为它是位于宇宙中心、从各方聚集而来的固体物质的凝结体。他还暗示土元素和水元素所组成的球体应该不尽相同，因为它们趋近于宇宙中心的程度不同。为论证地球是太阳的卫星，哥白尼首先反驳亚里士多德对于地球为何是球体的解释。相反地，他表示上帝要求物质自行形成球体，无论它们位于何处。[16]他忍不住进一步嘲讽亚里士多德学派，认为他们关于土球和水球相互独立的观点已经受到质疑。他坚称两者具有相同的重心。正如托勒密所言，水填满地球低洼处形成海洋，地势较高的地方则形成陆地。[17]这意味着世界各地都有可能存在未被发现的国家。

整个16世纪，欧洲人持续探索，通过船只和武器征服了许多种族。除了寻求军事和商业机会，他们还试图使更多的人皈依基督教。其中最活跃的传教团体就是耶稣会。他们跟随葡萄牙人横渡印度洋，将信仰传播到（成功程度各有差异的）印度、日本以及这一时代国土最辽阔、人口最众多的国家——中国。

20

中国：天圆地方

　　中国的皇帝真可谓责任重大。他不仅需要治理国家，就连整个宇宙也仰赖于他。纵然有文武百官和众多宦官辅佐，重任却全系于那张龙椅。汉武帝（公元前156年—公元前87年）的谋士董仲舒（约公元前175年—约公元前105年）希望确保君主明白自己的责任有多么重大。他解释称皇帝是天地的纽带。如果皇帝治理有方，上天就会支持他，赐予国家温和的气候和顺从的百姓。要是皇帝违背天意，比如罚不当罪，就会受到日食月食现象、干旱、风暴等形式的警告。如果皇帝不在意这些预兆，上天就会收回成命，王朝就会灭亡。[1]天空显示的迹象是上天发怒的预警，因此至关重要，正如天象之于巴比伦人的意义。自古以来，皇家一直设有天文司，负责解读星象所蕴含的信息，在皇权受到威胁时向统治者给予适当的提醒。

　　中国的编年史家以王朝兴衰为历史框架。新的皇室初掌皇权时，像年轻人一样需要学习统治之道才能变得成熟，使帝国达到和平稳定期。但王朝也像人一样，会不可避免地衰老和腐朽。这时，新的富有生机的家族就会崛起，推翻旧王朝，开创自己的朝代。但实际上，天命所归总是后见之明。只有等篡位者坐稳皇座，他才不再是乱臣贼子，而是替天行道。只有那时，他才能自称为天子。

公元前221年，秦朝统一中国［"秦"的威妥玛仕拼音为"Chin"，据说英文中的"中国（China）"即由此而来］。[2]后世的史学家倾向于将秦朝统一前的战国时期归结为混乱与苦难的时代，但也正是在这一时期奠定下中国文化的许多基础。尤其重要的是，儒家思想和道家思想在这一时期相互交融，开始大放异彩。

公元前210年，秦始皇驾崩后，帝国面临瓦解的威胁，中国也有可能再次陷入混乱。群雄争霸，其中一位在短时间内掌控政权，建立起汉朝，并一直延续至公元220年。孔子（公元前551年—公元前479年）的道德理念以孝和礼为核心，是董仲舒提倡汉武帝推行的政治哲学的基础。两人共同将儒家思想奠定为中国的国家伦理。

中国的宇宙

据儒家古代经典之一的《尚书》所称，中国天文学的起源可以追溯到公元前2300年左右，始于传说中的中国统治者尧帝所颁布的一项命令。他派遣四名使者分别前往东、南、西、北四个方向观测天象，确定夏至日和冬至日、春分日和秋分日的时间。[3]尧帝据此制定下第一套历法，用以指导疆域内的所有活动。

为确保能在指定的时间举行维持宇宙平衡所需的仪典，皇帝必须维护历法准确无误。如有差错，将带来灾难性的后果。公元175年，官吏上书称历法计算错误导致"奸邪之徒叛乱偷盗……强盗土匪四处作乱"。他们要求让数学家为所犯错误负责，主张他们"理应为弄虚作假受到严惩"。[4]

维护历法并非易事。中国采用的阴阳历需要时常调整，因为太阳和月亮的周期没有公约数，也就是说阴历月份的整数和阳历年份的整数无法匹配。据某些统计，天文司在其两千年的历史里一共历经了近百种历法体系。[5]即使只有一天误差，假如错过日食月食或是在不吉利的时辰举行重要仪典，也会带来灾难性的后果。在欧洲，太阳历和季节日期不同步的差距一度长达8天，直到教皇于1582年引入格里历才得以纠正。中国皇帝绝不会容忍如此严重的错误。

由汉代皇帝正式确定的中国世界观认为天是圆的，而地是方的。汉武帝叔父所编撰的政论《淮南子》解释称："天道曰圆，地道曰方。"[6]这一概括性论断可经由自然中的种种相互对应得以验证。如《淮南子》在下文指出，头像天一样是圆的，脚像地一样是方的。[7]同样地，龟可以象征整个宇宙。背上圆形的壳对应着天空，身体下方四边形的壳则代表大地。[8]诗人宋玉于公元前4世纪使用了另一个比喻："方地为车，圆天为盖。"[9]

纽约大都会博物馆收藏有一面汉代铜镜，其背面描绘了这一

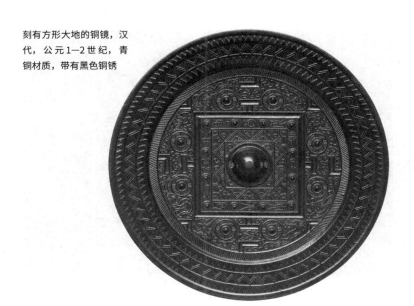

刻有方形大地的铜镜，汉代，公元1—2世纪，青铜材质，带有黑色铜锈

世界观。铜镜呈圆盘形，背面饰有纹样，圆圈内刻有一个方形。镜子边缘描绘着混沌的水域，包围着神兽和神灵所栖息的圆形的天。方形象征着大地，与东、南、西、北四个主要方向对齐，中国居于正中。

最终成书于汉初的《山海经》将这种四重对称性向外延伸。[10]中央大陆的每一边各有一座山脉，外面是海洋。水域的另一面是四片广袤的荒野，一直延伸至世界尽头。《淮南子》称中原有九州，呈方形排列，被四海环绕，外面是世界上的另外八块大陆，加起来一共九块。书中称大地每条边长约为130 000千米。[11]由此可见，中国人设想的世界比现代认为的周长为40 075千米的地球大了不少。

地坛，北京

为使人类事务与自然和谐统一，早期统治者将农田划分为方块，将其作为缩微形式的整片大地。每块地又被分成9块更小的方块，其中中间一块由社区共耕，收入归封邑贵族所有。这种划分方式形似汉字"井"，故被称为井田制。一直在其无法付诸实践的很长一段时间里，井田制仍不失为一种理想的制度。[12]九宫格也是城市规划的基础。[13]通常而言，城市难以划分为完美的方块，农田也无法划分成均等的部分。但中国重要的建筑，比如1420年建成的紫禁城，仍是对称且四四方方的，并且会严格根据宇宙原则来确定位置。明朝遵循同一主题在都城北面建造地坛，其特点是祭坛呈方形。南面有一座规模大得多的天坛，其底部呈圆形。[14]

中国近代以前最有影响力的宇宙学著作是《周髀算经》，成书

天坛，北京

于公元20年左右，但据称可以追溯到几个世纪以前。髀是指用于投影的棍子，就像埃拉托色尼所使用的日晷，对计时和确定历法都不可或缺。《周髀算经》阐释了如何利用这一工具所投射的影子的长度，再结合毕达哥拉斯定理（中国数学家已自行探索出勾股定理），来计算太阳的高度以及太阳和北极之间的距离。[15]

《周髀算经》肯定了天圆地方的结构体系。天的形状类似于旋转的伞或盖，在大地上方4万千米，其中心位于北极上空。[16]根据其他的一些观测和推论，可以较为容易地计算出中国北方的黄河流域距离北极约5.3万千米。太阳每日围绕着北极运行，夏季比冬季距离更近。冬至日太阳距离北极最远，约为13万千米，因此从中国南方的天空看去，太阳在这一日比夏季更低。

《周髀算经》由多篇自成体系的文本汇编而成，因此，它所呈现的世界观并非完全自洽。例如，书中表示北极是天空旋转的枢纽，也是大地的中心。这与国都位于大地中心这一在中国公认的观点相矛盾。此外，《周髀算经》对大地的形状也并不确定。它在某处称"天似盖笠，地法覆盘"。[17]大地中央有隆起意味着北极比有人类居住的南方高出3.2万千米。这可能是一则古老传说留下的痕迹，即世界中心有座巨山，如前文所述，这则传说的身影也出现在其他几个传统世界观中。

《周髀算经》中结构体系的一大特征在于所有天体都飘浮于天空，距离我们4.3万千米。这样一来，太阳应该在所有时间都可见。某些文明对这一问题的解答是声称太阳每晚躲于大地中央的山后。《周髀算经》提出一个有所不同但略显武断的设想：阳光只能传播9万千米，一旦超过这个距离，太阳就不可见了。[18]在夏季，太阳围绕着离中国更近的北极旋转，太阳在一天中可见的时间多于太阳在更南方的位置。这一结构体系解释了为什么六月白昼最长，十二月白昼最短。它还表明越接近北极，夏季白昼越长。如果距离北极约1.6万千米以内，那么夏至这天24小时都是白昼。

天如盖笼罩着方形的地，这一模型在中国近代以前的观念中始终占据主导地位，但并非从未受到质疑。张衡（78年—139年）曾在两位汉代皇帝手下担任太史令一职，提出在当时引起广泛讨论的球形宇宙模型。太史令负责管理天文院七十人，向皇帝呈交每年的历法，并留意重要的星象。张衡以其卓越的天文学和数学成就而备受赞誉，兼富有诗才，还发明了用于监测地震的地动仪。如其墓志铭上所言："数术穷天地，制作侔造化。"[19]

他将宇宙的形成描述为始于一团同质的物质，然后说道：

在这一阶段，原初物质分化，刚硬的和柔软的首次分离，清澈的和浑浊的占据不同的位置。天在外部形成，地在内部固定。天的形体取自阳，所以是圆的且是运动的；地的形体取自阴，所以是平的且是静止的。[20]

（于是元气剖判，刚柔始分，清浊异位，天成于外，地定于内。天体于阳，故圆以动；地体于阴，故平以静。）

由此可见，在张衡的构想中，宇宙呈球形，下半部充满了水。大地像冰山一样漂浮于海面，大部分位于海面之下。整体的直径约为13万千米，这一数字看起来有些武断。但盖天说仍被中国人视为直观且神圣的结构体系，保持着其主导地位。张衡并未被遗忘，但他的光辉渐渐暗淡了。5世纪的某位评论家贬低他的成就，因为他"未能理解基本原理，却表述得十分复杂，而解释得过于简练"。[21]

20世纪，备受尊崇的中国科学史学家李约瑟（1900年—1995年）把张衡的宇宙论介绍给了更多英语国家的受众。遗憾的是，李约瑟对中国关于地球形状的观念持保留态度。他在《中国科学技术史》（*Science and Civilization in China*）中引用张衡的观点："浑天如鸡子，天体圆如弹丸，地如鸡中黄，孤居于内，天大而地小。"李约瑟声称这"显然展现了具有对跖地的球形地球这一概念是如何（从球形宇宙中）产生的"。[22]诚然，将地球比作蛋黄可以理解为是在表示地球是球形，但从张衡文章中的其他部分可以明确看出，他并没有提出这一观点。[23]事实上，尽管其观点存在新颖之处，但他并未偏离在中国已根深蒂固的地平说。[24]

新宗教

汉朝不再是天命所归，3世纪初，帝国分崩离析。但中国仍是一个由共通的语言、共同的传统和历史紧紧维系在一起的民族国家。直至今日，所处昔日帝国中心地带的民族仍被称为汉族。国家统一的向心力强有力，但一直到汉朝覆灭的三个世纪以后，地方割据的分裂倾向才最终得到遏制，中国再次得以统一。628年，新的朝代唐朝一统之下。这个天下当然指的是中原，但也暗指世界其他地方也应向皇帝纳贡。

自汉代以来，中国文化不断发展，其中持续处在变化中的是从印度传入的佛教。虽然佛教在印度本土已几近消亡，但僧侣们将这一信仰传播到中亚和东南亚，以及斯里兰卡和日本这样的岛国。佛教在中国收获了众多信徒，并和道教、儒教一起成为主要的伦理体系。唐朝初期，佛教徒在中国社会享有良好的地位，尽管仍受到一些知识精英的怀疑。传教的僧侣源源不断从印度来到中国，中国的僧侣则前往印度，从恒河流域的藏书楼中收集佛教典籍和梵语经文。

从印度传入中国的书籍中有一些天文学手册。因此，当帝国历法需要（再次）调整时，官员到佛寺寻找解决问题的人才也在情理之中。721年，僧侣一行（683年—727年）受皇帝召见，汇报如何改革历法。皇帝因为无法准确预测日食而颇感不安。一行虽对印度天文学略有所知，但他制定的历法是以中国的传统资料为基础，后从729年沿用至761年。他在天文仪器方面更具有创新性，制造出了浑天仪。浑天仪是由多个圆环组成的框架，圆环代表太阳、月亮等天体的轨迹。一行还在浑天仪上加入黄道，黄道在中国早先的版本中似乎并不存在，但一直是希腊模型的特点。他以此来展示在日食和月食现象发生时，太阳和月亮的轨迹是如何交错的。[25]

皇帝还命令一行测量中国的土地。最为重要的是，一行需要确定大地的中心，因为这是举行特定典礼的最佳地点。从传统上看，大地中心并不像我们根据《周髀算经》所推断的那样位于北极，而是位于中国古都登封。一行测定的大地中心向东迁移了约195千米，位于黄河南岸的另一座古都开封。通过研究日晷投下的影子，他可以证明这一迁移的合理性。地平说在地理上存在的一个问题是找到真正的北方。这个问题对地圆说而言轻而易举，至少在理论层面上。无论身处何地，太阳在正午的影子总是最短的，且总是指向正南或正北，除非太阳在头顶正上方，没有影子。但如果地球是平的，这种方法就不适用。在这种情况下，只有当你站在从北极点直接向南延伸的直线上时，正午的影子才会指向正北。中国的天文学家敏锐地意识到准确测量晷影的难度，以及由此导致的难以确定大地中心的确切位置这一问题。[26]

公元730年，一行已经去世，他制定的历法推广应用后，有人指控他抄袭几年前译为汉语的一本印度天文手册。这本名为《九执历》（*Navagraha-karana*）的书所描述的宇宙体系起源自阿耶波多的球形天文学，并根据唐朝国都的纬度进行了调整。因此，这本书是最早假设地球是球体的汉语著作之一。虽然一行知道地圆说，但没有将其应用于他制定的历法，这一理论也没有流行开来。唐朝后来的天文学家缺乏《九执历》所使用概念的背景，因此认定它并不准确。[27]印度天文学的其他方面影响更大，尤其是暗星罗睺，这是印度传统天文学为解释日食月食现象而杜撰的隐形实体。现在这一观念也传入了中国，与日食发生于月亮经过太阳前方的真正解释相抗衡。[28]

唐帝国在鼎盛时期的疆域一直延伸到中亚，这里聚集着东方基督教、琐罗亚斯德教和摩尼教的教众。我们已经研究过令人惊叹的摩尼教《宇宙图》和基督教的会幕式世界观。大约在同一时期，东方基督教也将西方的占星术著作传入中国，但这些并没有促使亚里士多德的世界观渗透进本土的学术群体中。[29]与此相反，一块8世纪的石碑表明这些基督徒采纳了中国传统世界观。石碑歌颂了他们在唐朝统治下所取得的成功，并明确表达了他们对皇帝的顺从与忠诚。石碑用汉字书写，其中包含基督教教义的概要。石碑开篇如下：

> （上帝）分开十字架，确定四个主要方向。鼓动原初之灵，他制造出自然的两个原则。暗黑虚空被改变，出现了天地。太阳和月亮旋转，昼与夜开始。[30]
>
> （十字以定四方。鼓元风而生二气。暗空易而天地开。日夜运而昼夜作。）

这是对《创世记》中创世的转述，但融入了中国元素。例如，自然的两个原则指的是阴和阳，十字架与四个主要方向的联系对应的是中国人所描绘的大地四条边与东南西北对齐。基督教适应中国的思维方式并不足以保全自身，公元845年，基督教和琐罗亚斯德教、佛教一起被禁止。对佛教的禁令仅仅两年后就被撤销，但基督教必须低调到不足以引起官方监视，并最终走向消亡。[31]这块石碑之所以留存至今，是因为有人为确保其安全而将它埋入了地下。

与部落的斗争

9世纪时，唐朝遭受叛乱重创，随着天命逐渐消解，帝国日益封闭自给。唐朝覆灭后，中国又经历了几十年的纷争，直到960年宋朝建立。这时公认的大地中心开封被定为国都。

宋代是中国文明最令欧洲文明相形见绌的时代。11世纪，高炉燃烧的是焦炭而不是木材，每年炼铁超过10万吨，而欧洲直到1700年才实现这一生产率。与此同时，农民培育出新的杂交水稻品种，以满足激增的人口所需。[32]类似于英国在18世纪60年代发明的"珍妮"纺纱机的设备，在14世纪的中国就已经存在，但并未引发工业革命。[33]或许是劳动力的激增使得机械化未能推广开来。宋朝发行纸币，以确保经济增长不受金银供应的限制，尽管政府无力遏制由此导致的猖獗的通货膨胀。[34]

宋朝时期，北部和西部的部落始终对中国虎视眈眈。这些部落逐渐向南逼近，占领了曾由唐朝统治的大片领土。1127年，宋都开封沦陷。宋朝重组后，政权在南方延续了一个半世纪，北方则在1234年落入蒙古侵略者之手。成吉思汗（1162年—1227年）之孙忽必烈（1215年—1294年）于1271年建立元朝，登基称帝。他继续向南挺进，并在1279年彻底颠覆宋朝。至此，蒙古人统治着从东欧到太平洋地区的辽阔疆域，包括中亚、中东和波斯。

当忽必烈忙于征服宋朝之时，他的弟弟旭烈兀（1217年—1265年）正在亚洲的另一端镇压反抗蒙古统治的势力。1258年，旭烈兀率领军队洗劫巴格达，在整整一周的时间里肆无忌惮地劫掠屠杀，将这座城市夷为平地。两年前，他不战而胜，攻占下传说中的刺客城堡阿拉穆特。旭烈兀嗜杀成性，但对占星术很感兴趣，所以把城堡中俘虏的天文学家安置在波斯北部马拉盖新建的天文台中。他很可能曾派出智囊团中一位名叫扎马鲁丁（活跃于1267年—1288年）的波斯人给他的哥哥忽必烈带去一套天文仪器，包括刻度盘、浑天仪和星盘。[35] 扎马鲁丁还带着一个地球仪——这是中国有记录的第一个地球仪。[36]

忽必烈认识到其帝国有大量的穆斯林人口。为满足他们对历法的需求，他在元大都设立司天台，并任命扎马鲁丁为提点（台长）。[37] 司天台和太史院并行数个世纪，但相互之间似乎并没有太多交流。因此，尽管我们设想波斯和中国之间的交流会推动中国的天文学家认识到地球是球形，但事实并非如此。他们既没有注意到扎马鲁丁的地球仪，也无视了阿拉伯人的天文学策略，即托勒密希腊原版的改进版本。1288年，太史院的官员甚至试图罢免扎马鲁丁。[38]

此外，当忽必烈想以新历法来标志其王朝的开始时，他知道这种历法必须为受汉文化影响的臣民所接受。他跳过司天台，命令天文学家中的翘楚郭守敬（1231年—1316年）来制定新历法。郭守敬是一位杰出的仪器制造家和数学家，他遵照传统范式所制定的历法比并行的扎马鲁丁的伊斯兰历法更为准确。[39] 事实上，没有证据表明郭守敬的历法制定曾受到西方发展的任何影响。相反，他的历法再次成功证明了传统方式的优越性。

向外与向内

14世纪中叶，元朝爆发大规模的农民起义。经过一段时期的内战，新的朝代明朝于1368年建立。历经蒙古人治理的间歇之后，明朝第一任皇帝重新施行儒家价值观。在其子永乐帝（1360年—1424年）的治理下，大明王朝洋溢着自信，永乐帝希望将这份自信弘扬至国界之外。这正是著名的郑和下西洋的历史背景。郑和（1371年—1433年）幼年被俘，净身后入宫服役。1405年，皇帝令郑和率领一支庞大的舰队，向已知世界弘扬他的仁善事迹。这位舰队司令统率着317艘军舰和28 000名士兵，所到国家无不感到敬畏。他四处赠送礼物，以显示皇帝的慷慨，并收集礼物带回。这些礼物被他称为贡品，其中包括一只来自非洲东海岸的长颈鹿，中国人将其视为象征好运的神兽。[40]八十年后，当瓦斯科·达·伽马率领的葡萄牙探险队驶入同一片海岸时，当地人仍然记得当年中国来访的传说。[41]

1405年至1433年间，郑和共率领五趟远航。之后政策变革，新帝继位，远航被迫告终，靡费过多很可能是主要原因。[42]资金需要用在其他地方。北方部落再次危及溥天之下，并在1449年俘虏了皇帝。明朝因此紧缩开支，搁置对外的探险活动，修建长城加强防御。

郑和并不是在勘探未知世界，他完全清楚自己的目的地以及如何到达那里。商人们在印度洋上来回航行已有一千多年的历史，善于利用季风的季节性变化。如前文所述，罗马商人在红海和印度之间航行，或许传播了关于地圆说的知识。当船只穿越开阔的海域时，他们设想会被顺风吹向已知的海岸。通过观察星星，他们遵循特定的方向，依次前往各个港口。郑和从未打算去往未知的陆地，特别是因为他认为所有开化民族都已经被发现。他的舰队增强了中国的影响力，巩固了贸易，但并没有将帝国疆域拓展至海外的野心。

如果有心寻找，本可以在郑和的远航中找到大量可以证明地球曲度的证据。他向南航行的距离足以使他看不见北方的星星，同时能看到那些只有趋近南极时才能看见的星星。更明显的是，每当船只离岸时，船员都能看到岸边的地标逐渐沉入地平线以下。中国的宇宙观可以解释这两个现象。如前文所述，据《周髀算经》中的天空模型设想，一旦距离星星过远，它们就会从视线中消失，这也解释了为何一旦观察者越过赤道，北半球的星星就会消失。至于地平线，《周髀算经》的确承认大地虽然在根本上是一个平面，但在北极附近可能有隆起，因此其表面呈现出一定的弧度。这恰好意味着靠近北极的中国在地势上高于其他文明世界，同时解释了为何主要河流会向着四海奔流而下。[43]

还有另一个层面的中国思想使得郑和并非为寻找新大陆而出发勘探，即中国本身是世界的中心、文明的巅峰。有说法认为，正是明朝首次将这个国家冠以了熟悉的"中国（中央王国）"称号。[44]在郑和的设想中，越是远离中国的地方，当地人的文明程度就越低。已知世界之外，唯有野蛮和贫穷，大可不必冒险前往那么远的地方。既然溥天之下，莫非王土，那么征服也是多此一举，即便这种统治只是名义上而非实质上。这些遥远的民族并不构成威胁，北方草原上不断前来劫掠的骑兵才是肘腋之患。然而，就在郑和完成最后一次航行后，不到一个世纪，这些来自地图边缘以外的遥远的异族人就出现在中国南方，开始制造事端。

21

中国和西方：诚如鸡子黄

16世纪初，葡萄牙商人开始进入中国。但他们来者不善，明朝朝廷曾多番驱逐。但在1577年，朝廷把珠江口的一小块土地划为外国租地，其目的在于遏制葡萄牙人，同时从他们带来的贸易中获益。不久之后，几位耶稣会传教士怀着让中央王国皈依基督教的雄心，潜入中国。由圣依纳爵·罗耀拉（1491年—1556年）创建于1540年的耶稣会迅速壮大成为集教育和传教为一体的修道会。耶稣会士会主动融入工作所处的文化环境，不必穿教士的圣袍。在中国，他们最早穿的是佛教僧侣的服装，后来改穿士大夫阶层的儒服。

中国人将耶稣会士视为有趣的新奇事物，他们钦佩欧洲人的学识，但对他们的某些习惯深感不安，比如自愿禁欲。耶稣会士消除了这些疑虑，并博得了士大夫和皇帝的青睐，与此同时，他们也对中国社会的一些方面表示不解，比如宫廷中的太监。耶稣会士经过一个半世纪的努力，最终使基督教群体壮大到数万人，但与中国庞大的人口相比，这实在是微不足道，最终未能实现传教使命。

颠覆中央王国的中心地位

为推动传教事业，耶稣会士利用西方的科学技术，来取得自身在朝廷那里不可或缺的地位。而作为回报，他们要求获准自由传教。开辟这一先河的是于1582年抵达中国的意大利传教士利玛窦（1552年—1610年）。他知识渊博，善于交际，通书面语，与士大夫关系良好。他的最终目的是直面圣上，为传教工作获得官方许可。

利玛窦很清楚，对中国人而言，天主教教义和亚里士多德宇宙论是危险的新事物。因此，他打算将自己的信息裹上一层儒家经典的糖衣，来迎合中国人的保守心理。利玛窦必须使中国人相信，他们已经偏离祖先制定的路径，而自己可以通过科学引导他们回归古代典籍的本义。地理学给了他捷足先登的机会。

利玛窦抵达中国不久后，就注意到前来参观耶稣会宅子的访客总是对着挂在墙上的世界地图惊叹不已。[1]而他知道这其中的原因。他在一封自己写于1595年年底的信中证实中国人认为地球是平坦的方形，而天空是圆形的盖。他们还认为太空中存在真空，与欧洲人的观点相矛盾，即组成天空的球体由不会腐败的第五元素构成。虽然中国人理解日食的成因，但与此同时又想象太阳在夜间躲在山后。[2]利玛窦私下对这些观点不以为然，但他很清楚必

P·MATTHEVS RICCIVS MACERATENSIS, QVI PRIMVS E SOCIETAE
IESV EVANGELIVM IN SINAS INVEXIT OBIIT ANNO SALVTIS
1610 ÆTATIS. 60.

游文辉（别名曼努埃尔·佩雷拉），马切拉塔的利玛窦，约1610年，布面油画

须以谦逊有礼的方式加以纠正。他决定为中国人绘制一幅世界地图。

中国人拥有令人惊叹的国家地图，因此，利玛窦将中国地图与葡萄牙和西班牙在航海中绘制的欧洲航海图结合起来。他颇为巧妙地将美洲安排在右侧，欧洲在左侧，这样一来，中国仍旧处于中间。他借用中国和西方的幻想元素来填充世界未被探索的部分，比如侏儒国和独眼王国。[3]在南半球占据主要位置的是一个庞大而不存在的大陆——未知的南方大陆，欧洲人坚信这块大陆等待着被发现。

利玛窦对地图进行了多个阶段的改进，直到呈现出最完善的版本，他称其为"坤舆万国全图"。地图经刻印后，长4米，高度超过1.5米。[4]地图不仅描绘出各大洲、各个角落还有整个宇宙的图示，以及详尽的说明文字。他在地图的序跋中引入了地圆说：

> 地与海本是圆形，而合为一球，居天球之中。诚如鸡子黄在青内。有谓地为方者，乃语其定而不移之性，非语其形体也。[5]

利玛窦重新解读中国古代典籍，以反映欧洲宇宙观，这段文字可谓其典型例证。张衡在2世纪使用鸡蛋和蛋黄的比喻时，并不是在主张大地是球形，只是以此说明天从各个方向环绕着地球。

但这并不妨碍利玛窦挪用这一比喻，将其应用到亚里士多德的宇宙论中去。他还重新解读"地是方形"的说法，使其成为一种比喻而不是字面含义。

利玛窦也大胆宣称自己比中国人更精通儒家经典。其中最为著名的例子当数他以更有利于基督教的方式对"天"这个字的重新解读。在中国传统中，天是一种客观力量，与古希腊想象中主宰生活的伦理秩序别无二致。利玛窦用中文中的"天主"来表示基督教中的上帝，并表示这与儒家经典所传达的信息是一致的。耶稣会士将中文版的基督教理命名为《天主实义》，并表示其寻求提炼或者说创造出一种与基督教相兼容的纯粹的儒家思想。[6]为谨慎起见，利玛窦还贬低了佛教和道教的教义。

为使儒家学说更宜于治理世俗国家，宋代学者对其进行了修改。由此产生的学说成为明朝科举考试的基础，如今被称为宋明理学。[7]利玛窦贬低其为后来者对传统的增饰。遗憾的是，许多士大夫虽然欣赏他，却看穿了他的用意。当他开始谈论童贞生育以及耶稣其人是天主化身时，矛盾变得尤为突出。一位友好的中国评论家抨击道："我们儒家思想从不认为天有母亲，或是具有人身。"[8]

1601年，耶稣会士终于成功进入紫禁城，并在此后150年的大部分时间中在这里稳居一席之地。但在吸引精英阶层皈依基督教方面，他们并未取得太多进展，更不用提皇帝了。但也有少数例外，徐光启（1562年—1633年）和李之藻（1565年—1630年）就是其中两位。两人在利玛窦的影响下皈依天主教。徐光启帮助耶稣会士将欧洲著作译为汉语，与此同时掌握了西方的方法。李之藻参与翻译亚里士多德的《论天》，其汉语译本于 1628 年刊印。[9]

进入紫禁城后，耶稣会士寄希望于凭借其天文学专业知识取得无法取代的地位，从而为传教活动获得朝廷许可。他们原本有所进展，但在利玛窦于 1610 年去世后日渐式微。1616 年，中国面临改朝换代的局势，他们被逐出京城，流放到澳门。在中国其他地方，耶稣会士在数年里不得不东躲西藏。[10]

徐光启和李之藻努力修复耶稣会中好友的声誉，最终成功说服新任皇帝，使其认识到历法亟须改革。[11] 基督徒还受到了上天的援助。1629 年，京城上空曾发生一次日食。当时的中国天文学家和耶稣会士都曾对这次日食做出预测。前者计算出的日食开始时间误差一小时，他们预测日食将持续两小时，实际上却只有两分钟。耶稣会士在这两个方面的预测则完全准确。[12] 因此，皇帝命令耶稣会士参与制定新历法，来记录其统治时期。新历法直至 1642 年才完成，而这时中国的政治格局已经大为不同。[13]

进入清朝

随着天命的远去，明朝气数已尽。1618 年以来，东北的满族连番重创大明王朝，最终于 1644 年攻占北京。满族人建立起新一代王朝清朝，但旧政权的忠贞之士仍继续顽抗了数十年。耶稣会士明哲保身，一旦局势明朗，他们立刻就将注意力转向新王朝。1645年，德国耶稣会士汤若望（1591年—1666年）巧用策略，将原本为大明制造的历法改作他用，进献给清朝皇帝，获得了皇帝的青睐。作为奖赏，汤若望被授职为钦天监监正。直到1775年，这一职位几乎一直都由耶稣会士担任。[14]

基督徒当时负责历法、计时和星象解读。后者对他们而言尤为棘手，因为涉及为中国传统仪式确定吉日，而身为天主教徒，理应对这些仪式敬而远之。耶稣会士声称这些仪式属于世俗而非宗教性质，因此，协助王朝确保在正确的时间举行仪式并不等同于放任迷信活动。尽管如此，士大夫们反对耶稣会士，认为他们没有对传统仪式给予应有的重视，也算情有可原。

只要有皇帝的宠眷，汤若望自可安全无虞。但他却不慎树敌。1657年，他将钦天监中的穆斯林官员革职，钦天监与伊斯兰教之间自13世纪忽必烈在位以来的联系就此被斩断。[15]吴明烜（活跃于1657年—1669年）是被革职的穆斯林天文官之一，企图通过指控汤若望预测不准来实施报复。然而指控没有成立，吴明烜入狱，获释后与杨光先（1597年—1669年）展开合作。杨光先是一位士人，因参劾上级官员而引火烧身。吴明烜是专业的天文学家，杨光先则是文墨之士。他屡次上书攻讦耶稣会士的宇宙学新论，证明它们与中国传统历法相悖。[16]

地圆说就是杨光先所质疑的理论之一。他提出的其中一条论据是，如果大地是球形，那么海水竟然没有倾泻，甚至没有积聚到底部，这十分荒谬。他解释道："苟有在旁在下之国，居于平水之中，则西洋皆为鱼鳖。"相反，他重申张衡所提出的模型，即大地漂浮于球形宇宙内的水面上。他说道："地居水中，则万国之地面皆在地平之上……地平即东西南北四大海水也。"[17]

起初，杨光先的上书在还没到达高层官员手中就已被否决。然而耶稣会士颇不明智地中了圈套，站出来指责杨不忠于清王朝。对此，杨光先指控称，1657年皇子夭折，欧洲教士为其葬礼择定的时辰不吉利。这是很严重的指控。逝者必须在正确的时间、正确的地点下葬。若未遵循这些规则，其在世的家族成员将遭遇不幸。而报应似乎来得很快：清朝入关后的第一位皇帝和他的妃子均于1661年死于天花。[18]下一任皇帝康熙（1654年—1722年）当时年仅八岁，在他成年前，国家由四位辅政大臣治理。

1664年，杨光先就下葬时辰出错一事向礼部提出申诉。这一次，他的指控得以成立。钦天监中的官员、耶稣会士被羁押候审。这时的汤若望已风烛残年，难以承受狱中种种虐待，得了中风。1665年4月，汤若望和同僚被判凌迟处死。要想获救，似乎只能期盼出现奇迹。

审判次日，中国北方发生地震，紫禁城也遭到损害，在中国人的观念中，自然灾害无疑是上天对国家治理不善或刑罚不公的警示。为谨慎起见，对耶稣会士的判决被改为软禁，不久后，汤若望因病去世。与欧洲教士合作的五位中国籍天文官不幸仍遭处斩。[19]杨光先忽然发现自己获胜了。政府命他接管钦天监，但这绝非他所愿。他辩驳称自己对数学一无所知，更不具备制定历法的才能。被迫担任监正后，杨任命其同谋吴明烜为监副，因为他至少是受过训练的天文学家。[20]不幸的是，他的准确度无法与昔日的耶稣会士相匹敌。

1668年，年轻的康熙皇帝开始亲理政事，他判定，历法风波是与辅政大臣相抗衡的良机。他召见南怀仁（1623年—1688年），即汤若望去世后耶稣会中的时任高级天文学家，让他核查杨光先和吴明烜制定的该年历书。不出所料，南怀仁发现了许多错误。对此，康熙皇帝下令让耶稣会士和杨光先进行比试，预测太阳高度和其他天象。相关比试使用南怀仁指定的仪器，依据的是西方的天文学概念。很有可能皇帝目的就在于让耶稣会士获胜，以此从辅政大臣手里夺权，亲自主持政务。无论如何，南怀仁稳操胜券，轻而易举地使由皇帝委派的委员会相信其预测结果比传统派更为准确。杨光先因此被革除了钦天监监正职务，遣派回籍。南怀仁接任，耶稣会士再次掌权。吴明烜在任上勉强支撑一段时间后，终因能力不足而被问罪。[21]久而久之，中国的保守派将杨光先尊为殉道者，赞扬其抗击那些企图颠覆传统、引入异邦仪式的外国人的义举。[22]

耶稣会在华传教最终因欧洲天主教权威机构而受到阻挠。18世纪初，罗马教廷认为耶稣会过分迁就中国风俗，试图禁止基督徒参与祭祖等仪式，并派遣使臣访华，采取措施企图推行禁令。皇帝被触怒，于1724年下令驱逐传教士，彻底禁止基督教。[23]

关于地圆说的争议

耶稣会的科学计划本意是面向大众的。耶稣会士将欧洲的科学著作译成汉语，设想这些译著很快就能取代《周髀算经》等传统典籍，希望借助宣扬西方文明的优越性，为推动中国皈依天主教铺平道路。康熙皇帝则有自己的打算。他可以接受让耶稣会士掌管钦天监，因为他们在紫禁城内的存在完全符合他的利益。但康熙皇帝无意将耶稣会士的方法推而广之。天文学毕竟是皇家的特权。他派来自自己部族（满族）的效忠者去钦天监接受教导，自己也跟着南怀仁学习西方科学。与此同时，他颁布命令，选拔官员的科举考试不得涉及天文学，从而确保天文学不被列入普通学堂的学习范围。[24]

因此，地圆说并未得到普及，也没有取代传统的世界观。这一理论甚至未被收入官方编纂的学术丛书。18 世纪 70 年代，360名学者在文渊阁展开了一个大型项目——编目中国刊印的所有书籍。他们要对书籍进行评估和概括，并摘录成一部通识百科全书。这时候，中国已经有文章提及地圆说，例如，一部 1648 年的著作中附有一张球形地球的图片，一侧是佛塔，另一侧是大教堂。[25]然而，文渊阁编纂的书目虽然收录了关于欧洲技术性学科的手册，却丝毫没有提及"地圆说"这一概念。[26]

在 17 世纪和 18 世纪，地球的形状仍是学者争议不休的问题。部分中国学者认为大地既不是平的也不是球形，而是呈不规则的

中国天文学著作中的地球：熊明遇《格致草》

形状。一位作家提出，月亮坑坑洼洼的表面反映出地球的外观是不确定的。[27]19世纪初，中国杰出的数学家阮元（1764年—1849年）对地圆说和哥白尼的日心说均持怀疑态度。[28]天主教会于1758年终于取消对日心说的全面禁止，耶稣会士必然在此后将日心说引入中国。[29]

确实有一些中国学者接受了欧洲天文学和数学的基本原理，其中就包括球形地圆说。梅文鼎（1633年—1721年）就是其中之一。他出身于名门望族，其家族始终效忠于明朝，这一家世背景使得他未曾在清朝的钦天监任职。当时正在寻找本土科学人才的康熙皇帝注意到了博学多才的梅文鼎。梅文鼎主张采纳西方的方法，但坚持认为这些方法源于中国。[30]为证明这一观点，他试图融合东西方科学史。如前文所述，利玛窦在对张衡的球形天空说作旧义新解时，顺应了中国古代典籍支持地圆说这一观点，尽管他忽略了张衡所说大地是平的这部分内容。梅文鼎如出一辙地对儒家经典进行创造性解读，声称"西方人观测天象的仪器，五个气候带的理论，大地是球形的观念……这些都没有超出《周髀算经》所涵盖的范围"。[31]

为解释中国古代科学如何传播至欧洲，梅文鼎提出，公元前3200年，传说中的尧帝派出四位天文学家去测定夏至日和冬至日、春分日和秋分日的时间，被派往西方的天文学家带着天文学知识一路向西。梅文鼎解释称，后来，在公元前4世纪和公元前3世纪的战国时期，即在秦朝于公元前221年统一中国之前，内乱绵延，满目疮痍，更多的天文学家避乱出逃。一些天文学家逃往阿拉伯和希腊，在当地播下了科学传统的种子。康熙皇帝认为以西学中源说来贬抑西方科学也未尝不可。[32]直到20世纪，即使地圆说已于19世纪最终得到普及，西学中源说仍是士人中的普遍观念。[33]

中国饱受欧洲列强的蹂躏，但从未完全沦为殖民地。继大航海时代以来，世界上大部分地区落入西方的统治之下，直到20世纪中期。帝国主义者企图通过殖民统治灌输其"启蒙价值观"，关于地圆说的知识随之传播到世界各地。但即使在欧洲，也仍有人对地平说念念不忘。

22

地圆说走向全球：
在球形尘世想象中的角落

　　哥伦布和麦哲伦之所以尝试航行，是因为他们对地球的大小和美洲的位置一无所知。正确的图景直到数个世纪后才逐渐显现。首先，航海家需要可以精准测量经纬度的方法。测量纬度相对简单。在北半球，一种方法是测量北极星的高度。[1]另外也可以通过观察正午太阳的高度，只要知道日期，这种方法在两个半球都适用。

　　计算地球大小则需要更多的信息。正如埃拉托色尼所推断，需要地球上两个点的确切坐标和它们之间的距离。只需知道一度纬度的长度，乘以360，就可以得出地球围绕两级的周长。在近代早期的欧洲，测量长距离的最佳方法是三角测量法。这种技术涉及测量基线的长度，从基线两端各找出一个地标的方位，形成一个三角形。三角测量法可以用来计算三角形另两条边的长度。这些长度是测量到其他地标的距离的新基线。所有三角形最终构建成一张地图，显示出地标的正确间距。这样的项目需要可观的资源和精密的测量，因此只有政府才有能力负担。

相对而言，测量经度以便准确计算大西洋或太平洋的宽度要棘手得多。起码理论并不复杂。按照定义，伦敦东南部的格林尼治的经度为零。如果知道格林尼治的时间和所在地的时间，就可以轻松计算出所在地的经度。所在地和格林尼治时间每相差四分钟，就对应一度经度。这是因为地球每24小时，即每1440分钟，自转360度。因此，每四分钟时差对应自转一度。

早在16世纪和17世纪，身处美国很难知道伦敦的时间。你无法把摆钟运过大西洋，还指望它在途中能准确走时。幸运的是，如果某场月食在这两大洲都可见，绝对的同时性就能实现。[2]西班牙政府率先发起通过月食来测量经度的系统性运动，始于1577年9月27日的月食。至少在陆地上，这一方法帮助绘制出精确的西班牙帝国地图。但对旅行者而言并不适用，因为月食并不是常见事件。英国钟表匠约翰·哈里森（1693年—1776年）发明了一种可在海上计时的航海天文钟，解决了这一问题。水手使用这种钟表可以将格林尼治时间随身携带，并直接与所在地时间进行比较。最终，在19世纪，电报机的发明意味着可以将本地时间瞬时传送到远方。

地球真的是球体吗？

直到17世纪末，欧洲学者一直认为地球是完美的球形，山脉和山谷所形成的褶皱可以忽略不计。然后在1671年，一支探险队从法国启程前往南美洲北海岸的卡宴镇，对在欧洲不可见的星星进行观测。探险队配备的摆钟是当时最先进的，并且在巴黎经过校准，以确保没有误差。当他们抵达卡宴，给摆钟上发条重启后，发现摆钟每天少了2分28秒。[3]由于摆钟是在重力的作用下工作的，这意味着卡宴的引力稍弱于法国。这一结果传到了英国数学家艾萨克·牛顿那里，当时他正在剑桥研究重力理论。他将这一发现写进1687年出版的《自然哲学的数学原理》。[4]他在书中预测地球不是均匀的球体，而是在两极略微变扁。

当时的法国数学家认为牛顿的观点缺乏说服力。他们更倾向于认为地球应该是赤道较窄、两极略细——与牛顿的预测相反。为解决这一争议，1735年，一支探险队从法国出发前往赤道测量纬度，展开了一场雄心勃勃的探险。所选测量地点位于秘鲁基多市附近。另一支队伍前往北极圈执行同一任务。当判决结果出来时，牛顿显然是正确的：相比极地，赤道的一度纬度的长度稍微更短。

今时今日，我们可以通过现代全球定位系统惊人的精度来测量我们星球的形状。地球的形状被称为扁球体，地球在赤道处的宽度比其高度大了大约三百分之一。换言之，赤道直径比两极直径大了约42千米。这比牛顿预测的扁的程度要小一些。相比之下，最深的海洋（11千米）和最高的山峰（9千米）都是微不足道的"瑕疵"。赤道的相对隆起意味着，地球表面距离地球中心最远的点（而不是海拔最高的地方）是位于南美洲厄瓜多尔的一座山峰的顶点。

弘扬地圆说

欧洲人漂洋过海，逐渐将每一片海岸和每一座岛屿都绘入地图。但还有一件事令他们感到困惑。两千年来，关于对跖地是否存在的争论从未停歇，到了18世纪，他们确信存在一块巨大的南方大陆，并称其为"未知的南方大陆"。许多探险家自以为已经发现这块大陆，或至少曾从远处望见过它。此外，相对于南方海域的辽阔，其中所包含的东西却少之又少。一直到18世纪末，詹姆斯·库克船长（1728年—1779年）遍航南极圈却始终没有遇到所谓未知的南方大陆，这一神话才被最终打破。[5] 当然，南方的确有一块陆地：南极洲，发现于19世纪20年代。海洋地图的绘制就此完成，但在接下来的许多年里，大陆内部仍然是未知的。

在欧洲，地球仪成为富裕家庭客厅中的常见装饰。但随着欧洲人在世界上继续探索与建立殖民地，他们发现传统的世界观依然相当普遍。例如，古文物研究者在研究西班牙征服者劫掠后幸存下来的阿兹特克文明和玛雅文明遗迹时，发现了复杂的天文系统，但其中却没有任何地圆说的身影。阿兹特克人认为其首都特诺奇蒂特兰是地球的中心，它本身是盐湖中的一座岛屿，因此成为整个世界的缩影。环绕着地球的是四片花瓣，对应四个主要方向。南方花瓣是天堂，由雨神统治。北方是通往地下世界的入口，太阳每晚必须从此处经过，才能从东方升起。天空有十三层，每一层居住着不同的神祇。[6]

位于特诺奇蒂特兰南面的玛雅人有着许多与阿兹特克人相似的宇宙观，只是他们将北方与赐予生命的雨水相联系，将南方与死亡相联系。有一棵宇宙之树，其枝叶支撑天空，其根部深入地下世界。[7]在太平洋彼岸，波利尼西亚人和澳大利亚原住民有着各自的世界观。在夏威夷，人们认为天空是呈葫芦形的圆形建筑。[8]澳大利亚的蒂皮人（Tipi）将地球描述为一个圆盘，其周遭环绕着水，其上方笼罩着天穹。[9]

所有这些信息传入欧洲后，新兴的人类学学科奠基人从中总结出，在了解实际情况之前，所有人都会自然而然地认为地球是平的。牛津大学的首位人类学教授爱德华·伯内特·泰勒（1832年—1917年）如是写道：

> 在荒野林地中生活、未曾接受过教育的孩童会理所当然地认为，地球是圆形的平面，有些凹凸不平，上方笼罩着从地平线上升起的穹顶或苍穹。因此，自然原始的世界观认为地球是一个带有盖子的圆盘。许多国家的野蛮部落都是这样认为的，并构建起这一观念，以此解释下雨等现象，即雨是从天空之顶的洞口滴落下来的水。穹顶布满了星星，距离我们只有几英里。[10]

泰勒认为，英国乡下村民和他所称的"野蛮部落"都是这样认为的。他向读者保证，几年前，一位教师在西部乡村教授地圆说时激怒了村民，因为他们认为地球是平的。[11]

　　像泰勒一样，欧洲人将传统世界观视为古板或原始。但很少有人像托马斯·巴宾顿·麦考利（1800年—1859年）那样居高临下。他后来因《英格兰史》（*History of England*）而闻名于世，在其职业生涯初期是英属印度的一名公职人员。在此期间，他曾参与讨论学校的资金分配。伦敦的议会坚称，印度政府应该投入资金教育当地民众，殖民当局理解为支持印度教和穆斯林学院。麦考利对此表示坚决反对，称颂英国科学和学术的优越性。他在1835年的《教育纪要》（*Minute on Education*）中将印度教学问贬斥为"其天文学，会引得英国寄宿学校的女孩们发笑；其历史学，充斥着身高九米、统治长达三万年的国王；其地理学，由流溢着糖浆和黄油的海组成"。[12]麦考利所诋毁的印度教和穆斯林学院实际上是婆罗门和伊玛目的神学院，因此，他对这些课程的评价就好比以西方神学院研究《创世记》为由否定西方科学。对于我们前文遇到的调和地圆说与印度教往世书的努力，他毫不在意。尽管如此，麦考利赢得了这场争论，资金被转用于向印度人教授欧洲科目。

　　对于麦考利而言，传统的世界观是一个学术问题。对于传教士而言，他们穿行于亚洲和非洲传播基督教，试图诋毁当地信仰从而取而代之，西方的宇宙论自然是难以抗拒的方式。尽管耶稣会士在中国采用这一策略所取得的成效有限，新教传教士仍然乐于尝试。如英国神学家和诗人约翰·邓恩（1572年—1631年）所吟唱的那样，为主在"球形尘世想象中的角落"吹响号角。[13]

殖民时期的传教士

1873年8月，斯里兰卡科伦坡城外，两个人面对着五千名观众，他们分别是佛教僧侣和新教牧师。他们在这里参加一场为期两天的辩论，为各自宗教的真理做辩护。基督徒在自己这一侧的平台摆上桌子，铺上白色桌布，放上一些绿植作为装饰。他对面排列着两百名身着橙红色僧袍的佛教僧侣，上方是红色、白色和蓝色的顶棚。

基督教代表戴维·达·席尔瓦在开场白中以"新无神论者"般的尖锐姿态向对手发难，嘲讽佛教教义中的轮回和无我观。佛教徒古纳南达则悉数奉还，挪揄对方这位基督徒连佛经都念不准，谈何正确理解。至于《圣经》，以色列人在埃及过第一个逾越节时，为什么要以羔羊血涂门来标记自己？假若上帝真的全知，必然早就知道他们所居之所。

辩论第二天，达·席尔瓦将论题转向宇宙观。他指出，在佛教宇宙中，须弥山位于中心，呈方形，据称高和宽均超过百万千米。那么，他问道，如此庞然巨物，人们为什么会看不见呢？他嘲笑道："爬到你们佛经中描述的那棵大树的顶端，你一定就能看到了。"然后，他指了指放在墨水瓶上的地球仪，说道："如今，地球周长为25000千米。这是世上所有文明国度公认的事实。日常经验也可以对其加以验证。"地球上没有足够的空间容纳须弥山，假如它矗立在空中，我们都能在天空中看见。[14]

乔达摩·悉达多王子（于约公元前400年涅槃）被尊称为"佛陀"。他生于富贵之家，却反抗当时的种姓文化，反对《吠陀》所规定的祭神仪式，即婆罗门权力的基础。相反，他敦促追随者追求涅槃，并宣扬一种介于苦行主义和过度享乐之间的伦理中道。孔雀王朝的阿育王是佛教的早期信徒，他为自己此前发动血腥的征服战争而痛悔不已。阿育王的赞助有助于佛教教义在印度及其他地区的传播。一则早期传说认为，阿育王曾向斯里兰卡派遣传教的僧侣，时至今日，佛教徒仍在该国人口中占据多数。[15]

公元4世纪，一位名叫世亲的僧人构建起清晰的宇宙观，被南亚佛教徒引为经典。世亲的宇宙观植根于相同的印欧文化背景，因此，与往世书中的世界观具有一些相似之处。他认为须弥山处于扁平大地的中心，向上直达天际。这座山被海洋环绕着，在世界的边缘有一堵铁墙对海洋加以遏制。四块大陆围绕着须弥山分布在水域中，分别处于主要方位上。印度位于南部大陆，前往其他大陆的旅行只出现在神话之中。天堂和地狱都有多重，在大地上方和下方堆叠，与往世书中如出一辙。[16]存世的印度手抄本收藏中有对这一世界观的精美描绘。

如前文所述，印度天文学家采纳地圆说的一大动机在于他们需要准确计时，以便在适当的时间举行《吠陀》中的仪式。佛陀本人明确否定这些仪式的必要性，因此他的信徒对于更加准确的历法的需求就少了一大动机。此外，佛教僧侣受到明确告诫，不得研究所谓"俗世科学"，例如天文学，尽管禁令并不总会得到遵守。同样，据说佛陀还曾禁止占星术，观测天象的又一动机因此也被消除。[17]佛教徒中也有天赋异禀的天文学家，比如中国的一行，但他们对天文学的研究大体上与宗教信仰相悖。

对佛教徒而言，无论他们如何与之分割，地圆说始终是一个问题。在日本，1868年明治维新推翻幕府统治之后，这一问题变得尤为严峻。随着社会迅速步入现代化，世界地图成为学校中的常见景象。日本佛教徒就如何适应西方宇宙论已经争执一个多世纪，仍没有定论。才华横溢的年轻学者富永仲基（1715年—1746年）提出一种批判性的佛经解读方法，以区分佛陀的原话和反映佛陀信徒意图的言论。他发现关于须弥山的描述有一些相互矛盾之处，特别是关于须弥山大小的内容。这些描述不可能全都是正确的。他表示，此外，佛陀的教义并不取决于须弥山，须弥山只是反映了他所生活的《吠陀》中的环境。富永仲基解释称："这是因为佛陀的意图并不在于此类小事。他急于寻求人们的救赎，无暇顾及这些琐事。"[18]

到19世纪末，日本作家就以下观点达成了一致：佛经中的世界观是后世对佛陀教诲的附加内容，或者是佛陀用他传教时所面向的普通人的语言进行表达的一个例子。他们说，如果佛陀今天回到世界上，一定会乐于将地球描述为球体。在19世纪70年代的日本，传授关于须弥山的内容甚至被视为非法。[19]其他佛教徒试图将其描述为对现代宇宙学的比喻。1927年，中国僧人太虚（1890年—1947年）通过展示如何将佛教世界观中的元素与太阳系相对应，调和了欧洲世界观与佛教世界观。[20]

前往斯里兰卡的英国传教士很快就对西方和佛教世界观之间的差异加以利用。他们说，须弥山不可能存在，因为探险家在地球上的足迹之广泛，已经足以确认须弥山无处可藏。相关证据"都趋向于证明佛陀对地球的真正形状并不知情，他所说的关于地球形状的言论都是错误的，不符合科学"。而且，地球一定是球形，因为从斯里兰卡启程向西航行的船只不会撞上环绕世界的屏障，而是会最终回到起点。如果佛陀在这一点上出了错，那么他在其他很多方面也有可能出错："因此，他不是一个可信的老师。"[21]

那么，1873年在科伦坡附近，僧侣古纳南达是如何回应戴维·达·席尔瓦的呢？欧洲传教士将地圆说引入东方，但达·席尔瓦是皈依基督教的本地僧伽罗人。这是一场持有不同信仰的斯里兰卡人之间的辩论。事实证明，古纳南达一直在对西方科学进行研究，他发现，一些英格兰人对牛顿的发现嗤之以鼻。他质问道，假如欧洲尚有否认现代科学公理的人，那么斯里兰卡人为何要放弃自己的传统？他的确言之有理。就连英格兰也不乏地平说者。

地平说学会

　　1849年，塞缪尔·伯利·罗博瑟姆（1816年—1884年）以笔名"Parallax（视差）"出版了一本小册子，阐述他为何认为地球是平的。罗博瑟姆在东英格兰的一家社会主义公社开启职业生涯，通过在全国各地的乡村礼堂和工人俱乐部发表演讲来宣传他的作品。他口才出众，能对听众提出的所有地圆说支持论据加以反驳。其中一个常见的质疑是，假如地球是圆盘，那怎么可能实现环球航行。罗博瑟姆回答说，由于北极是世界中心，船只沿垂直于正北方向航行，总是会绕行一圈并回到起点。从当地记者对其发表的评论来看，罗博瑟姆似乎已经说服了一半。他将辩论中提炼的论点整理成扩充版的小册子，最终形成一本400多页的书，其中充斥着证明地球像圆盘的实验和反驳论点。在出版这本终极版论著时，多栖发展的罗博瑟姆已经涉足庸医领域。[22] 他的成功足以支撑他在伦敦过上优渥的生活，和年轻的妻子及一大帮孩子一起。

　　为描述其地平计划，罗博瑟姆创造出"探究（zetetic）天文学"这一名称，其中zetetic一词源于希腊单词"zeteo"，意为"寻找"，正如《马太福音》所说："寻找，就寻见。"[23] 探究天文学的噱头无非是常识。任何有眼睛的人都能目睹地平说的证据。罗博瑟姆促请人们进行实验，并为那些不愿亲自实验的人解释结果。探究天文学"是所有方面都可经证实的哲学，与我们的感官证据相一致，经由每一个公正的实验所证实"。相比之下，"现代和牛顿天文学不具备这些特征。整个体系加在一起，构成了最畸形的荒谬产物”。[24]罗博瑟姆坚称自己会直面所有质疑者，但通常总是躲躲闪闪，回避可验证其理论的测试。有一次，他在普利茅斯被逼无奈，干脆矢口否认以下事实：一座40千米以外的灯塔因地球的曲度而被遮挡住一部分。他的厚颜无耻简直气势逼人，明明他完全无法验证其理论，却使得一些观众在离开时笃信其理论取得了巨大的成功。

探究派再三标榜以常识为依据，但他们的主要动力其实源于宗教。他们按照字面意思解读《圣经》，在论证中点缀来自经文的证据。至于现代科学家，“因为牛顿理论被认为是正确的，他们就会受此引导，完全拒绝《圣经》，忽视崇拜，怀疑并否认造物主和世界最高统治者的存在”。[25]工人阶级期刊上时不时会有热烈讨论，如《英国机械师》(English Mechanic)。这些期刊的读者希望接受教育，同时对统治阶级持有一些怀疑。他们也倾向于认为自己是虔诚的基督徒，正是探究派的目标受众。当然，探究派完全没有成功。绝大多数英国人是基督徒，但几乎没有人认真对待地平说。

探究派的一个策略是将知名科学家引入讨论。几位地平说者曾给皇家天文学家乔治·艾里（1801年—1892年）写信，要求其关注他们的论点。艾里深感困扰，惊讶于有人竟把这种事情当真，因此把他们的信归档到“我的精神病收容所”，并很快学会了不予回应。[26]约翰·汉普登（1819年—1891年）是罗博瑟姆最健谈、最激进的追随者之一。他曾押注500英镑，赌自己能证明地球是平的，由此钓到了一条更大的鱼。和查尔斯·达尔文一起发现自然选择理论的阿尔弗雷德·拉塞尔·华莱士站了出来应战。与达尔文不同，华莱士并不富裕，而且当时科学领域有薪酬的岗位十分紧缺。证明地球不是平的，拿下汉普登的500英镑赌注，看起来轻而易举。

华莱士和汉普登将挑战时间定在1870年2月28日，地点是老贝德福德河上的韦尔尼桥，这条河是诺福克沼泽地的一条17世纪的排水渠，笔直平坦，延伸数千米。两人商定在威斯比奇镇附近一段10千米长的河段决出胜负。罗博瑟姆过去常在这里逗留进行观测，并且自以为证明了地球是平面。在约定的这一天，华莱士沿河放置带有刻度的支柱。根据他的计算，每距离1英里（约1609米），就会有7.6厘米的支柱会被地球的隆起遮挡。结果支柱离得太远，无法看清刻度。不过几天后，华莱士带来一个高清望远镜，他和第二位中立观察者相信，他们所看到的情况确实如此。汉普登显然矢口否认。不幸的是，汉普登欺骗了华莱士，让后者误以为另一位第三方观察者也是公正的，而实际上却属于探究派。由于地平说者否认他们亲眼看见的证据，华莱士陷入了僵局。为完成这场赌约，两位观察者必须都被说服。[27]

汉普登的作弊行为一经曝光，华莱士就拿到了500英镑。可他的困境却有增无减。汉普登在法庭上对他穷追猛打，对他进行各种诽谤。当汉普登开始给华莱士的妻子寄明信片时，这个可怜人提起了诉讼。汉普登被带到首席大法官面前，被判处诽谤罪名成

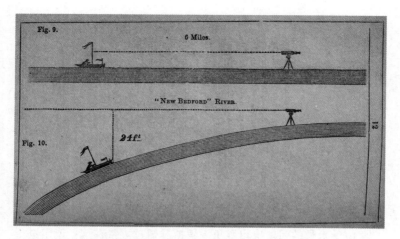

罗博瑟姆绘制的贝德福德河示意图，来自塞缪尔·罗博瑟姆（笔名"视差"）《探究天文学》

立，并且因为无力支付赔偿金而被关进监狱。[28] 但这些对华莱士毫无益处。另一个法庭判定赌约无效，华莱士不得不归还这笔钱。这段经历让他赔了钱，为当初参与其中而后悔不已。[29]

在罗博瑟姆和汉普登去世后，地平说运动的火炬传递到一位坚定不移的女性手中。她叫伊丽莎白·布朗特夫人（1850年—1935年），是许多非主流事业的倡导者，在她那个年代，这些事业显得极为不合时宜。除了身为素食主义者之外，她倡导动物权利，反对活体解剖，更不用提她还对当时的白人优越主义提出质疑。[30] 与一位准男爵结婚后，她获得了爵位和金钱。她利用这些资源通过期刊和公开演讲来宣传自己的观点。1904年，她和丈夫安排重新进行贝德福德河实验，这次使用的是配备长焦镜头的照相机。据称，摄影师拍摄的照片显示10千米外的河面附近有一块白布。[31]

这块白布本应处于地平线以下，但可能在大气折射的作用下变得清晰可见。无论如何，伊丽莎白夫人得意扬扬地将这张照片作为地平说的证据广为传播。1935年，伊丽莎白夫人去世，英国的探究派没有了她的支持，此后逐渐衰落。但它很快在大西洋两岸迎来了复兴，并一直延续至今。

23

今天：
球形的世界没什么稀奇

在西方现代社会，极少有地方会将地平说引为权威观念，宰恩市就是其中之一。宰恩市位于美国芝加哥以北几千米处的密歇根湖畔，建立于1901年，旨在成为遵循五旬节基督教的组织模式的圣所。从一开始，宰恩市就显得与众不同。其统治者是极富个人魅力的宗教领袖，他们会将个人信条写进城市法典。市政法规禁止酗酒、赌博、卖淫和吸烟等邪恶行为，甚至也禁止歌剧、疫苗接种和现代医学这样并不受广泛谴责的恶行。当地政府根据《旧约》中的饮食规定，禁止食用猪肉和贝类。[1]

在威尔伯·格伦·沃利瓦（1870年—1942年）的领导下，市民从小就会被灌输宰恩市的伦理观。生物课自然与《创世记》中的创世记述相呼应。在地理课上，当地学校的儿童会学到地球是扁平的圆盘，太阳距离地球只有几千千米。沃利瓦还通过城市广播电台宣扬其世界观，他所使用的大功率发射机使得在伊利诺伊州北部很远的地方都能听见他的布道。[2]

这座城市曾经繁荣一时。在20世纪50年代之前，工业烘焙厂生产的宰恩无花果酥是极为畅销的零食。[3]然而，这样的景象没有延续下去。和当时许多五旬节派教徒一样，沃利瓦深信世界末日即将降临。他将大部分时间用于宣扬末日信息，在其专制领导和严格的《圣经》禁令下，整座城市蠢蠢欲动。到了1935年，市民们忍无可忍。他们推翻沃利瓦，参照传统模式着手将宰恩市的宪法标准化。[4]自那时起，将地平说的火焰传承下去的任务就落到了为数不多的"勇士"肩上。

国际地平说考证学会

1956年，来自英格兰南部的标牌制作商塞缪尔·申顿（1903年—1971年）创建国际地平说考证学会（IFERS）。和维多利亚时代的探究派一样，申顿是一位保守的基督徒，基于经验主义和常识发起了一场不切实际的运动。

他选择的创建时机实在不合时宜。次年，地平说就面临了前所未有的挑战。1957年10月4日，仅有沙滩球大小的苏联人造卫星"斯普特尼克号"环绕地球运行，发射无线电信号。这看起来是证明地球是球形的无可辩驳的证据。接下来的十年里，随着太空竞赛的进行，地圆说的直接证据越来越多。载人航天任务、从太空中拍摄的地球照片和从月球上对地球的特写镜头，甚至有可能削弱申顿本人对世界二维性的信心。他的言论越来越夸大其词，

"地球升起"，宇航员比尔·安德斯摄于阿波罗8号任务期间月球轨道，1968年

也越来越基于宗教立场。然后，在1968年12月23日，他迎来了致命一击。阿波罗8号太空任务将3名宇航员送入绕月轨道。在太空舱的现场直播中，宇航员将镜头转向窗口，在黑白颗粒画面中，地球仍然清晰可见。次日，地平说再次遭受重创。宇航员在给全球人民的圣诞致辞中引述《创世记》中的第一句话："起初，上帝创造天地……"[5]宇航员比尔·安德斯（生于1933年）拍下一张宏伟的照片，地球一半掩于黑暗之中，在月球表面上方升起。

在美国取得如此成就的背景下，英国记者需要一个本地角度。总是四处寻访怪咖的报纸瞄准申顿的国际地平说考证学会，并把他变成了一个小有名气的人物。他不厌其烦地接受采访，回信为地平说辩护，与此同时，竭力想获得那些嘲笑他的记者的认真对待。

申顿去世后，他发起的运动由加利福尼亚人查尔斯·约翰逊（1924年—2001年）接手。20世纪60年代以来，基督教基要主义教派宣扬"年轻地球创世论"，反对进化论，坚持认为地球是在过去几千年里的六天之内创造的。和探究派一样，这些创世论者为其宗教教义披上了科学的外衣。然而，就连他们也不愿意沾染地平说，这让约翰逊和他的妻子玛乔瑞非常失望。这对夫妻认为，他们是最后仍忠于《圣经》教义的人。

玛乔瑞于1944年从澳大利亚移民到美国，当她到达美国时，发现自己的祖国被称为"下方"，感到十分愤怒。她发誓自己从未倒挂过，并且，几乎所有澳大利亚人都是地平说的支持者。[6] 与此同时，约翰逊对"球形地球科学"发起猛烈抨击，编写不同的世界历史，细数地圆说论者取得胜利的历程。遗憾的是，这些努力无一例外地遭遇失败。1995年，他们的房子被烧毁，国际地平说考证学会的大部分档案随之化为灰烬。仿佛一场告终。[7]

时至今日，地平说依然活跃。事实证明，其支持者并不像他们所自以为的那么隐蔽，尽管需要用互联网将他们会聚在一起。优兔上的视频会对他们的观点进行宣传。谷歌试图遏制其平台上的阴谋论，但怀疑论者的反制只会让信息传播得更加广泛。如今，地平说集会可以吸引数百人。将他们会聚在一起的是对权威及政府的怀疑。他们很可能是在调查登月是否系伪造或是"911事件"是否为自导自演时接触到这一观念。[8]

地平说这种信念是一种终极阴谋论：它要求拥护者全心全意地认为其他所有人都在蓄意欺骗他们，以及现代生活的全部基础设施都是虚假的。正因如此，地平说者受到的不是同情就是嘲讽。然而，不同于反疫苗人士，他们迄今为止只伤害过自己。2020年2月，冒险家"疯狂的"迈克·休斯丧生于自制的蒸汽动力火箭，据称他是在试图证明地球是平的。[9]或许我们不该嘲笑他——至少他具有坚定信念所赋予的勇气。

科学与宗教之间的巨大冲突

今天，地平说被打上愚昧无知的烙印。这反映于大众对历史的普遍认知中：古希腊人充满智慧，知道地球是球形，而中世纪人受到教会的教条主义压迫，必然是地平说者，巴格达睿智的科学家则不同。如前文所述，事实并不是像这样非黑即白。地圆说在中世纪的基督教世界已经深入人心，但慢慢地才在世界其他许多地方得到普及。

在哥伦布证明地球是球形以前，所有人都认为地球是平的——在整个20世纪的大部分时间里，这一谬论都被从幼儿园到大学在内的机构当作事实来传授。教科书一再灌输这个谎言，以至于它已经成为传统智慧中未经审查的那一部分。[10]并非只有普通民众相信所谓中世纪是愚昧和迷信的时期这种虚假言论。20世纪末的知名历史学者也曾推波助澜。后来成为哈佛大学教授的英国学者J.H.帕里（1914年—1982年）获得的荣誉足以戴满整条手臂。他曾写道，科斯马斯·印地科普尔斯基对西欧中世纪末以前的"宇宙观具有不可估量的影响，尽管并非从未受到质疑"。[11]事实上，在科斯马斯著作的拉丁语译本于18世纪出现以前，西方不可能有人听说过他。曾荣获普利策奖的前美国国会图书馆馆长丹尼尔·布尔斯廷（1914年—2004年）在其科学史著作《发现者》（*The Discoverers*）中花费一整章专门论述中世纪时期人们相信地球是平的。[12]

一些学者的见地更为高明。杰弗里·伯顿·罗素（生于1934年）在其出版于1991年的一本薄薄的论著中，对所谓中世纪人相信地平说这一谬论发起正面抨击。然而遗憾的是，他在最后低估了安条克教理学院世界观中的会幕对早期基督教的影响。[13]以《玫瑰之名》（*The Name of the Rose*）闻名于世的意大利文化史学者翁贝托·埃科（1932年—2016年）也曾对这一讹误进行抨击。在1994年博洛尼亚大学的一场讲座中，他解释称，在萨拉曼卡会议上，哥伦布的反对者绝不认为地球是平的。不幸的是，这份摘要从未传达给其英国出版商。讲稿被翻译成英文，但收录译稿的这本书却在背面简介中写道，地平说者无意中鼓励了哥伦布启航横渡大西洋。[14]

　　在科学与宗教之间存在巨大冲突这一更为宏大的谬论中，所谓中世纪人相信地平说之说不过是其中一个方面。这一论断的起源可以追溯到宗教改革时期，当时，半个欧洲都反对天主教会的权威。为证明脱离罗马的正当性，新教在宣传中将中世纪的教会描绘为无知和迷信的源泉。例如，弗朗西斯·培根认为天主教教义阻碍科学发展，为证明这一点，他写道："在对早期基督教神父的指控中，宇宙学家宣称地球是球体，因此栖息于相对的两极（存在对跖地），他们所列举的证据一清二楚，今天任何理智之人都无法否认……宇宙学家因亵渎神明而遭受审判。"[15]中世纪初期，萨尔茨堡的维吉尔曾遭受指控。这似乎是对这段往事的曲解。

　　18世纪，托马斯·潘恩（1737年—1809年）采纳这一谬论，表示可怜的维吉尔"因主张对跖地的存在，或换言之，地球是球体，而被判处火烧之刑"。[16]人们或许认为，在其履历上写上"被当作异端烧死"会使维吉尔的封圣复杂化。美国开国元勋托马斯·杰斐逊（1743年—1826年）则使得局面更加混乱。在《弗吉尼亚州笔记》（*Notes on the State of Virginia*）中，他说伽利略因教导地球是球形而遭到宗教法庭起诉。[17]

　　法国大革命后，形势愈演愈烈。地位尊崇的学者将这一谬论转变成学术常识，如法兰西公学院历史学教授让–安托万·勒特罗纳（1787年—1848年）。[18]当时的总体论断认为，科学与宗教之间存在永恒的斗争，而科学即将获胜，这一谬论成为此论断的一部分。英国的参与论战者推广了这一论断，如"达尔文的斗牛犬"托马斯·赫胥黎（1825年—1895年）和物理学家约翰·丁达尔（1820年—1893年）。该世纪末，两本著名论著将所谓科学与宗教之间的冲突进一步推广至公众层面。这两本著作分别是约翰·威廉·杜雷伯（1811年—1882年）的《宗教与科学的冲突史》（ *History of the Conflict between Religion and Science* ）和安德鲁·迪克森·怀特（1832年—1918年）的《基督教世界科学与神学论战史》（ *History of the Warfare of Science with Theology in Christendom* ）。怀特对哥伦布的描述比大多数人都更引人入胜：

> 许多勇敢的航海家不畏海盗，不惧风暴，但一想到船只可能会掉进地狱的某个入口，就战栗不已——当时人们普遍认为，地狱位于距离欧洲不知多远的大西洋之中。哥伦布进行伟大航行的主要障碍之一，正是水手们的这种恐惧。[19]

近年来，冲突论的观点渗透进电视剧《辛普森一家》，古生物学家斯蒂芬·J.古尔德（1941年—2002年）在其中担任配音嘉宾。[20]古尔德本人后来写下《岁月的岩石》（ *Rocks of Ages* ），全书对所谓的冲突论进行驳斥，尤其是中世纪人相信地平说这一谬论。[21]

如今，历史学家不再对宗教与信仰之间的关系作一元化论述。他们已经认识到，冲突论背后的主要动机是弥漫于19世纪的反天主教偏见。至于杜雷伯和怀特，虽然两人都不是无神论者，但他们反对罗马教廷之坚决，不亚于使用英语的自由主义者。事实上，他们对宗教的厌恶仅限于罗马地区以内。杜雷伯的这部著作极为支持伊斯兰教，以至于被翻译为土耳其语，成为奥斯曼帝国现代化运动的一部分。[22] 两位学者都试图融合宗教改革与科学，却无意中反而加深了隔阂。[23]

本书似有为冲突论添砖加瓦之嫌。毕竟我们在前文已经见证，对地圆说的抵制有多少是披着教士的外衣。例如，探究派将他们回归本原的运动视为现代科学与基督教之间不可调和的斗争的一部分。但在辩论的另一方，宗教人士的地位同样突出。塞维利亚的伊西多禄和可敬者比德对地球的形状持有异见，但仍被天主教会封圣。穆斯林学者在地球形状上的分歧由来已久，但争议双方同样虔诚。印度天文学家最早将证明地圆说的合理性作为提高历法准确性的一种手段，特别是以此确保《吠陀》中的仪式在正确的时间举行。儒家是否称得上是宗教仍有待商榷，但即使在耶稣会抵达之后，中国的多数知识精英仍然坚持其传统的世界观。至于卢克莱修，他在今天被尊为理性主义的拥趸，人们大多已经忘记他认为地球是平的这一事实。

但归根究底，所谓科学与宗教之争并无涉于像"信仰与理性"或"解放思想与墨守成规"这样的宏大主题。而仅仅是时间顺序问题。《圣经》和《古兰经》等圣典的书写采用的是日常语言，除了核心的宗教信息之外，反映了其最初受众的传统智慧。因此，无论是关于地球形状还是其他科学主题，它们所包含的任何评论都只不过是其成书时代的常识。当新观念出现时，必然会与早先的文本产生分歧，正如伽利略等人淘汰亚里士多德的大部分物理学那样。大多数情况下，经文与科学发展之间的矛盾都能得到解决，而不至于争执不休。诚然，天主教会颇不明智地在亚里士多德的旗帜下故步自封，时至今日，创世论者仍因达尔文主义与《圣经》相矛盾而提出质疑。然而，科学与宗教之间的关系整体上是和谐的，这些争论只是少数例外。

至于地平说，它仍然存在于我们最杰出的作家的想象之中。

奇幻世界

1926年1月，牛津大学摩德林学院的一名新研究员开始上第一堂课。教室里座无虚席，他不得不带领听众转移到更大的房间，以便大家都能坐下。[24]这是其职业生涯的开始，此后，他培养了一代又一代的大学生。他的一门课程在牛津大学多次开设，其文稿经整理后于1964年出版，名为《被弃的意象：中世纪与文艺复兴文学入门》（*The Discarded Image: An Introduction to Medieval and Renaissance Literature*）。这位研究员就是C.S.刘易斯（1898年—1963年）。他是基督教辩护者和中世纪晚期英国文学专家，离世次年，他因纳尼亚传奇系列儿童书籍而广受赞誉。刘易斯在学术专著中对中世纪人相信地平说这一谬论加以抨击。正如他在《被弃的意象》中写道："从自然科学上考虑，地球是球体；中世纪鼎盛时期所有作者都同意这一观点……地球是球形的事实已经被充分认知。"[25]

然而，当刘易斯着手创造自己的世界时，发现球形的地球并不符合他的创作目的。纳尼亚是平的。在纳尼亚第三部小说《黎明踏浪号》（*The Voyage of the Dawn Treader*）中，凯斯宾国王带领探险队横渡东海，抵达世界尽头。随着船只驶向黎明，初升的太阳逐渐变大，最终变大了五六倍。在大洋彼端，水是淡水，又清又浅，长满了百合花。当船的吃水深度导致无法继续前进时，船员中的老鼠划着一艘小小的划艇，穿越过一道水墙，消失不见了。在另一边，甲板上的人们勉强可以看见阿斯兰大陆的高山，也许那就是传说中的中世纪人间天堂。[26]

刘易斯所引发的学者和粉丝的评论不计其数。很多人曾写过关于纳尼亚中的地理的文章，但没有人能合理地解释刘易斯为什么设定成平地。毕竟，他在《被弃的意象》中苦口婆心地指出中世纪人并不是如此看待世界。与其过度分析，不如说这一问题的答案很可能就在凯斯宾国王和两个英国小男孩之间的对话中。他们叫埃德蒙和尤斯塔斯，被魔力传送到黎明号上。尤斯塔斯认为，世界居然有边缘，真是太荒谬了。但埃德蒙意识到纳尼亚可能与我们的星球不同。凯斯宾知道后非常兴奋：

"你的意思是说，"凯斯宾问道，"你们三个来自球形的世界（像球那样浑圆），而你们从没提起过！你们真是太坏了。

因为我们有些童话故事里面的世界就是球形的，我一直都很喜欢。我从来都不相信它们真的存在……生活在球上，一定很稀奇。那你有没有去过这样的地方，那里的人是倒立着走路的？"

埃德蒙摇摇头。"不是那样的，"他补充道，"等你身处其中就会觉得，球形的世界没什么可稀奇。"[27]

刘易斯似乎理解，对生活在平地世界的人而言，地是球形这一点有多么离奇，简直像个神话而非现实。但他同时也看到（他曾多次提及这一点），一旦我们习以为常，就会对这一奇观不以为意。纳尼亚是平的，因为它以《世界外衣》为蓝本，充满基督教的象征意义，与科学所揭示的世界不同。但刘易斯也希望我们理解，如果掌握方法，就可以在象征世界和真实世界之间来回切换。从内部看，象征世界和我们的世界同等真实。

刘易斯并不是唯一一个将奇幻世界设定成平地的作者。他的好友 J.R.R. 托尔金（1892年—1973年），同样也是一位牛津大学的中世纪文学专家，采用了同样的设定。《魔戒》（*The Lord of the Rings*）和《霍比特人》（*The Hobbit*）中的情节发生在球形的地球上。但世界的形状并非一直如此。在书中情节展开的几千年前，来自努曼诺尔岛的邪恶人类试图入侵遥远西方的精灵国度。黑暗领主索伦诱使努曼诺尔人相信，他们这样做可以获得永生。精灵们祈求解救。名叫伊露维塔的神祇将不死之地从世界之圆中连根拔起，使得人类完全无法进入。巨大的裂缝出现，将努曼诺尔人吞没。最后，众神在伊露维塔的授意下，"将中土的边缘向后弯曲，并且……他们把它变成了一个球，这样无论人类航行多远，都永远无法抵达真正的西方，只能疲惫地回到起点"。[28]

托尔金的研究方向是盎格鲁－撒克逊文学，尤其热衷于古英语史诗《贝奥武夫》。这个故事设定于圆盘形的世界。1936年，托尔金围绕《贝奥武夫》发表了一场以《野兽与评论家》为主题的演讲。他指出，诗人"及听众想的是巨大的地球（eormengrund）被无边的海洋（garsecg）环绕，上方是无法触及的天空之顶"。[29]他在诗歌评论中进一步加以阐述，解释称公元800年左右受过教育的人们很可能意识到地球是球形，但这一观点并没有反映在诗歌中，可能也不是听众想象中的世界的一部分。[30]

英格兰不像希腊人或维京人那样具有高度成熟的神话体系。也许是失传了，又或者从未存在过。托尔金着手创造了一个。由于这不属于学术研究，他可以随心所欲地从其他文化存世的故事中汲取素材，无论是爱尔兰的英雄传奇还是法国的骑士故事。例如，托尔金写道，在时间之初，两棵树照亮了整片大地——这个想法的灵感就来源于一则关于亚历山大大帝的中世纪骑士故事。[31]当这两棵树被摧毁时，它们的光芒碎片形成了太阳和月亮。

据另一个给予托尔金熏陶的神话体系——北欧神话所称，宇宙树，即一棵巨大的白蜡树，矗立于世界中心。在其根部，可以找到人类和巨人的世界。尽管维京人是伟大的航海家，还曾短暂地殖民过北美，但他们的想象之中并没有地圆说的身影。直到13世纪，冰岛编年史学家斯诺里·斯蒂德吕松（1178年—1241年）用古挪威语写下意为"世界圆盘"的字样，才为这则英雄传奇赋予了其现代名称《挪威王列传》（*Heimskringla*）。[32]

托尔金最早之所以将中土设定为平地，可能是因为他认识到曾经所有人类都这样看待世界。不死之地和中土的分裂象征着纯真的丧失，人类因此被隔绝于精神领域之外。然而，托尔金后来为其神话中的这一方面感到后悔。在1939年一场主题为《论童话故事》的讲座中，托尔金探讨了"次要信念"的重要性，以及奇幻小说为实现真实性所需遵循的规则。[33]他开始认为平地"在天文学上太过荒谬"而无法通过测试。遗憾的是，要改变《精灵宝钻》故事中如此重要的内容未免为时已晚，这可能是他始终未能完成这个故事的原因。[34]刘易斯乐于在故事中加入荒诞不经的情节（比如纳尼亚的路灯柱和圣诞老人的现身）。托尔金则无法容忍。

刘易斯知道，相比一致性，荒诞更能让我们了解人类的境况。在伟大的英国奇幻作家中，尤以特里·普拉切特爵士（1948年—2015年）将这一点作为指南。普拉切特世界的所有基本元素都已呈现于碟形世界小说系列的第一部作品，即出版于1983年的《魔法的色彩》（*The Colour of Magic*）。据书中唯一而冗长的尾注中解释，碟形世界（圆盘世界）是一个由四头大象支撑的圆盘，大象站在宇宙龟阿图因的背上。宇宙龟的性别不详，但在第二部小说《奇幻光辉》（*The Light Fantastic*）中，它将一窝蛋孵化成宇宙龟宝宝，每只都有一群大象。如前文所述，印度天文学家拉拉在8世纪就曾抗议过那些认为地球坐落于龟或厚皮动物背上的人。普拉切特的理由是，他的世界糅合魔法和叙事，因此必须是平地。根据故事的内在逻辑，主人公最终会掉落。正如不幸的巫师灵思风被困在"边缘坠落"所引起的水流中时所说："我们被带到了世界边缘。"[35]

普拉切特从不让信息妨碍媒介的传达。他并没有试图用他笔下那个令人惊叹的虚构世界来迷惑读者。他是在告诉他们身而为人的意义。这也是让他们乐在其中的必要条件之一。由于其谦逊内敛的作风，普拉切特尚未获得应有的学术关注。也许等到其学术才华被世人发现的那一天，我们就能找到他的创作源泉，并理解碟形世界的概念究竟从何而来。[36]

C.S.刘易斯、J.R.R.托尔金和特里·普拉切特认为，平地世界可以向我们揭示那些关于我们的世界所容易被忽略的事物。他们也意识到，地圆说令人惊叹，也有悖于直觉和常识。地圆说过了这么久才被所有人接受，这一点也不奇怪。

后记

　　如今，球形地球的标识可谓随处可见。1963 年至 2002 年间，英国广播电视第一台在电视节目之间的插播画面就是一个地球。英国人每天都能看到好几次。在世界上的许多地方，广播公司仍然偏爱将地球作为符号，尤其用于新闻简报。旅行公司也喜欢把地球融入品牌标识中。国际航空运输协会和美国联邦航空管理局也都有地球标识。联合国则在徽章中采用平面地球，这为阴谋论者提供了素材。

　　无处不在的球形地球标识使人们对"地球是球体"这一观念习以为常。我们大多数人接触这一观念时还很年幼，甚至已记不清当时的情况。我们很少会想到这是一件多么奇怪的事情，以及在现代社会以前，人们要接受这一观念有多么困难。在本书中，我始终秉持着这样一种观点，即认为地球是平的是一种常识。所有文明都曾相信地球是平的，即使它们的世界观在其他方面曾受到环境和社会的影响。

　　当某个科学理论试图颠覆我们的日常经验时，无论是该理论声称地球存在自转，或是物种会变化，还是时间会膨胀，它都需要解释我们为何会有这样的认知。仅仅宣称地球围绕太阳运转，而不同时解释我们为什么感受不到自己在移动，这是不够的。[1] 这意味着亚里士多德要为地圆说提出令人信服的证据，就必须创造出同心宇宙模型，在这个宇宙中，重物会被吸引到中心。只有重新定义他所指的向下的含义，并证明新定义与我们的直觉相一致，他才有望说服人们。仅凭地平线和星星可见度的经验性证据不足以说服人们相信地球是球形。中国人知道这些事情，但并没有据此推断出地球的形状。而亚里士多德通过将观察与新的世界观相结合，得以说服人们接受他的观点。尤为重要的是，天文学家将地圆说作为基础，构建出精准得令人惊叹的宇宙模型，从而进一步普及了地圆说。

在希腊语世界，受过教育的基督徒普遍接受亚里士多德的宇宙观，这是因为他们成长的环境正是如此。但影响深远的安条克教理学院以及缺乏文科教育的人却没有接受亚里士多德的宇宙观。他们秉持其他世界观，比如在拜占庭帝国和东方教会中延续数个世纪的会幕模型。

西罗马帝国覆灭后，操拉丁语的基督徒与希腊学问相隔绝。人们一时间对世界的形状失去了方向，如我们在塞维利亚的伊西多禄的著作中所见。然而，随着普林尼等古典权威重新得到关注，可敬者比德确信必须接受地圆说。到了中世纪，文化自卑使得早期的基督徒认为，古代作家的观点只要与《圣经》相调和，那么就是正确的。值得庆幸的是，虽然《旧约》和《新约》都认为地球是平的，但在这个问题上的表述较为模糊，可以根据需要做出其他解读。

希腊科学卓著的声誉是印度天文学家采纳亚里士多德世界观的主要原因，他们希望以此完善历法和用于占星术的历书。同样，印度智慧在波斯和中国备受推崇，包含地圆说的著作因而被引入这两个国家。仅靠这些著作不足以推翻中国传统世界观中天圆地方的观念。阿拔斯王朝的哲学家则广泛采纳了球形地球的观念。他们将自己视为希腊科学知识的合法继承者，并对托勒密的天文模型加以改进。哈里发的赞助使得他们能够进行远距离观测，从而验证地圆说。这也有助于确保清真寺保持朝向麦加的正确方向。尽管如此，在印度和伊斯兰世界中，以经文和常识为支撑的传统世界观与地圆说一同延续到了现代以前。

在某些文化中，球形地球面临着特殊的挑战。对于摩尼教和琐罗亚斯德教，世界的形状至关重要。光明与黑暗之间的斗争是来自上层和下层的力量之间的战斗。经证明，使神学历史适应球形宇宙可谓困难重重，不过但丁在《神曲》中表明，如果绝对必要，这也并非不可能。古代中国的世界观也使得采纳地圆说尤为困难。深受儒家经典影响的中国官员慎重对待人与自然的关系。他们的宇宙模型已经融入个人的思维模式，甚至体现于城市规划。与此同时，中国天文学家所提出精密复杂的方法使得其历法比西方历法更为准确，至少是在16世纪以前。皇帝的顾问可以接受天文所雇用外国人，但认为没有理由采纳外国的宇宙学。他们对中国古老、经过考验并且始终如一的世界观充满信心。到了近代，中国最终接受了地圆说。

19世纪，随着世界其他地区汇聚成一个球体，一些人却回望更简单的时代，那时《圣经》被认为包含对自然的完整描述。如今，花样百出的阴谋论在互联网上安家落户，也吸引着各种地平说学会加入。这些学会或许可以充当一种有益的警示，提醒我们现代的世界观并没有那么显而易见，不应对那些至今不愿接受的人过分苛责。

地球是球形。这一陈述是正确的，并不是因为我们相信它，而是因为它符合现实。大多数西方哲学家都会赞成这是判断命题是否正确的方法。正如我们所见，他们甚至为此起了个名字：真理对应论。但这并不是人类思考的方式。在听闻新信息时，只有当它与我们所知的其他信息相吻合，我们才有可能赞同这则新信息。特别是，我们更愿意相信从信任的来源获得的信息。这也正是大卫·爱登堡爵士（生于1926年）在气候变化问题上的发言会比政客更有说服力的原因。换言之，我们对真理的认知是相对的。哲学家也为此起了个名字：真理的连贯理论。如果一个命题与我们接受为真的其他命题相一致，我们就会接受它。真理对应论当然是正确的，但连贯理论更好地描述了我们相信某件事的过程，无论这件事是否正确。

真理的连贯理论在很大程度上解释了地圆说在某些地方更容易得以普及的原因。例如，在宇宙学方面，可敬者比德更信任古人，而非前后矛盾的伊西多禄。他从未见过老人星，但知道它的存在，因为普林尼曾这样说过。相比之下，穆斯林哲学家阿威罗伊（1126年—1198年）可以亲眼观察，在马拉喀什可以看见老人星，而在他的家乡科尔多瓦则无法看见。[2]对其他穆斯林而言，地圆说不符合《古兰经》的直接含义，因此，这个观念的普及花费了更久的时间。在印度的普及过程与此类似——一个人是否相信地圆说，取决于他们在多大程度上讲希腊人视为比往世书更值得信赖的宇宙学传播者。

这或许可以解释地平说在中国思想中长期存在的原因。地平说符合儒家世界观中关于宇宙学的内容，还是中国最古老、最受推崇的著作的组成部分，中国精英阶层自幼耳濡目染。或许曾有来自更为年轻的低等文明的陌生人说地球是球体，但他们无权推翻古老的智慧。因此，尽管中国精英知道地圆说的存在，他们却有充分的理由加以拒绝。

至于现代人，我们认为地球是球形，并不是因为我们比前人更睿智、更理性，只是因为我们幸运地生活在一个将其视为理所当然的社会里。生活在公元前4世纪的雅典的亚里士多德并不具备这一优势。他理应为发现地圆说而受到热烈的赞誉。毕竟，这一理论从未在其他地方得到独立发展。在古希腊的科学知识中，今天仍被视为具有现实意义的寥寥无几，地圆说却经受住了时间的考验。这使它值得被称为人类第一个伟大的科学成就。

注释

引言 蓝色弹珠

1 Eugene A. Cernan, 'Blue Marble – Image of the Earth from Apollo 17', www.nasa.gov, 30 November 2007.

2 Jennifer Epstein, 'Obama Hits gop on Fuel Rhetoric', www.politico.com, 15 March 2012.

1 巴比伦：地的四方

1 Irving Finkel, *The Ark before Noah: Decoding the Story of the Flood* (London, 2014), p. 82.

2 Ibid., p. 37.

3 Ibid., p. 38.

4 Ibid., p. 29.

5 Ibid., p. 4.

6 N. K. Sanders, ed., *The Epic of Gilgamesh* (Harmondsworth, 1972), p. 108.

7 Georges Roux, *Ancient Iraq* (London, 1992), p. 201.

8 Ibid., p. 398.

9 'The Babylonian Creation', in *Poems of Heaven and Hell from Ancient Mesopotamia*, ed. N. K. Sanders (Harmondsworth, 1971), p. 92.

10 Wayne Horowitz, *Mesopotamian Cosmic Geography* (Winona Lake, in, 1998), p. 318.

11 J. Edward Wright, *The Early History of Heaven* (New York, 2000), p. 34.

12 John H. Walton, *Ancient Near Eastern Thought and the Old Testament: Introducing the Conceptual World of the Hebrew Bible* (Grand Rapids, mi, 2018), p. 86.

13 Roux, *Ancient Iraq*, p. 361.

14 Alexander Jones, *A Portable Cosmos: Revealing the Antikythera Mechanism, Scientif-*

ic Wonder of the Ancient World (Oxford, 2017), p. 128.

15 Ulla Koch–Westenholz, 'Babylonian Views of Eclipses', *Res Orientalis*, xiii (2001), p. 74.

16 Roux, *Ancient Iraq*, p. 183.

17 Francesca Rochberg, *Before Nature: Cuneiform Knowledge and the History of Science* (Chicago, il, 2016), p. 76.

18 Jones, *A Portable Cosmos*, p. 141.

19 Koch–Westenholz, 'Babylonian Views of Eclipses', p. 72.

20 Francesca Rochberg, *The Heavenly Writing: Divination, Horoscopy, and Astronomy in Mesopotamian Culture* (Cambridge, 2004), p. 278.

21 Rochberg, *Before Nature*, p. 263.

2 埃及：黑壤与红沙

1 Herodotus, *The Histories*, trans. Aubrey de Sélincourt (Harmondsworth, 1996), p. 88 (2:5).

2 J. M. Plumley, 'The Cosmology of Ancient Egypt', in *Ancient Cosmologies*, ed. Carmen Blacker and Michael Loewe (London, 1975), p. 29.

3 Joyce Tyldesley, *The Penguin Book of Myths and Legends of Ancient Egypt* (London, 2011), p. 38.

4 Marshall Clagett, *Ancient Egyptian Science: A Source Book*, 3 vols (Philadelphia, pa, 1995), vol. ii, p. 375.

5 Tyldesley, *Myths and Legends of Ancient Egypt*, p. 90.

6 Rolf Krauss, 'Egyptian Calendars and Astronomy', in *The Cambridge History of Science*, vol. i: *Ancient Science*, ed. Alexander Jones and Liba Taub (Cambridge, 2003), p. 132.

7 J. Edward Wright, *The Early History of Heaven* (New York, 2000), p. 15.

8 Plumley, 'The Cosmology of Ancient Egypt', p. 37.

9 Krauss, 'Egyptian Calendars and Astronomy', p. 143.

10 Otto Neugebauer, *The Exact Sciences in Antiquity* (New York, 1969), p. 91.

3 波斯：秩序与奸诈

1 Barry Cunliffe, *By Steppe, Desert, and Ocean: The Birth of Eurasia* (Oxford, 2015), p. 136.

2 Touraj Daryaee, *Sasanian Persia: The Rise and Fall of an Empire* (London, 2009), p. 70.

3 M. L. West, *The Hymns of Zoroaster* (London, 2010), p. 3.

4 Prods Oktor Skjærvø, *The Spirit of Zoroastrianism* (New Haven, ct, 2011), p. 81.

5 Ibid., p. 83.

6 Ibid., p. 51.

7 Ibid., p. 228.

8 James B. Pritchard, *Ancient Near Eastern Texts Relating to the Old Testament* (Princeton, nj, 1969), p. 315.

9 Francesca Rochberg–Halton, 'Babylonian Horoscopes and Their Sources', *Orientalia*, lviii/1 (1989), p. 104.

10 Alexander Jones, *A Portable Cosmos: Revealing the Antikythera Mechanism, Scientific Wonder of the Ancient World* (Oxford, 2017), p. 104.

4 古希腊：阿喀琉斯之盾

1 Homer, *The Iliad*, ed. William F. Wyatt and A. T. Murray (Cambridge, ma, 1924), vol. ii, p. 333 (18:607).

2 Ibid., p. 323 (18:484).

3 Ibid., vol. i, p. 387 (8:485).

4 Ibid., p. 351 (8:14).

5 Ibid., vol. ii, p. 195 (16:426–57).

6 Francis Cornford, *From Religion to Philosophy: A Study in the Origins of Western Speculation* (New York, 1957), p. 55.

7 Hesiod, *Theogony*, ed. M. L. West (Oxford, 1966), p. 44.

8 Hesiod, 'Works and Days', in *Hesiod and Theognis*, trans. Dorothea Wender (Harmondsworth, 1973), p. 77 (566).

9 Hesiod, 'Theogony', in *Hesiod and Theognis*, ed. Wender, p. 46 (720).

10 James S. Romm, *The Edges of the Earth in Ancient Thought: Geography, Exploration, and Fiction* (Princeton, nj, 1992), p. 14.

11 Plutarch, 'Concerning the Face Which Appears in the Orb of the Moon', in *Moralia*, trans. Harold Cherniss and W. C. Helmbold (Cambridge, ma, 1957), vol. xii, p. 59 (923c).

5　希腊思想起源：与所有极端的距离相等

1　Bertrand Russell, *History of Western Philosophy and Its Connection with Political and Social Circumstances from the Earliest Times to the Present Day* (London, 1961), p. 25.

2　G.E.R. Lloyd, *Magic, Reason and Experience: Studies in the Origins and Development of Greek Science* (Cambridge, 1979), p. 251.

3　Thucydides, *History of the Peloponnesian War*, trans. Rex Warner (Harmondsworth, 1972), p. 223 (3:49).

4　Jean–Pierre Vernant, *The Origins of Greek Thought* (Ithaca, ny, 1982), p. 62.

5　Pseudo–Xenophon, 'The Constitution of Athens', in *Scripta Minora*, trans. E. C. Marchant and G. W. Bowersock (Cambridge, ma, 1925), p. 475 (1.2).

6　Lloyd, *Magic, Reason and Experience*, p. 266.

7　Peter Harrison, *The Territories of Science and Religion* (Chicago, il, 2015), p. 26.

8　Plato, *Theaetetus*, trans. Robin A. H. Waterfield (Harmondsworth, 1987), p. 69 (174a).

9　Daniel W. Graham, *Science before Socrates: Parmenides, Anaxagoras, and the New Astronomy* (Oxford, 2013), p. 51.

10　G. S. Kirk, J. E. Raven and M. Schofield, *The Presocratic Philosophers: A Critical History with a Selection of Texts* (Cambridge, 1983), p. 89.

11　Ibid., p. 107.

12　Ibid., p. 158.

13　Aristotle, 'On the Heavens', in *The Complete Works of Aristotle*, ed. Jonathan Barnes (Princeton, nj, 1984), p. 484 (294a).

14　Kirk, Raven and Schofield, *The Presocratic Philosophers*, p. 133.

15　Aristotle, 'On the Heavens', p. 486 (295b).

16　Kirk, Raven and Schofield, *The Presocratic Philosophers*, p. 154.

17　Karl Popper, *Conjectures and Refutations: The Growth of Scientific Knowledge* (London, 2002), p. 185.

18　Ibid., p. 186.

19　Phillip Sidney Horky, 'When Did *Kosmos* Become the *Kosmos?*', in *Cosmos in the Ancient World*, ed. Phillip Sidney Horky (Cambridge, 2019), p. 23.

20　据称他还测量了白昼最长这天（夏至）和白昼最短这天（冬至）之间的间隔，以及春分和秋分——白昼和黑夜等长的日子——之间的间隔。参见 Graham,

Science before Socrates, p.50。

21 D. R. Dicks, *Early Greek Astronomy to Aristotle* (London, 1970), p. 32.

22 Pseudo–Plato, 'Epinomis', in *Plato: Charmides et al.*, trans. W.R.M. Lamb (Cambridge ma, 1927), p. 471 (987b).

23 Dicks, *Early Greek Astronomy to Aristotle*, pp. 165–7.

24 在古代世界，事情并没有如此简单。地轴发生了摆动：这一现象被称为"分点岁差"，在公元前150年左右由希腊天文学家喜帕恰斯发现。这意味着北极星并不总是固定在其今天所在的位置，而是在北极附近漫游。古希腊人只好将北极星所在的"小熊座"整个星座来指示大致的北方。

6 前苏格拉底学派和苏格拉底：飘浮在空中

1 Daniel W. Graham, *Science before Socrates: Parmenides, Anaxagoras, and the New Astronomy* (Oxford, 2013), p. 96.

2 D. R. Dicks, *Early Greek Astronomy to Aristotle* (London, 1970), p. 51.

3 G. S. Kirk, J. E. Raven and M. Schofield, *The Presocratic Philosophers: A Critical History with a Selection of Texts* (Cambridge, 1983), p. 252.

4 Dirk Couprie, 'Some Remarks on the Earth in Plato's *Phaedo*', *Hyperboreus*, xi (2005), p. 194.

5 一份关于巴门尼德思想的现存记载将地球放置在光明和黑暗所组成的同心圆环的中心，这一图景是二维而非三维。这似乎与地球是球体的观点相悖。参见 Kirk, Raven and Schofield, *The Presocratic Philosophers*, p. 258。

6 Graham, *Science before Socrates*, p. 91.

7 有资料来源将该观点归于米利都学派的阿那克西美尼，但据我们了解，该观点与他的其他学说相矛盾。参见 Graham, *Science before Socrates*, p. 65。

8 Kirk, Raven and Schofield, *The Presocratic Philosophers*, p. 259.

9 Plato, 'Parmenides', in *Plato: Cratylus and Others*, trans. Harold North Fowler (Cambridge, ma, 1926), p. 201 (127a).

10 Kirk, Raven and Schofield, *The Presocratic Philosophers*, p. 381.

11 Diogenes Laertius, *Lives of Eminent Philosophers*, ed. R. D. Hicks (Cambridge, ma, 1925), vol. i, p. 141 (2.3.10).

12 Plato, 'Cratylus', in *Plato: Cratylus and Others*, trans. Harold North Fowler (Cambridge ma, 1926), p. 91 (409a).

13 Graham, *Science before Socrates*, p. 124.

14 Cicero, 'On the Republic', in *Cicero: On the Republic, On the Laws*, trans. Clinton W. Keyes (Cambridge, ma, 1928), p. 45 (1:16).

15 Plutarch, 'Life of Pericles', in *The Rise and Fall of Athens: Nine Greek Lives*, ed. Ian Scott–Kilvert (Harmonsworth, 1960), p. 201 (35).

16 James Hannam, *God's Philosophers: How the Medieval World Laid the Foundations of Modern Science* (London, 2009), p. 340.

17 Aristotle, 'Meteorology', in *The Complete Works of Aristotle*, ed. Jonathan Barnes (Princeton, nj, 1984), p. 591 (365a).

18 Kirk, Raven and Schofield, *The Presocratic Philosophers*, p. 385.

19 出处同上，第387页。据推测，阿基劳斯认为，当太阳从碗的东方边缘升起时，碗的边缘会投下阴影。然而，这意味着东边的人会早于西边的人看到阳光，与我们的观察相反。

20 Kirk, Raven and Schofield, *The Presocratic Philosophers*, p. 387.

21 Aristophanes, 'The Clouds', in *Lysistrata and Other Plays*, trans. Alan Sommerstein (Harmondsworth, 1973), p. 128 (390).

22 Ibid., p. 116 (94).

23 Ibid., p. 123 (260).

24 Anthony Kenny, *A New History of Western Philosophy* (Oxford, 2010), p. 34.

7 柏拉图：扁平或球体，取决于哪个更好

1 Alfred North Whitehead, *Process and Reality: An Essay in Cosmology* (New York, 1978), p. 39.

2 Anthony Kenny, *A New History of Western Philosophy* (Oxford, 2010), p. 43.

3 G. S. Kirk, J. E. Raven and M. Schofield, *The Presocratic Philosophers: A Critical History with a Selection of Texts* (Cambridge, 1983), pp. 214–15.

4 Walter Burkert, *Lore and Science in Ancient Pythagoreanism* (Cambridge, ma, 1972), p. 217.

5 Kirk, Raven and Schofield, *The Presocratic Philosophers*, p. 230.

6 Aristotle, 'On the Heavens', in *The Complete Works of Aristotle*, ed. Jonathan Barnes (Princeton, nj, 1984), p. 479 (291a).

7 Laertius, *Lives of Eminent Philosophers*, trans. R. D. Hicks (Cambridge, ma, 1925),

vol. ii, p. 343 (8.1.26) and p. 365 (8.1.49).

8 Ibid., vol. i, p. 131 (2.1).

9 第欧根尼的确为他读过的书籍提供了参考文献，现已失传，但据知这些书创
作于毕达哥拉斯去世的几个世纪之后。托马斯·希思爵士（1861年—1940年）
是少数几位全盘接受第欧根尼·拉尔修观点的现代学者之一。他是卓越的希
腊科学史学家，重申了地圆说始于毕达哥拉斯的观点。参见 T.L. Health, *Aris-tarchus of Samos: The Ancient Copernicus* (Cambridge, 1913), p. 51。希思的影响力
使得其主张至今仍然在书本和互联网上广泛传播。相比之下，自20世纪下半
叶以来，古代哲学专家对于我们能确定的关于毕达哥拉斯的事变得越来越怀
疑。参见 D.R. Dicks, *Early Greek Astronomy to Aristotle* (London, 1970), p. 64。

10 The fragments of Philolaus, with a copious commentary, are set out in Carl A. Huffman, *Philolaus of Croton: Pythagorean and Presocratic. A Commentary on the Fragments and Testimonia with Interpretive Essays* (Cambridge, 1993).

11 Kirk, Raven and Schofield, *The Presocratic Philosophers*, p. 340.

12 Aristotle, 'On the Heavens', p. 482 (293a).

13 Ibid., p. 483 (293b).

14 George Bosworth Burch, 'The Counter–Earth', *Osiris*, xi (1954), p. 273.

15 Aristotle, *Metaphysics*, trans. Hugh Lawson–Tancred (Harmondsworth, 1998), p. 20 (986a).

16 Aristotle, 'On the Heavens', p. 483 (291b).

17 Huffman, *Philolaus of Croton*, p. 5.

18 一份据称为菲洛劳斯所作但有争议的残篇声称向上和向下是等效的，与中
心的关系相同。如果这是真的，那么这份残篇将证明他已经理解地圆说需
要重新定义"向下"。参见 Huffman, *Philolaus of Croton*, p. 215。

19 Plato, 'Phaedo', in *The Last Days of Socrates*, trans. Hugh Tredennick and Har-old Tarrant (Harmondsworth, 1993), p. 111 (59b).

20 Xenophon, 'Memoires of Socrates', in *Conversations of Socrates*, trans. Robin Waterfield and Hugh Tredennick (Harmondsworth, 1990), p. 71 (1.1.14).

21 Plato, 'Phaedo', p. 161 (97d).

22 Daniel W. Graham, *Science before Socrates: Parmenides, Anaxagoras, and the New Astronomy* (Oxford, 2013), p. 96. 公元5世纪，马尔提亚努斯·卡佩拉将以下
论据归于阿那克萨哥拉，并认为其证明了地球是平的：太阳和月亮一升

至地平线以上就会进入视野。潘琴科认为阿那克萨哥拉这是在反驳地圆说，因此一定知道这一理论的存在（参见 Dimitri Panchenko, 'Anaxagoras' Argument against the Sphericity of the Earth, *Hyperboreus*, III/1 (1997), p.177）。然而，事实似乎并非如此。这一论据与被希波吕托斯归于阿基劳斯的观点相呼应，与地圆说无关（参见 Kirk, Raven and Schofield, *The Presocratic Philosophers*, p. 387）。相反，马尔提亚努斯·卡佩拉提到的争论似乎是关于地球是平的（阿那克萨哥拉的观点）还是形似一个碗（阿基劳斯的观点）。

23 Huffman, *Philolaus of Croton*, p. 5.

24 Plato, 'Timaeus', in *Timaeus and Critias*, trans. Desmond Lee (Harmondsworth, 1977), p. 42 (29c).

25 柏拉图在其他著作中提出了不同但同样神奇的宇宙观。其中最著名的就是《理想国》结尾的厄尔神话。据柏拉图在对话结尾描述，一个人来到死亡之地，从外部观察宇宙，然后重返肉身，告诉同伴他的所见。这里并没有提及地球的形状。

26 Plato, 'Phaedo', p. 175 (108e).

27 Dirk Couprie, 'Some Remarks on the Earth in Plato's Phaedo', *Hyperboreus*, xi (2005), p. 198.

28 Plato, 'Phaedo', p. 181 (114d).

29 Plato, 'Phaedrus', in *Phaedrus and Letters vii and viii*, trans. Walter Hamilton (Harmondsworth, 1973), p. 52 (247b).

8 亚里士多德：必定是球体

1 Plato, *Theaetetus*, ed. Robin A. H. Waterfield (Harmondsworth, 1987), p. 115 (201c).

2 对地圆说的发现过程而言，卡尔·波普尔和托马斯·库恩等人提出的哲学模型无疑是具有吸引力的，但我没有试图套用这些哲学模型来描述这一过程。尽管对历史学家而言，验证和范式转换可以作为研究科学发展的有用视角，但现实之复杂，难以契合单一维度的理论。虽如此说，对关心这类事情的人而言，我个人的忠诚应该显而易见。

3 Diogenes Laertius, *Lives of Eminent Philosophers*, ed. R. D. Hicks (Cambridge, ma, 1925), vol. ii, p. 405.

4 George Huxley, 'Studies in the Greek Astronomers', *Greek, Roman, and Byzan-*

tine Studies, iv/2 (1963), pp. 83–7.

5 Eratosthenes and Hyginus, *Constellation Myths with Aratus's Phaenomena*, ed. Robin Hard (Oxford, 2015), pp. 137–67.

6 Ibid., p. 154.

7 Huxley, 'Studies in the Greek Astronomers', p. 88.

8 Plato, *The Laws*, trans. Trevor J. Saunders (Harmondsworth, 1975), p. 316 (821a).

9 D. R. Dicks, *Early Greek Astronomy to Aristotle* (London, 1970), p. 108.

10 Aristotle, *Metaphysics*, trans. Hugh Lawson–Tancred (Harmondsworth, 1998), p. 378 (1074b).

11 Ibid., p. 176.

12 Plato, *The Laws*, p. 317 (822a).

13 Quintus Curtius Rufus, *The History of Alexander*, ed. John Yardley and Waldemar Heckel (Harmondsworth, 1984), p. 217 (9.2.26).

14 Arrian, *The Campaigns of Alexander*, ed. Aubrey de Sélincourt and J. R. Hamilton (Harmondsworth, 1971), p. 293 (5.26).

15 Carlo Natali, *Aristotle* (Princeton, nj, 2013), p. 62.

16 Cicero, 'Topica', in *Cicero: On Invention. The Best Kind of Orator. Topics*, trans. H. M. Hubbell (Cambridge, ma, 1949), p. 385 (3).

17 事实上，我们可以观察到地球自转的直接证据。在钟摆装置中，摆锤在下方地球转动时保持不受影响。当摆锤在平面上来回摆动时，似乎是摆锤的摆动在发生旋转。事实上是摆锤在原地摆动，而地球在发生自转。法国人莱昂·傅科在1851年首次建造起这样的钟摆装置。现在在巴黎先贤祠仍能看到复制品，世界各地的许多博物馆也摆放着类似的钟摆装置。参见Harold L. Burstyn, 'Foucault, Jean Barnard Léon', in *Dictionary of Scientific Biography*, ed. Charles Coulston Gillispie (New York, 1970), vol. v, p.86。

18 Aristotle, 'On the Heavens', in *The Complete Works of Aristotle*, ed. Jonathan Barnes (Princeton, nj, 1984), p. 486 (295b).

19 Ibid., p. 487 (296b).

20 Aristotle, *Politics*, ed. T. A. Sinclair and Trevor J. Saunders (Harmondsworth, 1981), p. 69 (1254b).

21 The author thanks Peter Gainsford for this insight.

22 Aristotle, 'On the Heavens', p. 450 (270b).

23 John Losee, *A Historical Introduction to the Philosophy of Science* (Oxford, 2001), p. 5.

24 Jonathan Barnes, *Aristotle* (Oxford, 1982), p. 32.

25 Aristotle, 'On the Heavens', p. 488 (297a).

26 Ibid., p. 489 (297b).

27 Ibid., p. 489 (298a).

28 J. M. Bigwood, 'Aristotle and the Elephant Again', *American Journal of Philology*, cxiv/4 (1993), p. 547.

29 Eudoxus wrote a geography book called *A Circuit of the Earth*. See James S. Romm, *The Edges of the Earth in Ancient Thought: Geography, Exploration, and Fiction* (Princeton, nj, 1992), p. 26.

30 E. L. Gettier, 'Is Justified True Belief Knowledge?', *Analysis*, xxiii (1963), pp. 121–3.

31 James Hannam, *God's Philosophers: How the Medieval World Laid the Foundations of Modern Science* (London, 2009), p. 171.

9 希腊对世界形状的争论：球形或三角形或其他形状

1 Roger S. Bagnall, 'Alexandria: Library of Dreams', *Proceedings of the American Philological Society*, cxlvi/4 (2002), pp. 348–62.

2 关于埃拉托色尼的估算存在大量的错误信息。有关部分错误观念的详细分析，参见 Peter Gainsford, 'The Eratosthenes Video Published by Business Insider: A Fact-Check', http://kiwihellenist.blogspot.com, 2016。注意埃拉托色尼可以从亚历山大的政府档案中获取所有所需信息，因此很可能是一位坐而神游的学者。我们不应该设想他会跋涉到赛伊尼和麦罗埃去亲自测量角度。

3 Cleomedes, *Cleomedes' Lectures on Astronomy: A Translation of the Heavens*, ed. Alan C. Bowen and Robert B. Todd (Berkeley, ca, 2004), p. 82 (1.7).

4 如果地球真的是平的，那么我们通过简单的三角法则就可以计算出他的观测意味着太阳距离地球不到7240千米。

5 Ptolemy of Alexandria, *Ptolemy's Almagest*, ed. G. J. Toomer (London, 1984), p. 41 (1.4).

6 Diogenes Laertius, *Lives of Eminent Philosophers*, trans. R. D. Hicks (Cambridge, ma, 1925), vol. ii, p. 111 (7.1.2).

7 Samuel Sambursky, *Physics of the Stoics* (Princeton, nj, 1959), p. 108.

8 Cleomedes, *Cleomedes' Lectures on Astronomy and Geminos, Geminos's Introduction to the Phenomena: A Translation and Study of a Hellenistic Survey of Astronomy*, ed. James Evans and J. L. Berggren (Princeton, nj, 2006).

9 David Furley, 'Cosmology', in *The Cambridge History of Hellenistic Philosophy*, ed. Keimpe Algra et al. (Cambridge, 2005), p. 421. 近期，弗雷德里克·巴克尔以英勇的精神试图证明伊壁鸠鲁学派并不认为地球是平的，但其详细的论证取决于能否找到反驳现存文本的直白含义的理由。参见 Frederik A. Bakker, *Epicurean Meteorology: Sources, Method, Scope and Organization* (Leiden, 2016), pp. 162–263。

10 Aristotle, 'On the Heavens', in *The Complete Works of Aristotle*, ed. Jonathan Barnes (Princeton, nj, 1984), p. 484 (294b).

11 Aristotle, 'On Generation and Corruption', in *The Complete Works of Aristotle*, p. 533 (326a).

12 Diogenes Laertius, *Lives of Eminent Philosophers*, vol. ii, p. 537 (10.9).

13 Pliny the Younger, *The Letters of the Younger Pliny*, trans. Betty Radice (Harmondsworth, 1969), p. 171 (6.20).

14 I. Bukreeva et al., 'Virtual Unrolling and Deciphering of Herculaneum Papyri by X–ray Phase–Contrast Tomography', *Scientific Reports*, vi (2016).

15 *The Epicurus Reader: Selected Writings and Testimonia*, ed. and trans. Brad Inwood and L. P. Gerson (Indianapolis, in, 1994), p. 29 (10.125).

16 Ibid., p. 20 (10.88).

17 Ibid., p. 21 (10.91).

18 Carlo Natali, *Aristotle* (Princeton, nj, 2013), p. 9.

19 Lucretius, *On the Nature of the Universe*, trans. R. E. Latham and John Godwin (London, 2005), p. 251.

20 Cicero, *Letters to Friends*, trans. D. R. Shackleton Bailey (Cambridge, ma, 2001), vol. i, p. 267 (63/13.1).

21 D. N. Sedley, *Lucretius and the Transformation of Greek Wisdom* (Cambridge, 1998), p. 92.

22 Lucretius, *On the Nature of the Universe*, p. 145 (5.638).

23 Ibid., p. 36 (1.1061); Furley, 'Cosmology', p. 421.

24 James Warren, 'Lucretius and Greek Philosophy', in *The Cambridge Companion to Lucretius*, ed. Stuart Gillespie and Philip R. Hardie (Cambridge, 2007), p. 23.

25 Cicero, *The Nature of the Gods*, trans. H.C.P. McGregor (Harmondsworth, 1972), p. 142 (2.48).

26 See, for example, Matt Ridley, *The Evolution of Everything* (London, 2016).

27 *The Epicurus Reader*, p. 17 (10:80).

28 Julian, 'Fragment of a Letter to a Priest', in *Julian*, trans. Wilmer C. Wright (Cambridge, ma, 1913), vol. ii, p. 327 (301c).

29 Suetonius, 'On Grammarians', in *Suetonius*, trans. J. C. Rolfe (Cambridge, ma, 1914), vol. ii, p. 383 (2).

30 Geminos, *Geminos's Introduction to the Phenomena*, p. 215 (16.28).

31 James S. Romm, *The Edges of the Earth in Ancient Thought: Geography, Exploration, and Fiction* (Princeton, nj, 1992), p. 180.

32 Ibid., p. 188.

33 G. S. Kirk, J. E. Raven and M. Schofield, *The Presocratic Philosophers: A Critical History with a Selection of Texts* (Cambridge, 1983), p. 104.

34 Herodotus, *The Histories*, trans. Aubrey de Sélincourt (Harmondsworth, 1996), p. 227 (4.36).

35 Ibid., p. 228 (4.42).

36 Aristotle, 'Meteorology', in *The Complete Works of Aristotle*, p. 587 (362b).

37 现代对北极圈和南极圈的定义如下：在冬至日这天任一时刻可以受到太阳照射的、距离极点最远的纬度以内的地区。

38 Aristotle, 'Meteorology', p. 587 (362b).

39 Geminus, *Geminos's Introduction to the Phenomena*, p. 215 (16.20).

40 Ptolemy of Alexandria, *Ptolemy's Geography: An Annotated Translation of the Theoretical Chapters*, trans. J. L. Berggren and Alexander Jones (Princeton, nj, 2000), p. 21.

10 罗马对地圆说的观点：世界之圆

1 随着罗马皇帝放弃在元老院中与其他人保持平等的假象，开始宣称自己具有至高无上的权力，他们更乐于用与宇宙相关的表述来呈现自己的形象。所以，硬币上的球体究竟是代表地球还是天体，我们难做出定论。如果球体上标有黄道带（太阳穿越星星的路径），那么我们就可以确定它象征着天体。

2 Raymond V. Sidrys, *The Mysterious Spheres on Greek and Roman Ancient Coins* (Oxford, 2020), p. 96.

3 *Trismegistos*等莎草纸残片数据库对公共开放，所以我们可以自行查看已经发现的部分。参见 www.trismegistos.org，2022年7月8日。

4 Alexander Jones, *Astronomical Papyri from Oxyrhynchus* (Philadelphia, pa, 1999), p. 4.

5 Reviel Netz, 'The Bibliosphere of Ancient Science (Outside of Alexandria): A Preliminary Survey', *Naturwissenschaften, Technik und Medizin*, xix/3 (2011), p. 248.

6 Horace, 'Epistles', in *Satires. Epistles. The Art of Poetry*, trans. H. Rushton Fairclough (Cambridge, ma, 1926), p. 409 (2.1.156).

7 Carl Sagan, *Pale Blue Dot* (London, 1994).

8 Cicero, 'The Republic', in *Cicero: On the Republic, on the Laws*, trans. Clinton W. Keyes (Cambridge, ma, 1928), p. 275 (6.22).

9 Cicero, *The Nature of the Gods*, trans. H.C.P. McGregor (Harmondsworth, 1972), p. 142 (2.47). For the Latin, see Cicero, 'De natura deorum', in *On the Nature of the Gods. Academics*, ed. H. Rackham (Cambridge, ma, 1933), p. 168.

10 更为糟糕的是，拉丁词语 *mundus* 通常翻译成"世界"，既可以指地球，也可以指整个宇宙。所以，提到世界是球形的内容有可能是指宇宙而非地球是球形。

11 Pliny the Younger, *The Letters of the Younger Pliny*, ed. Betty Radice (Harmondsworth, 1969), p. 169 (6.16).

12 Pliny the Elder, *Natural History*, trans. H. Rackham (Cambridge, ma, 1938), vol. i, p. 295 (2.64).

13 Ibid., p. 299 (2.65).

14 Ibid., p. 311 (2.71); ibid., p. 319 (2.77).

15 Ibid., p. 315 (2.73).

16 出处同上，第297页（2.65）。公元前1世纪的罗马作家瓦罗一生著述丰硕，曾说过地球"形状像个鸡蛋"而不是球体。他的观点被引述于以下内容：Cassiodorus, *Institutions od Divine and Secular Learning*, trans. James W. Halporn and Mark Vessey (Liverpool, 2004), p. 229 (2.7.4)。遗憾的是，他的作品极少保存至今，因此，我们只能确定他指的是地球表面是曲面，其他含义概不清晰。

17 Virgil, 'Georgics', in *Eclogues. Georgics. Aeneid: Books 1–6*, trans. H. Rushton Fairclough (Cambridge, ma, 1916), p. 97 (1.231).

18 古往今来的注释学者都因维吉尔的这段描述而指责他在天文学方面粗枝大叶。参见 Frederik A. Bakker, 'Vergilius Astronomiae Ignarus? A Vindication of Virgil's Astronomical Knowledge in *Georgics* 1.231–258', *Mnemosyne*, LXXII/4 (2019), pp. 621–46。

19 Ovid, *Metamorphoses*, trans. Mary Innes (Harmondsworth, 1955), p. 30 (1.35).

20 Lucan, *The Civil War*, ed. J. D. Duff (Cambridge, ma, 1928), vol. iii, p. 571 (9.878).

21 Macrobius, *Commentary on the Dream of Scipio*, trans. William Harris Stahl (New York, 1952), pp. 154 and 172 (1.16.10 and 1.20.20). 有两个常被引用的埃拉托色尼的估算数据，分别是250 000斯塔德和252 000斯塔德，这一差异可能源自他基于两种太阳与地球距离计算所得，分别是无限远和4 080 000斯塔德。See Christián Carlos Carman and James Evans, 'The Two Earths of Eratosthenes', *Isis*, cvi/1 (2015), pp. 1–16. 此外，更常被采用的可能是252 000斯塔德，因为可以被60整除。

22 Martianus Capella, *The Marriage of Philology and Mercury*, trans. William Harris Stahl and Richard Johnson (New York, 1977), p. 220 (6.590).

11 印度：北极之山

1 K. V. Sarma, 'Lalla', in *Encyclopaedia of the History of Science, Technology, and Medicine in Non-Western Cultures*, ed. Helaine Selin (Dordrecht, 1997), p. 508.

2 Bidare V. Subbarayappa and K. V. Sarma, ed., *Indian Astronomy: A Source-Book* (Bombay, 1985), pp. 41 and 44.

3 梵语中陆龟和海龟是同一个词，所以拉拉的对手没有明确说明支撑世界的爬行动物的物种。

4 See chapters Eleven and Twelve of R. S. Sharma, *India's Ancient Past* (New Delhi, 2005) and Chapter Four of Romila Thapar, *Early India: From the Origins to ad 1300* (Berkeley, ca, 2002).

5 Wendy Doniger O'Flaherty, trans., *The Rig Veda* (Harmondsworth, 1981), p. 211 (5.85.1).

6 Ibid., p. 203 (1.160).

7 Juan Mascaró, trans., *The Bhagavad Gita* (Harmondsworth, 1962), p. 46 (1.35).

8 *The Rig Veda*, p. 28 (10.121.5).

9 Ibid., p. 204 (1.185).

10 Richard F. Gombrich, 'Ancient Indian Cosmology', in *Ancient Cosmologies*, ed. Carmen Blacker and Michael Loewe (London, 1975), p. 118.

11 Kim Plofker, 'Astronomy and Astrology on India', in *The Cambridge History of Science*, vol. i: *Ancient Science*, ed. Alexander Jones and Liba Taub (Cambridge, 2003), p. 486.

12 *The Rig Veda*, p. 188 (5.40.5).

13 Subbarayappa and Sarma, *Indian Astronomy: A Source-Book*, p. 1.

14 Kim Plofker, *Mathematics in India* (Princeton, nj, 2009), p. 41.

15 See chapters Sixteen and Eighteen of Sharma, *India's Ancient Past* and chapters Five and Six of Thapar, *Early India*.

16 Plofker, *Mathematics in India*, p. 52; David Pingree, 'The Pur ā ṇas and Jyotiḥśās–tra: Astronomy', *Journal of the American Oriental Society*, cx/2 (1990), p. 275.

17 *Hindu Myths*, trans. Wendy O' Flaherty (Harmondsworth, 1975), pp. 274–80 (1.16). The Sanskrit word 'Ketu' could also mean a light in the sky such as a comet or shooting star.

18 Devabrata M. Bose, Samarendra Nath Sen and Bidare V. Subbarayappa, *A Concise History of Science in India* (New Delhi, 1971), p. 65.

19 Plofker, *Mathematics in India*, p. 67.

20 Adam Bowles, trans., *The Mahabharata viii* (New York, 2006), p. 447 (8.45.35).

21 Bose, Sen and Subbarayappa, *A Concise History of Science in India*, p. 79.

22 R. C. Gupta, 'Aryabhata', in *Encyclopaedia of the History of Science, Technology, and Medicine in Non-Western Cultures*, ed. Helaine Selin (Dordrecht, 1997), p. 72.

23 Aryabhata, *The Aryabhatiya of Aryabhata*, trans. David Eugene Smith (Chicago, il, 1930), p. 64 (4.6).

24 Ibid., p. 68 (4.11).

25 Ibid., pp. 64–6 (4.9–10).

26 Subbarayappa and Sarma, *Indian Astronomy: A Source-Book*, p. 44.

27 Plofker, *Mathematics in India*, p. 114.

28 Ibid., p. 115.

29 Ibid., p. 50.

30 David Pingree, *The Yavanajātaka of Sphujidhvaja* (Cambridge, ma, 1978).

31 Strabo, *Geography*, trans. Horace Leonard Jones (Cambridge, ma, 1930), vol. vii, p. 103 (15.1.59).

32 Barry Cunliffe, *By Steppe, Desert, and Ocean: The Birth of Eurasia* (Oxford, 2015), pp. 290–92.

33 Ibid., pp. 264–5.

34 希腊船只在印度洋中并非贴着海岸航行，而是直接穿越到马拉巴尔海岸，然后在季风风刮之前返回。参见 *The Periplus of the Erythraean Sea*, ed. G.W.B. Huntingford (London, 1980), p. 52 (57)。

35 Plofker, *Mathematics in India*, p. 48.

36 Pingree, 'The Purā ṇas and Jyotiḥśāstra: Astronomy', p. 279. 37 Ibid., p. 276.

37 Ibid., p. 276.

38 Christopher Minkowski, 'Competing Cosmologies in Early Modern Indian Astronomy', in *Ketuprakāśa: Studies in the History of the Exact Sciences in Honor of David Pingree*, ed. Charles Burnett, Jan Hogendijk and Kim Plofker (Leiden, 2004), p. 360.

39 Toke Lindegaard Knudsen, *The Siddhāntasundara of Jñānarāja, an English Translation with Commentary* (Baltimore, md, 2014), pp. 51 and 54.

40 Ibid., pp. 55–7.

41 Minkowski, 'Competing Cosmologies in Early Modern Indian Astronomy', p. 381.

42 Kim Plofker, 'Derivation and Revelation: The Legitimacy of Mathematical Models in Indian Cosmology', in *Mathematics and the Divine: A Historical Study*, ed. T. Koetsier and L. Bergmans (Amsterdam, 2004), p. 72.

12 萨珊波斯：善思、善言与善行

1 Touraj Daryaee, 'Mind, Body, and the Cosmos: Chess and Backgammon in Ancient Persia', *Iranian Studies*, xxxv/4 (2002), pp. 281–312.

2 Touraj Daryaee, *Sasanian Persia: The Rise and Fall of an Empire* (London, 2009), p. 81.

3 Ibid., p. 86.

4 Zsuzsanna Gulácsi and Jason BeDuhn, 'Picturing Mani's Cosmology: An

Analysis of Doctrinal Iconography on a Manichaean Hanging Scroll from 13th/14th-Century Southern China', *Bulletin of the Asia Institute*, 25 (2011), pp. 55–105.

5 Alan Cameron, 'The Last Days of the Academy at Athens', *Proceedings of the Cambridge Philological Society*, 15 (1969), p. 8.

6 Kevin van Bladel, 'The Arabic History of Science of Abū Sahl Ibn Nawbaḫt (*fl.* ca 770–809) and Its Middle Persian Sources', in *Islamic Philosophy, Science, Culture, and Religion*, ed. Felicitas Opwis and David Reisman (Leiden, 2012), p. 46.

7 Daryaee, *Sasanian Persia*, p. 120.

8 Van Bladel, 'The Arabic History of Science of Ab ū Sahl', p. 47.

9 David Frendo, 'Agathias' View of the Intellectual Attainments of Khusrau i: A Reconsideration of the Evidence', *Bulletin of the Asia Institute*, 18 (2004), pp. 97–100.

10 Priscian, *Answers to King Khosroes of Persia*, trans. Pamela Huby (London, 2016), p. 42.

11 Daryaee, *Sasanian Persia*, p. 119.

12 虽然现在没有对波斯语版本的托勒密《至大论》的引述保存下来，但波斯君王委托制作的"皇家历书"的确采用了印度和托勒密的参数。参见 Emily Cottrell and Micah Ross, 'Persian Astrology: Dorotheus and Zoroaster According to the Medieval Arabic Sources (8th–11th Century.)', in *Proceedings of the 8th European Conference of Iranian Studies* (St Petersburg, 2019), p. 90。

13 Frendo, 'Agathias' View of the Intellectual Attainments of Khusrau i', p. 99.

13　早期犹太教：地极

1 L. Miller and Maurice Simon, trans., 'Bekoroth', in *The Babylonian Talmud*, ed. I. Epstein (London, 1948), pp. 51–4 (8b).

2 Martin Goodman, *A History of Judaism* (London, 2019), p. 263.

3 John H. Walton, *Ancient Near Eastern Thought and the Old Testament: Introducing the Conceptual World of the Hebrew Bible* (Grand Rapids, mi, 2018), p. 133.

4 Daniel Harlow, 'Creation According to Genesis: Literary Genre, Cultural Context, Theological Truth', *Christian Scholar's Review*, xxxvii/2 (2008), pp. 163–98.

5 M. A. Knibb, trans., '1 Enoch', in *The Apocryphal Old Testament*, ed. H.F.D.

Sparks (Oxford, 1984), p. 257 (1 Enoch 72).

6　J. Edward Wright, *The Early History of Heaven* (New York, 2000), p. 129.

7　Ibid., pp. 137 and 154.

8　Moshe Simon-Shoshan, 'The Heavens Proclaim the Glory of God: A Study in Rabbinic Cosmology', *Bekhol Derakhekha Daehu – Journal of Torah and Scholarship*, 20 (2008), p. 73.

9　Ibid., p. 78.

10　Ibid., p. 91.

11　H. Freedman trans., 'Pesahim', in *The Babylonian Talmud*, ed. I. Epstein (London, 1938), p. 505 (94b:5).

12　H. St J. Thackeray, *The Letter to Aristeas: Translated with an Appendix of Ancient Evidence of the Origin of the Septuagint* (London, 1917), p. 9.

13　Philo, 'A Treatise on the Cherubim', in *Philo*, ed. F. H. Colson and G. H. Whitaker (Cambridge, ma, 1929), vol. ii, p. 21 (7).

14　Philo, *Questions of Genesis*, ed. Ralph Marcus (Cambridge, ma, 1953), p. 52 (1.84).

15　Josephus, *Jewish Antiquities*, trans. H. St J. Thackeray (Cambridge, ma, 1930), pp. 15 and 19 (1.31 and 1.38).

16　Goodman, *A History of Judaism*, p. 281.

17　正是基督徒保存了斐洛的著作，他们发现这些著作可以阐明《圣经》中的一些模糊之处。直到16世纪，菲洛才被重新介绍给犹太读者。参见 Goodman, *A History of Judaism*, p. 366。

14　基督教：万事万物均由神的旨意建立

1　John P. Meier, *A Marginal Jew: The Roots of the Problem and the Person* (New York, 1991), p. 402.

2　Larry Siedentop, *Inventing the Individual* (London, 2015), p. 14.

3　For example, the Shorter Testament of Abraham and the Apocalypse of Paul. See J. Edward Wright, *The Early History of Heaven* (New York, 2000), pp. 154 and 162.

4　David Lindberg, 'Science and the Early Church', in *God and Nature: Historical Essays on the Encounter between Science and Christianity*, ed. David Lindberg and Ronald Numbers (Berkeley, ca, 1986).

5　Basil of Caesarea, 'Hexaemeron', in *St Basil: Letters and Select Works*, ed. Philip

Schaff and Henry Wace (New York, 1895), p. 57 (1.10).

6 Ibid., p. 83 (6.3).

7 John of Damascus, 'Exposition of the Orthodox Faith', in *St Hilary of Poitiers and John of Damascus*, ed. S.D.F. Salmond (Oxford, 1899), p. 22 (2.6).

8 Ibid., p. 25 (2.7).

9 Ibid., p. 29 (2.10).

10 Photius, *The Bibliotheca*, ed. Nigel Wilson (London, 1994), p. 214.

11 Hervé Inglebert, '"Inner" and "Outer" Knowledge: The Debate between Faith and Reason in Late Antiquity', in *A Companion to Byzantine Science*, ed. Stavros Lazaris (Leiden, 2020), pp. 27–52 (p. 46).

12 John Chrysostom, 'Homilies of the Epistle to the Hebrews', in *Homilies on the Gospel of St John and the Epistle to the Hebrews*, ed. Philip Schaff (New York, 1889), p. 433 (14.1).

13 Philip Jenkins, *The Lost History of Christianity* (New York, 2008), p. 58.

14 Said Hayati, 'Mar Aba i: Historical Context and Biographical Reconstruction', ma dissertation, University of Salzburg, 2018, p. 27.

15 Birgitta Elweskiöld, 'John Philoponus against Cosmas Indicopleustes: A Christian Controversy on the Structure of the World in Sixth–Century Alexandria', PhD thesis, Lund University, 2005, p. 15.

16 J. W. McCrindle, ed., *The Christian Topography of Cosmas* (London, 1897), p. 25.

17 Travis Lee Clark, 'Imaging the Cosmos: The Christian Topography by Kosmas Indikopleustes', PhD thesis, Temple University, 2008, p. 10.

18 Elweskiöld, 'John Philoponus against Cosmas Indicopleustes', p. 8.

19 McCrindle, *The Christian Topography*, p. 129.

20 Ibid., p. 17.

21 Ibid., p. 347.

22 Elweskiöld, 'John Philoponus against Cosmas Indicopleustes', p. 109.

23 Richard Sorabji, 'John Philoponus', in *Philoponus and the Rejection of Aristotelian Science*, ed. Richard Sorabji (London, 2010), p. 47. 24 Maja Kominko, *The World of Kosmas* (Cambridge, 2013), p. 19.

24 Maja Kominko, The World of Kosmas (Cambridge, 2013), p. 19.

25 Elweskiöld, 'John Philoponus against Cosmas Indicopleustes', p. 94.

26 Kevin van Bladel, 'Heavenly Cords and Prophetic Authority in the Quran and Its Late Antique Context', *Bulletin of the School of Oriental and African Studies*, lxx/2 (2007), p. 226.

27 Robert Hewson, 'Science in Seventh–Century Armenia: Ananias of Sirak', *Isis*, lix/1 (1968), p. 41.

28 Severus Sebokht, 'Description of the Astrolabe', in *Astrolabes of the World*, ed. R. T. Gunther (Oxford, 1932).

29 Photius, *The Bibliotheca*, p. 31. Obviously, Photius did not realize Cosmas had based his work on a world picture held by John Chrysostom, his esteemed pre-decessor as Archbishop of Constantinople.

30 Jeffrey Burton Russell, *Inventing the Flat Earth: Columbus and Modern Historians* (Westport, va, 1991), p. 34.

31 Anne–Laurence Caudano, 'Un Univers sphérique ou voûté? Survivance de la cos-mologie Antiochienne à Byzance (xie et xiie S.)', *Byzantion*, lxxviii (2008), p. 71.

32 Cyril A. Mango, *Byzantium: The Empire of New Rome* (London, 1980), p. 176.

33 Anne Tihon, 'Astronomy', in *The Cambridge Intellectual History of Byzantium*, ed. Anthony Kaldellis and Niketas Siniossoglou (Cambridge, 2017), p. 186.

15 伊斯兰教：大地如地毯般铺开

1 David Pingree, 'The Fragments of the Works of Al–Fazārī', *Journal of Near Eastern Studies*, xxix/2 (1970), p. 104.

2 S. Frederick Starr, *Lost Enlightenment: Central Asia's Golden Age from the Arab Con-quest to Tamerlane* (Princeton, nj, 2013), pp. 119–24.

3 Dimitri Gutas, *Greek Thought, Arabic Culture: The Graeco-Arabic Translation Move-ment in Baghdad and Early Abbāsid Society (2nd–4th/8th–10th Centuries)* (London, 1998), p. 67.

4 Kevin van Bladel, 'Eighth–Century Indian Astronomy in the Two Cities of Peace', in *Islamic Cultures, Islamic Contexts: Essays in Honor of Professor Patricia Crone*, ed. Behnam Sadeghi et al. (Leiden, 2014), p. 266.

5 Fitzroy Morrissey, *A Short History of Islamic Thought* (London, 2021), p. 54.

6 Ṣāid ibn Aḥmad Andalusī, *Science in the Medieval World: Book of the Categories of Nations*, trans. Sema'an I. Salem and Alok Kumar (Austin, tx, 1991), p. 46.

7 Seb Falk, *The Light Ages: A Medieval Journey of Discovery* (London, 2020), p. 242.

8 Pingree, 'The Fragments of the Works of Al-Fazārī', p. 114. The figure in the *zij* was 6,600 farsakhs, which would be roughly 40,000–48,000 kilometres (25,000–30,000 mi.).

9 Ṣāid ibn Aḥmad Andalusī, *Science in the Medieval World*, p. 46.

10 Gutas, *Greek Thought, Arabic Culture*, p. 54.

11 Ibid., p. 56.

12 Ibid., p. 107.

13 Ibid., p. 145.

14 Haig Khatchadourian, Nicholas Rescher and Ya'qub ibn Ishaq al-Kindi, 'Al-Kindi's Epistle on the Concentric Structure of the Universe', *Isis*, lvi/2 (1965), pp. 190–95.

15 George Saliba, *Islamic Science and the Making of the European Renaissance* (Cambridge, ma, 2007), p. 131.

16 Ibid., p. 73.

17 Tom Holland, *In the Shadow of the Sword* (London, 2012), p. 310.

18 The Koran, trans. N. J. Dawood (Harmondsworth, 1999), p. 399 (67.3).

19 Mohammad Ali Tabataba'i and Saida Mirsadri, 'The Qur'ānic Cosmology, as an Identity in Itself', *Arabica*, lxiii/3–4 (2016), pp. 207–9.

20 The Koran, p. 365 (50.7).

21 Tabataba'i and Mirsadri, 'The Qur'ānic Cosmology, as an Identity in Itself', p. 211.

22 Damien Janos, 'Qur'ānic Cosmography in Its Historical Perspective: Some Notes on the Formation of a Religious Worldview', *Religion*, xlii/2 (2012), p. 216.

23 The Koran, p. 212 (18.86).

24 Ibid., p. 229 (21.33).

25 Tabataba'i and Mirsadri, 'The Qur'ānic Cosmology, as an Identity in Itself', p. 217.

26 Jonathan A. C. Brown, *Misquoting Muhammad: The Challenges and Choices of Interpreting the Prophet's Legacy* (Oxford, 2014), p. 39.

27 Morrissey, *A Short History of Islamic Thought*, p. 59.

28 Muhammad al-Bukhari, *The Translation and Meanings of Sahîh Al-Bukhâri*, trans. Mohammad Muhsin Khan (Riyadh, 1997), vol. iii, p. 367 (2454).

29 Muhammad ibn Yarir al-Tabari, *The History of Al-Tabari* (New York, 1989), p. 208.

30 Morrissey, *A Short History of Islamic Thought*, p. 142.

31 Anton M. Heinen, *Islamic Cosmology* (Beirut, 1982), pp. 138ff.

32 Janos, 'Qur'ānic Cosmography in Its Historical Perspective', p. 220.

33 The Koran, p. 425 (88.20).

34 Jalāl al-Dīn al-Maḥallī and Jalāl al-Dīn al-Suyūṭī, *Tafsīr Al-Jalālayn*, trans. Feras Hamza (Amman, 2007), p. 744.

35 Al-Ghazali, *Incoherence of the Philosophers*, trans. Sabih Ahmad Kamali (Lahore, 1963), p. 180.

36 Ahmad S. Dallal, *Islam, Science, and the Challenge of History* (New Haven, ct, 2010), p. 125.

37 Al-Ghazali, *The Confessions of Al-Ghazali*, ed. Claude Field (London, 1909), p. 30.

38 Brown, *Misquoting Muhammad*, p. 81.

39 Youssef M. Ibrahim, 'Muslim Edict Takes on New Force', *New York Times*, 12 February 1995.

40 Robert Lacey, *Inside the Kingdom* (London, 2009), p. 88.

41 结果或许有些出乎意料——例如，身处洛杉矶的穆斯林应该朝向东北方向祈祷，尽管麦加比加利福尼亚略微偏南。也正因如此，从欧洲飞往洛杉矶的飞机会经过加拿大北部：地表两点之间最近的距离会避开赤道附近巨大的隆起。

42 David A. King, 'The Sacred Geography of Islam', in *Mathematics and the Divine: A Historical Study*, ed. T. Koetsier and L. Bergmans (Amsterdam, 2005), p. 175.

43 David A. King, 'The Sacred Direction of Mecca: A Study of the Interaction of Religion and Science in the Middle Ages', *Interdisciplinary Science Reviews*, x/4 (1985), p. 321.

44 David A. King and Richard P. Lorch, 'Qibla Charts, Qibla Maps, and Related Instruments', in *Cartography in Traditional Islamic and South Asian Societies*, ed. David Woodward and J. B. Harley (Chicago, il, 1992), p. 196.

45 Gerald R. Tibbetts, 'The Beginnings of a Cartographic Tradition', in *Cartography in Traditional Islamic and South Asian Societies*, ed. Woodward and Harley, p. 97.

46 King and Lorch, 'Qibla Charts, Qibla Maps, and Related Instruments', p. 196.

47 Ibid., p. 195.

16 晚期犹太教：异邦智者击败了以色列智者

1 Rabbi Eliezar, *Pirke De Rabbi Eliezer*, ed. Gerald Friedlander (London, 1916), p. 28.

2 Martin Goodman, *A History of Judaism* (London, 2019), p. 327.

3 Henry Malter, *Saadia Gaon: His Life and Works* (Philadelphia, pa, 1921), p. 119.

4 Goodman, *A History of Judaism*, p. 328.

5 Saadia ben Joseph, *Rabbi Saadiah Gaon's Commentary on the Book of Creation*, trans. Michael Linetsky (Northvale, nj, 2002), p. 57.

6 Malter, *Saadia Gaon*, p. 184.

7 Saadia ben Joseph, *Commentaire sur Le Séfer Yesira: Ou Livre de la Création* (Paris, 1891), p. 73.

8 Taro Mimura, 'The Arabic Original of (Ps.) Māshā' Allāh' s Liber De Orbe: Its Date and Authorship', *British Journal for the History of Science*, xlviii/2 (2015), p. 352.

9 Moses Maimonides, 'Foundation of the Torah', www.sefaria.org (1927), 3.2–5.

10 Moses Maimonides, *The Guide for the Perplexed*, trans. M. Friedländer (New York, 1956), p. 168 (2.11).

11 Ibid., p. 163 (2.8).

12 Ibid.

13 Ibid., p. 278 (3.14).

14 Ibid., p. 164 (2.9).

15 Natan Slifkin, *The Sun's Path at Night: The Revolution in Rabbinic Perspective on the Ptolemaic Revolution*, www.zootorah.com (2010), p. 19.

16 Goodman, *A History of Judaism*, p. 337.

17 *The Zohar*, trans. Daniel Chanan Matt (Stanford, ca, 2004), vol. vii, pp. 48 and 51.

18 Shulamit Laderman, *Images of Cosmology in Jewish and Byzantine Art* (Leiden,

2013), p. 102.

19 Slifkin, *The Sun's Path at Night*, p. 13.

20 Ibid., p. 43.

17 中世纪早期的欧洲：各个方向同等浑圆

1 Ambrose of Milan, *Hexameron, Paradise, and Cain and Abel*, trans. John J. Savage (Washington, dc, 1961), p. 21 (1.22).

2 Lactantius, *The Divine Institutes*, ed. Anthony Bowen and Peter Garnsey (Liverpool, 2003), p. 213 (3.24).

3 Leo C. Ferrari, 'Astronomy and Augustine's Break with the Manichees', *Revue d'Etudes Augustiniennes et Patristiques*, xix/3–4 (1973), p. 272.

4 Augustine of Hippo, *Confessions*, trans. R. S. Pine–Coffin (Harmondsworth, 1961), p. 93 (5.3).

5 Ferrari, 'Astronomy and Augustine's Break with the Manichees', p. 274.

6 Augustine of Hippo, *Confessions*, p. 98 (5.7).

7 Henry Chadwick, *Augustine of Hippo* (Oxford, 2010), p. 37.

8 Augustine of Hippo, *On Genesis: A Refutation of the Manichees, Unfinished Literal Commentary on Genesis, the Literal Meaning of Genesis*, ed. Edmund Hill (Hyde Park, ny, 2002), p. 186 (1.19).

9 Ibid., pp. 201, 210 (2.9, 2.15).

10 不同于学术界的共识，一位研究奥古斯丁神学的澳大利亚专家持不同意见。他叫利奥·法拉里，生活在加拿大的新不伦瑞克省。很难确定我们应该如何对待法拉里所主张的奥古斯丁是地平说者这一观点，因为法拉里本人曾长期担任加拿大地平说学会的主席。这个与众不同的组织似乎源于法拉里和朋友们酒醉后的一句俏皮话（"我们处在平面上"）。这一组织持续数年后因臭名昭著而被迫关闭，以防人们信以为真。参见Leo Ferrari, 'Augustine's Cosmography', *Augustinian Studies*, xxvii/2 (1996), pp. 129–77; Christine Garwood, *Flat Earth: The History of an Infamous Idea* (London, 2007), p. 280。

11 Cassiodorus, *Institutions of Divine and Secular Learning*, trans. James W. Halprin and Mark Vessey (Liverpool, 2004), pp. 225, 227 (2.6.4, 2.7.3).

12 Isidore of Seville, *The Etymologies of Isidore of Seville*, trans. Stephan A. Barney (Cambridge, 2006), p. 285 (14.2.1).

13 W. M. Stevens, 'The Figure of the Earth in Isidore's "De Natura Rerum"', *Isis*, lxxi/2 (1980), pp. 268–77; William D. McCready, 'Isidore, the Antipodeans, and the Shape of the Earth', *Isis*, lxxxvii/1 (1996), pp. 108–27; Andrew Fear, 'Putting the Pieces Back Together: Isidore and De Natura Rerum', in *Isidore of Seville and His Reception in the Early Middle Ages*, ed. Andrew Fear and Jamie Wood (Amsterdam, 2016), pp. 75–92 (p. 76).

14 Fear, 'Putting the Pieces Back Together', p. 85.

15 Isidore of Seville, *On the Nature of Things*, trans. Calvin B. Kendall and Faith Wallis (Liverpool, 2016), p. 144 (20).

16 Fear, 'Putting the Pieces Back Together', p. 79.

17 Isidore of Seville, *On the Nature of Things*, p. 258.

18 Ibid., p. 129 (10.3).

19 Ibid., p. 172 (44.2).

20 Ibid., p. xxi.

21 Michael W. Herren, ed. and trans., *The Cosmography of Aethicus Ister: Edition, Translation, and Commentary* (Turnhout, 2011), p. xxxvi. 现代版《宇宙志》的译者迈克尔·赫伦提出，书中古怪的世界观是在揶揄科斯马斯·印第科普尔斯基。在我看来，以下说法的可信度极高，即《宇宙志》作者明知地球实际上是球体，却仍然装作采信地平说的宇宙观。并且，虽然他同样有可能知道科斯马斯的著作（尽管是希腊语），但他的熟人中很可能没有人能理解这个笑话。

22 Ibid., p. 25.

23 Marina Smyth, *Understanding the Universe in Seventh-Century Ireland* (Woodbridge, 1996), p. 278.

24 7世纪爱尔兰著作《论造物的安排》(*On the Arrangement of Created Things*) 的佚名作者正是其中一例。长期以来，人们将这部作品归于伊西多禄本人。这位佚名作者是一位爱尔兰修道士，行事理智，只要与《圣经》相符，就不会排除宇宙形状的各种可能。和奥古斯丁一样，他欣然接受天像圆盘那样覆盖着地球，或者是像鸡蛋的形状，环绕着整个造物［参见 Marina Smyth, 'The Seventh-Century Hiberno-Latin Treatise "Liber De Ordine Creaturarum", a Translation', *Journal of Medieval Latin*, XXI (2011), p. 172］。当提到地球本身时，他将其描述为分为东西南北四个部分的轨道（Smyth,

'Liber De Ordine Creaturarum', p. 195 ），表明地球更像是圆盘而非球体。

25 Bede, *The Reckoning of Time*, trans. Faith Wallis (Liverpool, 1999), p. 78 (27).

26 Ibid., p. 91 (32).

27 Bede, *Ecclesiastical History of the English People*, trans. Leo SherleyPrice (Harmondsworth, 1990), p. 359.

28 Bruce Eastwood, *Ordering the Heavens: Roman Astronomy and Cosmology in the Carolingian Renaissance* (Leiden, 2007), pp. 88 and 127.

29 Ibid., p. 9.

30 Stephen C. McCluskey, *Astronomies and Cultures in Early Medieval Europe* (Cambridge, 1998), p. 133.

31 Cicero, 'Academica', in *On the Nature of the Gods. Academics*, trans. H. Rackham (Cambridge, ma, 1933), p. 627 (2.123).

32 Pliny the Elder, *Natural History*, trans. H. Rackham (Cambridge, ma, 1938), vol. i, p. 297 (2.65).

33 Macrobius, *Commentary on the Dream of Scipio*, trans. William Harris Stahl (New York, 1952), p. 204 (2.5.25).

34 Lactantius, *The Divine Institutes*, ed. Anthony Bowen and Peter Garnsey (Liverpool, 2003), p. 213 (3.24).

35 Augustine of Hippo, *City of God*, trans. Henry Bettinson (Harmondsworth, 1984), p. 664 (16.9).

36 Isidore of Seville, *The Etymologies*, p. 199 (9.2.133).

37 Bede, *The Reckoning of Time*, p. 99 (34).

38 John Carey, 'Ireland and the Antipodes: The Heterodoxy of Virgil of Salzburg', Speculum, Lxiv/1 (1989), p. 1. 在爱尔兰人当中，关于地下世界的传说与地圆说、对跖地这些古典概念相关联。有一种说法认为，太阳为从北半球升起，途中会经过地球下方的土地，这时就会将它们照亮。正如一位 11 世纪的爱尔兰诗人所写，当太阳在对跖地上方时，"它照耀着运动场上众多的年轻人，他们因恐惧野兽而向天呐喊"（参见Carey, 'Ireland and the Antipodes', p. 5. ）。任何曾在澳大利亚参与竞赛的英国运动员都能感受到这种情绪。

18　中世纪鼎盛时期的世界观：地球呈球形

1 Taro Mimura, 'The Arabic Original of (Ps.) Māshā' Allāh' s Liber De Orbe: Its

Date and Authorship', *British Journal for the History of Science*, xlviii/2 (2015), pp. 321–52.

2 Ibid., p. 352.

3 James Hannam, *God's Philosophers: How the Medieval World Laid the Foundations of Modern Science* (London, 2009), p. 69.

4 Edward Grant, ed., *A Source Book in Medieval Science* (Cambridge, ma, 1974), pp. 36–8.

5 Barbara Obrist, 'William of Conches, Māshā' Allāh, and TwelfthCentury Cosmology', *Archives d'histoire doctrinale et littéraire du Moyen Âge*, lxxvi/1 (2009), p. 56.

6 William of Conches, *A Dialogue on Natural Philosophy: Dragmaticon Philosophiae*, trans. Italo Ronca and Matthew Curr (Notre Dame, in, 1997), p. 4 (1.1.5).

7 Ibid., p. 121 (6.2.2).

8 目前通行的《球体之书》有两个版本，一个版本有27章，另一个版本有40章。威廉采用的显然是较长的版本。参见 Obrist, 'William of Conches, Māshā' Allāh, and Twelfth–Century Cosmology', p. 33。

9 Ibid., p. 58.

10 William of Conches, *A Dialogue on Natural Philosophy*, pp. 121, 122 (6.2.2, 6.2.7).

11 Eric M. Ramírez–Weaver, 'William of Conches, Philosophical Continuous Narration, and the Limited Worlds of Medieval Diagrams', *Studies in Iconography*, xxx (2009), p. 6.

12 Hannam, *God's Philosophers*, p. 74.

13 Seb Falk, *The Light Ages: A Medieval Journey of Discovery* (London, 2020), p. 86.

14 Grant, *A Source Book in Medieval Science*, p. 444.

15 Jill Tattersall, 'Sphere or Disc? Allusions to the Shape of the Earth in Some Twelfth–Century and Thirteenth–Century Vernacular French Works', *Modern Language Review*, lxxvi/1 (1981), p. 43.

16 出处同上，第34页。和现代英语、古拉丁语一样，古法语中的习语将地球形容为"round（圆形，球形）"而不是"球形"，所以诗人们认为有必要阐明他们指的是球体而非圆盘。

17 当时，与摩尼教教义相似的卡特里派活跃于法国南部，不过但丁不太可能关注过他们的神学观念。

18 *The Travels of Sir John Mandeville*, trans. C.W.R.D Moseley (Harmondsworth,

1983), p. 127.

19　Ibid., p. 130.

20　Ibid., p. 129.

21　我们在英语中将这种王权标志叫作 "orb（王权标志上的宝球）"，但其拉丁语名称为 "Globus cruciger"，可以避免 "orbis" 一词所带来的歧义。

22　David Woodward, 'Medieval *Mappaemundi*', in *Cartography in Prehistoric, Ancient, and Medieval Europe and the Mediterranean*, ed. David Woodward and J. B. Harley (Chicago, il, 1987), p. 301.

23　David Wootton, *The Invention of Science: A New History of the Scientific Revolution* (London, 2015), p. 115.

24　Aristotle, 'Meteorology', in *The Complete Works of Aristotle*, ed. Jonathan Barnes (Princeton, nj, 1984), p. 587 (362b).

25　Alessandro Scafi, 'Defining Mappamundi', in *The Hereford World Map: Medieval World Maps and Their Context*, ed. P.D.A. Harvey (London, 2006), p. 346.

26　Felipe Fernández–Armesto, *Pathfinders: A Global History of Exploration* (New York, 2006), p. 81.

27　Woodward, 'Medieval *Mappaemundi*'.

28　J. Williams, 'Isidore, Orosius and the Beatus Map', *Imago Mundi*, xlix (1997), p. 17.

29　Ibid., p. 293 (14.5.17).

19　哥伦布与哥白尼：必将发现新世界

1　Washington Irving, *Life and Voyages of Christopher Columbus* (London, 1909), p. 60.

2　Ptolemy of Alexandria, *Ptolemy's Geography: An Annotated Translation of the Theoretical Chapters*, trans. J. L. Berggren and Alexander Jones (Princeton, nj, 2000), p. 43.

3　Ibid., p. 21.

4　W.G.L. Randles, 'The Evaluation of Columbus' "India" Project by Portuguese and Spanish Cosmographers in the Light of the Geographical Science of the Period', *Imago Mundi*, XLII (1990), p. 54. 托斯卡内利的论据基于希腊人马里努斯的观点，托勒密曾在《地理》中对其加以批评。参见 Ptolemy of Alexandria, *Ptolemy's Geography*, p. 71。

5 Christopher Columbus, *The Four Voyages*, ed. J. M. Cohen (Harmondsworth, 1969), p. 13.

6 Randles, 'The Evaluation of Columbus' "India" Project', p. 52.

7 后人曾提及1443年有一个"根据托勒密的描述"建造的地球仪，但这个地球仪没能保存下来。参见 David Wootton, *The Invention of Science: A New History of the Scientific Revolution* (London, 2015), p. 121。

8 Randles, 'The Evaluation of Columbus' "India" Project', p. 61.

9 J. H. Elliott, *The Old World and the New* (Cambridge, 1970), p. 29.

10 David N. Livingstone, *The Geographical Tradition: Episodes in the History of a Contested Enterprise* (Oxford, 1992), p. 34.

11 Seneca the Younger, 'Medea', in *Tragedies*, ed. John G. Fitch (Cambridge, ma, 2018), vol. i, p. 379 (ll. 375–9).

12 Columbus, *The Four Voyages*, p. 218.

13 See Chapter Seventeen and following in James Hannam, *God's Philosophers: How the Medieval World Laid the Foundations of Modern Science* (London, 2009).

14 Nicolaus Copernicus, *On the Revolutions of the Heavenly Spheres*, ed. Charles Glenn Wallis (Amherst, ma, 1995), pp. 9–11.

15 Maurice A. Finocchiaro, *Retrying Galileo, 1633–1992* (Berkeley, ca, 2005), p. 21.

16 Copernicus, *On the Revolutions of the Heavenly Spheres*, p. 19.

17 Ibid., p. 10.

20　中国：天圆地方

1 Valerie Hansen, *The Open Empire: A History of China to 1600* (New York, 2000), p. 126.

2 'Q' denotes a sound something like a 'Ch' in the approved pinyin system of the modern Chinese government, while 'Zh' is pronounced a bit like 'J'.

3 Christopher Cullen, *Heavenly Numbers: Astronomy and Authority in Early Imperial China* (Oxford, 2017), p. 22.

4 Ibid., p. 31.

5 Ibid., p. 393.

6 Liu An, *The Huainanzi: A Guide to the Theory and Practice of Government in Early Han China*, ed. John Major et al., trans. John Major (New York, 2010), p. 115.

7 Ibid., p. 279.

8 Roel Sterckx, *Chinese Thought: From Confucius to Cook Ding* (London, 2019), p. 350.

9 Cullen, *Heavenly Numbers,* p. 203.

10 *The Classic of the Mountains and the Sea,* trans. Anne Birrell (Harmondsworth, 1999).

11 Liu An, *The Huainanzi*, pp. 144, 157.

12 Hansen, *The Open Empire*, p. 91.

13 John B. Henderson, *The Development and Decline of Chinese Cosmology* (New York, 1984), p. 72.

14 Qiong Zhang, *Making the New World Their Own: Chinese Encounters with Jesuit Science in the Age of Discovery* (Leiden, 2015), p. 27.

15 Cullen, *Heavenly Numbers*, p. 208.

16 Christopher Cullen, *Astronomy and Mathematics in Ancient China: The Zhou Bi Suan Jing* (Cambridge, 1996), p. 178.

17 Ibid., p. 189.

18 Ibid., p. 180.

19 Cullen, *Heavenly Numbers*, pp. 276–8.

20 Ibid., p. 280.

21 Ibid., p. 283.

22 Joseph Needham and Ling Wang, *Mathematics and the Sciences of the Heavens and the Earth* (Cambridge, 1959), p. 218.

23 Jin Zumeng, 'A Critique of "Zhang Heng's Theory of a Spherical Earth"', in *Chinese Studies in the History and Philosophy of Science and Technology*, ed. Fan Dainian and Robert S. Cohen (Dordrecht, 1996), p. 432.

24 Christopher Cullen, 'Joseph Needham on Chinese Astronomy', *Past and Present*, lxxxvii (1980), p. 42.

25 Jeffrey Kotyk, 'The Chinese Buddhist Approach to Science: The Case of Astronomy and Calendars', *Journal of Dharma Studies*, iii/2 (2020), p. 279.

26 Yuzhen Guan, 'A New Interpretation of Shen Kuo's *Ying Biao Yi*', *Archive for History of Exact Sciences*, lxiv (2010), p. 712.

27 Jeffrey Kotyk, 'Examining Amoghavajra's Flat–Earth Cosmology: Religious vs

Scientific Worldviews in Buddhist Astrology', *Studies in Chinese Religions*, vii/2 (2021), p. 205.

28 Kotyk, 'The Chinese Buddhist Approach to Science', p. 284.

29 Bill M. Mak, 'Yusi Jing – A Treatise of "Western" Astral Science in Chinese and Its Versified Version Xitian Yusi Jing', *sciamvs*, xv (2014), p. 128.

30 Jan Vrhovski, 'Apologeticism in Chinese Nestorian Documents from the Tang Dynasty', *Asian Studies i*, xxvii/2 (2013), p. 58.

31 Hansen, *The Open Empire*, p. 242.

32 Ibid., p. 264.

33 Ibid., p. 412.

34 Ibid., p. 270.

35 Qiao Yang, 'From the West to the East, from the Sky to the Earth: A Biography of Jamāl Al–Dīn', *Asiatische Studien – Études Asiatiques*, lxxi/4 (2018), p. 1234.

36 Ho Peng Yoke, *Li, Qi and Shu: An Introduction to Science and Civilization in China* (Seattle, wa, 1987), p. 167.

37 Yang, 'From the West to the East', p. 1235.

38 Ibid., p. 1238.

39 Ho Peng Yoke, *Li, Qi and Shu*, p. 167.

40 Louise Levathes, *When China Ruled the Seas: The Treasure Fleet of the Dragon Throne, 1405–1433* (Oxford, 1994), p. 119.

41 Ibid., p. 20.

42 Song Zhenghai and Chen Chuankang, 'Why Did Zheng He's Sea Voyage Fail to Lead the Chinese to Make the "Great Geographic Discovery"?', in *Chinese Studies in the History and Philosophy of Science and Technology: Boston Studies in the Philosophy of Science*, ed. Fan Dainian and Robert S. Cohen (Dordrecht, 1996), p. 308.

43 Zhang, *Making the New World Their Own*, p. 61.

44 Sterckx, *Chinese Thought: From Confucius to Cook Ding*, p. 4.

21 中国和西方：诚如鸡子黄

1 Mary Laven, *Mission to China* (London, 2011), p. 22.

2 Joseph Needham and Ling Wang, *Mathematics and the Sciences of the Heavens and*

the Earth (Cambridge, 1959), p. 438.

3 Qiong Zhang, *Making the New World Their Own: Chinese Encounters with Jesuit Science in the Age of Discovery* (Leiden, 2015), p. 71.

4 Ibid., p. 47.

5 Ibid., p. 57.

6 Laven, *Mission to China*, p. 224.

7 Roel Sterckx, *Chinese Thought: From Confucius to Cook Ding* (London, 2019), p. 320.

8 Laven, *Mission to China*, p. 223.

9 Benjamin A. Elman, *On Their Own Terms: Science in China, 1550–1900* (Cambridge, ma, 2005), p. 94.

10 Liam Matthew Brockey, *Journey to the East: The Jesuit Mission to China, 1579–1724* (Cambridge, ma, 2007), p. 68.

11 Elman, *On Their Own Terms*, p. 93.

12 Toby E. Huff, *Intellectual Curiosity and the Scientific Revolution: A Global Perspective* (Cambridge, 2011), p. 90.

13 Elman, *On Their Own Terms*, p. 97.

14 Ibid., p. 98.

15 Ibid., p. 134.

16 Ibid., p. 135.

17 Zhang, *Making the New World Their Own*, p. 156.

18 Ibid., p. 137.

19 Brockey, *Journey to the East*, p. 128.

20 Elman, *On Their Own Terms*, p. 142.

21 Ibid., p. 144.

22 Pingyi Chu, 'Scientific Dispute in the Imperial Court: The 1664 Calendar Case', *Chinese Science*, xiv (1997), p. 34.

23 Brockey, *Journey to the East*, p. 200.

24 Elman, *On Their Own Terms*, p. 168.

25 Needham and Wang, *Mathematics and the Sciences of the Heavens and the Earth*, p. 499.

26 Elman, *On Their Own Terms*, p. 262.

27 John B. Henderson, *The Development and Decline of Chinese Cosmology* (New York, 1984), p. 237.

28 Elman, *On Their Own Terms*, p. 267.

29 Maurice A. Finocchiaro, *Retrying Galileo, 1633–1992* (Berkeley, ca, 2005), p. 139.

30 Benjamin A. Elman, *A Cultural History of Modern Science in China* (Cambridge, ma, 2006), p. 43.

31 Zhang, *Making the New World Their Own*, p. 200.

32 Ibid., p. 198.

33 John B. Henderson, 'Ch'ing Scholars' Views of Western Astronomy', *Harvard Journal of Asiatic Studies*, xlvi/1 (1986), p. 141.

22 地圆说走向全球：在球形尘世想象中的角落

1 如果北极星恰好静止于北极上方，就会有精确的数字。不过事实并非如此，北极星目前非常接近正北方位，但仍会随着地球的转动而在天空中移动。它与北极的距离通常相当于一轮满月。

2 Maria M. Portuondo, 'Lunar Eclipses, Longitude and the New World', *Journal of the History of Astronomy*, xl/3 (1990), p. 251.

3 Larrie D. Ferreiro, *Measure of the Earth* (New York, 2011), p. 6.

4 Ibid., p. 8; Isaac Newton, 'Principia', in *On the Shoulders of Giants: The Great Works of Physics and Astronomy*, ed. Stephen Hawking (Philadelphia, pa, 2002), p. 1066.

5 Felipe Fernández–Armesto, *Pathfinders: A Global History of Exploration* (New York, 2006), p. 301.

6 Bruce Trigger, *Understanding Early Civilisations: A Comparative Study* (Cambridge, 2003), p. 447.

7 Ibid., p. 448.

8 Nicholas Campion, *Astrology and Cosmology in the World's Religions* (New York, 2012), p. 29.

9 Ibid., p. 36.

10 Edward Burnett Tylor, *Anthropology* (London, 1913), p. 333.

11 Ibid.

12 T. B. Macaulay, 'Macaulay's Minute', in *Selections from Educational Records,*

Part i(1781–1839), ed. H. Sharp (Delhi, 1965), p. 111.

13 John Donne, *Selected Poems* (London, 2006), p. 180.

14 Donald S. Lopez Jr, *Buddhism and Science: A Guide for the Perplexed* (Chicago, il, 2008), p. 42.

15 See Chapter Fourteen of R. S. Sharma, *India's Ancient Past* (New Delhi, 2005).

16 Jeffrey Kotyk, 'Celestial Deities in the Flat–Earth Buddhist Cosmos and Astrology', in *Intersections of Religion and Astronomy*, ed. Chris Corbally, Darry Dinell and Aaron Ricker (London, 2020), p. 37.

17 Jeffrey Kotyk, 'The Chinese Buddhist Approach to Science: The Case of Astronomy and Calendars', *Journal of Dharma Studies*, iii/2 (2020), p. 4.

18 Ibid., p. 46.

19 Ibid., p. 51.

20 Ibid., p. 57.

21 Lopez, *Buddhism and Science*, p. 54.

22 Christine Garwood, *Flat Earth: The History of an Infamous Idea* (London, 2007), p. 133.

23 Matthew 7:7.

24 Samuel Birley Rowbotham, *Zetetic Astronomy: Earth Not a Globe* (London, 1881), p. 354.

25 Ibid.

26 Garwood, *Flat Earth*, p. 70.

27 Ibid., p. 105.

28 Ibid., p. 141.

29 Ibid., p. 152.

30 Ibid., p. 166.

31 Ibid., p. 177.

23 今天：球形的世界没什么稀奇

1 Christine Garwood, *Flat Earth: The History of an Infamous Idea* (London, 2007), p. 193.

2 Ibid., p. 211.

3 Ibid., p. 192.

4 Ibid., p. 217.

5 Ibid., p. 254.

6 The author's Australian wife assures him this is no longer the case; Garwood, *Flat Earth*, p. 323.

7 Ibid., p. 348.

8 Marco Silva, 'Flat Earth: How Did YouTube Help Spread a Conspiracy Theory?', www.bbc.co.uk, 18 July 2019.

9 '"Mad" Mike Hughes Dies after Crash-Landing Homemade Rocket', www.bbc.co.uk, 23 February 2020.

10 Michael Newton Keas, *Unbelievable: 7 Myths About the History and Future of Science and Religion* (Wilmington, de, 2019), p. 47.

11 J. H. Parry, *The Age of Reconnaissance: Discovery, Exploration and Settlement 1450 to 1650* (London, 1963), p. 10.

12 Daniel J. Boorstin, *The Discoverers: A History of Man's Search to Know His World and Himself* (New York, 1983).

13 Jeffrey Burton Russell, *Inventing the Flat Earth: Columbus and Modern Historians* (Westport, va, 1991).

14 Umberto Eco, *Serendipities: Language and Lunacy* (London, 1999).

15 John Henry, *Knowledge Is Power: How Magic, the Government and an Apocalyptic Vision Inspired Francis Bacon to Create Modern Science* (Cambridge, 2002), p. 85.

16 Thomas Paine, 'The Age of Reason Part One', in *The Thomas Paine Reader*, ed. Michael Foot (Harmondsworth, 1987), p. 431.

17 Thomas Jefferson, *Notes on the State of Virginia* (Boston, ma, 1832), p. 167.

18 Russell, *Inventing the Flat Earth*, p. 58.

19 Andrew Dickson White, *A History of the Warfare of Science with Theology in Christendom*, 2 vols (New York, 1896), vol. i, p. 97.

20 David S. Cohen, *The Simpsons*, 'Lisa the Skeptic', Series 8, Episode 9 (1997).

21 Stephen Jay Gould, *Rocks of Ages: Science and Religion in the Fullness of Life* (London, 2001).

22 Ekmeleddin İhsanoğlu, 'Modern Islam', in *Science and Religion around the World*, ed. John Hedley Brooke and Ronald L. Numbers (New York, 2011), p. 165.

23 David Hutchings and James C. Ungureanu, *Of Popes and Unicorns: Science, Christianity, and How the Conflict Thesis Fooled the World* (Oxford, 2021), p. 176.

24 Roger Lancelyn Green and Walter Hooper, *C. S. Lewis: A Biography* (London, 2002), p. 80.

25 C. S. Lewis, *The Discarded Image: An Introduction to Medieval and Renaissance Literature* (Cambridge, 1994), p. 140.

26 Ironically, Pauline Baynes (1922–2008), who drew the illustrations for the book, placed a globe in the captain's cabin of the *Dawn Treader*. See C. S. Lewis, *The Voyage of the Dawn Treader* (London, 1980), p. 24.

27 Lewis, *The Voyage of the Dawn Treader*, p. 176.

28 J.R.R. Tolkien, *The Lost Road and Other Writings* (London, 1987), p. 16.

29 J.R.R. Tolkien, *The Monsters and the Critics and Other Essays* (London, 1997), p. 18.

30 J.R.R. Tolkien, *Beowulf: A Translation and Commentary* (London, 2014), p. 225.

31 John Garth, *The Worlds of J.R.R. Tolkien* (London, 2020), p. 40.

32 Lewis, *The Discarded Image*, p. 141.

33 J.R.R. Tolkien, *Tolkien on Fairy-Stories*, ed. Verlyn Flieger and Douglas A. Anderson (London, 2014), p. 61.

34 John Rateliff, 'The Flat Earth Made Round and Tolkien's Failure to Finish the Silmarillion', *Journal of Tolkien Research*, ix/1 (2020), p. 13.

35 Terry Pratchett, *The Colour of Magic* [1983] (London, 1985), p. 207.

36 Pratchett had already used it in a science fiction novel, *Strata*, published a couple of years before *The Colour of Magic*.

后记

1 14世纪巴黎大学的院长尼科尔·奥雷斯姆是第一个令人信服地做到这一点的人，参见 James Hannam, *God's Philosophers: How the Medieval World Laid the Foundations of Modern Science* (London, 2009), p. 187。

2 Anthony Kenny, *A New History of Western Philosophy* (Oxford, 2010), p. 295.

参考文献

Ambrose of Milan, *Hexameron, Paradise, and Cain and Abel*, ed. John J. Savage (Washington, DC, 1961)

Andalusī, Ṣāʿid ibn Aḥmad, *Science in the Medieval World: Book of the Categories of Nations*, ed. Semaʿan I. Salem and Alok Kumar (Austin, TX, 1991)

Aristophanes, 'The Clouds', in *Lysistrata and Other Plays*, ed. Alan Sommerstein (Harmondsworth, 1973), pp. 105–74

Aristotle, *Politics*, ed. T. A. Sinclair and Trevor J. Saunders (Harmondsworth, 1981)

——, 'Meteorology', in *The Complete Works of Aristotle*, ed. Jonathan Barnes (Princeton, NJ, 1984), pp. 555–625

——, 'On Generation and Corruption', in *The Complete Works of Aristotle*, ed. Jonathan Barnes (Princeton, NJ, 1984), pp. 512–54

——, 'On the Heavens', in *The Complete Works of Aristotle*, ed. Jonathan Barnes (Princeton, NJ, 1984), pp. 447–511

——, *Metaphysics*, ed. Hugh Lawson-Tancred (Harmondsworth, 1998)

Arrian, *The Campaigns of Alexander*, ed. Aubrey de Sélincourt and J. R. Hamilton (Harmondsworth, 1971)

Aryabhata, *The Aryabhatiya of Aryabhata*, ed. David Eugene Smith (Chicago, IL, 1930)

Augustine of Hippo, *Confessions*, ed. R. S. Pine-Coffin (Harmondsworth, 1961)

——, *City of God*, ed. Henry Bettinson (Harmondsworth, 1984)

——, *On Genesis: A Refutation of the Manichees, Unfinished Literal Commentary on Genesis, the Literal Meaning of Genesis*, ed. Edmund Hill (Hyde Park, NY, 2002)

Bagnall, Roger S., 'Alexandria: Library of Dreams', *Proceedings of the American Philological Society*, CXLVI/4 (2002), pp. 348–62

Bakker, Frederik A., *Epicurean Meteorology: Sources, Method, Scope and Organization*

(Leiden, 2016)

——, 'Vergilius Astronomiae Ignarus? A Vindication of Virgil's Astronomical Knowledge in *Georgics* 1.231–258', *Mnemosyne*, LXXII/4 (2019), pp. 621–46

Barnes, Jonathan, *Aristotle* (Oxford, 1982)

Basil of Caesarea, 'Hexaemeron', in *St Basil: Letters and Select Works*, ed. Philip Schaff and Henry Wace (New York, 1895), pp. 51–108

Bede, *Ecclesiastical History of the English People*, ed. Leo Sherley-Price (Harmondsworth, 1990)

——, *The Reckoning of Time*, ed. Faith Wallis (Liverpool, 1999)

——, *On the Nature of Things and on Times*, ed. Faith Wallis (Liverpool, 2010)

Bigwood, J. M., 'Aristotle and the Elephant Again', *American Journal of Philology*, CXIV/4 (1993), pp. 537–55

Birrell, Anne, ed., *The Classic of the Mountains and the Sea* (Harmondsworth, 1999)

Blacker, Carmen, Michael Loewe and J. Martin Plumley, eds, *Ancient Cosmologies* (London, 1975)

Bose, Devabrata M., Samarendra Nath Sen and Bidare V. Subbarayappa, *A Concise History of Science in India* (New Delhi, 1971)

Bowles, Adam, trans., *The Mahabharata* VIII (New York, 2006)

Brockey, Liam Matthew, *Journey to the East: The Jesuit Mission to China, 1579–1724* (Cambridge, MA, 2007)

Brown, Jonathan A. C., *Misquoting Muhammad: The Challenges and Choices of Interpreting the Prophet's Legacy* (Oxford, 2014)

al-Bukhari, Muhammad, *The Translation and Meanings of Sahîh Al-Bukhâri*, ed. Mohammad Muhsin Khan (Riyadh, 1997)

Burch, George Bosworth, 'The Counter-Earth', *Osiris*, XI (1954), pp. 267–94

Burkert, Walter, *Lore and Science in Ancient Pythagoreanism* (Cambridge, MA, 1972)

Cameron, Alan, 'The Last Days of the Academy at Athens', *Proceedings of the Cambridge Philological Society*, XV (1969), pp. 7–29

Campion, Nicholas, *Astrology and Cosmology in the World's Religions* (New York, 2012)

Carey, John, 'Ireland and the Antipodes: The Heterodoxy of Virgil of Salzburg', *Speculum*, LXIV/1 (1989), pp. 1–10

Cassiodorus, *Institutions of Divine and Secular Learning*, ed. James W. Halporn and

Mark Vessey (Liverpool, 2004)

Caudano, Anne-Laurence, 'Un Univers sphérique ou voûté? Survivance de la cosmologie Antiochienne à Byzance (XIE ET XIIE S.)', *Byzantion*, LXXVIII (2008), pp. 66–86

——, '"Le Ciel a la forme d'un cube ou a été dressé comme une peau" : Pierre le philosophe et l'orthodoxie du savoir astronomique sous Manuel ier Comnène', *Byzantion*, LXXXI (2011), pp. 19–73

Chadwick, Henry, *Augustine of Hippo* (Oxford, 2010)

Chrysostom, John, 'Homilies of the Epistle to the Hebrews', in *Homilies on the Gospel of St John and the Epistle to the Hebrews*, ed. Philip Schaff (New York, 1889), pp. 647–974

Chu, Pingyi, 'Scientific Dispute in the Imperial Court: The 1664 Calendar Case', *Chinese Science*, XIV (1997), pp. 7–34

Cicero, 'On the Republic', in *Cicero: On the Republic, On the Laws*, ed. Clinton W. Keyes (Cambridge, MA, 1928)

——, 'Academica', in *On the Nature of the Gods. Academics*, ed. H. Rackham (Cambridge, MA, 1933), pp. 399–659

——, *The Nature of the Gods*, ed. H.C.P. McGregor and J. M. Ross (Harmondsworth, 1972)

——, *Letters to Friends*, ed. D. R. Shackleton Bailey (Cambridge, MA, 2001)

Clagett, Marshall, *Ancient Egyptian Science: A Source Book* (Philadelphia, PA, 1995)

Clark, Travis Lee, 'Imaging the Cosmos: The Christian Topography by Kosmas Indikopleustes', PhD thesis, Temple University, 2008

Cleomedes, *Cleomedes' Lectures on Astronomy: A Translation of the Heavens*, ed. Alan C. Bowen and Robert B. Todd (Berkeley, CA, 2004)

Columbus, Christopher, *The Four Voyages*, ed. J. M. Cohen (Harmondsworth, 1969)

Copenhaver, Brian, and Charles Schmitt, *Renaissance Philosophy* (Oxford, 1992)

Copernicus, Nicolaus, *On the Revolutions of the Heavenly Spheres*, ed. Charles Glenn Wallis (Amherst, MA, 1995)

Cormack, Lesley B., 'Flat Earth or Round Sphere: Misconceptions of the Shape of the Earth and the Fifteenth-Century Transformation of the World', *Ecumene*, I/4 (1994), pp. 363–85

Cornford, Francis, *From Religion to Philosophy: A Study in the Origins of Western Specu-lation* (New York, 1957)

Cottrell, Emily, and Micah Ross, 'Persian Astrology: Dorotheus and Zoroaster According to the Medieval Arabic Sources (8th–11th Century.)', in *Proceedings of the 8th European Conference of Iranian Studies* (St Petersburg, 2019), pp. 87–105

Couprie, Dirk, 'Some Remarks on the Earth in Plato's *Phaedo*', *Hyperboreus*, XI (2005), pp. 192–204

Cullen, Christopher, 'Joseph Needham on Chinese Astronomy', *Past and Present*, LXXXVII (1980), pp. 39–53

——, *Astronomy and Mathematics in Ancient China: The Zhou Bi Suan Jing* (Cambridge, 1996)

——, *Heavenly Numbers: Astronomy and Authority in Early Imperial China* (Oxford, 2017)

Cullen, Christopher, and Catherine Jami, 'Christmas 1668 and After: How Jesuit Astronomy Was Restored to Power in Beijing', *Journal for the History of Astronomy*, LI/1 (2020), pp. 3–50

Cunliffe, Barry, *By Steppe, Desert, and Ocean: The Birth of Eurasia* (Oxford, 2015)

Dallal, Ahmad S., *Islam, Science, and the Challenge of History* (New Haven, CT, 2010)

Daryaee, Touraj, 'Mind, Body, and the Cosmos: Chess and Backgammon in Ancient Persia', *Iranian Studies*, XXXV/4 (2002), pp. 281–312

——, *Sasanian Persia: The Rise and Fall of an Empire* (London, 2009)

The Koran, ed. N. J. Dawood (Harmondsworth, 1999)

Dicks, D. R., *Early Greek Astronomy to Aristotle* (London, 1970)

Diogenes Laertius, *Lives of Eminent Philosophers*, ed. R. D. Hicks (Cambridge, MA, 1925)

Dodds, E. R., *The Greeks and the Irrational* (Berkeley, CA, 1951)

Eastwood, Bruce, *Ordering the Heavens: Roman Astronomy and Cosmology in the Carolingian Renaissance* (Leiden, 2007)

Elliott, J. H., *The Old World and the New* (Cambridge, 1970)

Elman, Benjamin A., *On Their Own Terms: Science in China, 1550–1900* (Cambridge, MA, 2005)

——, *A Cultural History of Modern Science in China* (Cambridge, MA, 2006)

Elweskiöld, Birgitta, 'John Philoponus against Cosmas Indicopleustes: A Christian Controversy on the Structure of the World in Sixth Century Alexandria', PhD thesis, Lund University, 2005

Eratosthenes and Hyginus, *Constellation Myths with Aratus's Phaenomena*, ed. Robin Hard (Oxford, 2015)

Evans, James, and Christián Carlos Carman, 'The Two Earths of Eratosthenes', *Isis*, cvi/1 (2015), pp. 1–16

Falk, Seb, *The Light Ages: A Medieval Journey of Discovery* (London, 2020)

Fear, Andrew, 'Putting the Pieces Back Together: Isidore and *De Natura Rerum*', in *Isidore of Seville and His Reception in the Early Middle Ages*, ed. Andrew Fear and Jamie Wood (Amsterdam, 2016), pp. 75–92

Fear, Andrew, and Jamie Wood, eds, *Isidore of Seville and His Reception in the Early Middle Ages* (Amsterdam, 2016)

Fernández-Armesto, Felipe, *Pathfinders: A Global History of Exploration* (New York, 2006)

Ferrari, Leo, 'Astronomy and Augustine's Break with the Manichees', *Revue d'Etudes Augustiniennes et Patristiques*, xix/3–4 (1973), pp. 263–76

——, 'Augustine's Cosmography', *Augustinian Studies*, xxvii/2 (1996), pp. 129–77

Ferreiro, Larrie D., *Measure of the Earth* (New York, 2011)

Finkel, Irving, *The Ark before Noah: Decoding the Story of the Flood* (London, 2014)

Finocchiaro, Maurice A., *Retrying Galileo, 1633–1992* (Berkeley, ca, 2005)

Fox, Robin Lane, *Alexander the Great* (London, 2004)

Freedman, H., trans., 'Pesahim', in *The Babylonian Talmud*, ed. I. Epstein (London, 1938)

Frendo, David, 'Agathias' View of the Intellectual Attainments of Khusrau i: A Reconsideration of the Evidence', *Bulletin of the Asia Institute*, xvii (2004), pp. 97–110

Furley, David, 'Cosmology', in *The Cambridge History of Hellenistic Philosophy*, ed. Keimpe Algra et al. (Cambridge, 2005), pp. 412–51

Gainsford, Peter, 'The Eratosthenes Video Published by Business Insider: A Fact-Check', http://kiwihellenist.blogspot.com, 6 November 2016

Garth, John, *The Worlds of J.R.R. Tolkien* (London, 2020)

Garwood, Christine, *Flat Earth: The History of an Infamous Idea* (London, 2007)

Geminos, *Geminos's Introduction to the Phenomena: A Translation and Study of a Hellenistic Survey of Astronomy*, ed. James Evans and J. L. Berggren (Princeton, NJ, 2006)

al-Ghazali, *The Confessions of Al-Ghazalli*, ed. Claude Field (London, 1909)

——, *Incoherence of the Philosophers*, ed. Sabih Ahmad Kamali (Lahore, 1963)

Gombrich, Richard F., 'Ancient Indian Cosmology', in *Ancient Cosmologies*, ed. Carmen Blacker and Michael Loewe (London, 1975), pp. 110–42

Goodman, Martin, *A History of Judaism* (London, 2019)

Gould, Stephen Jay, *Rocks of Ages: Science and Religion in the Fullness of Life* (London, 2001)

Graham, Daniel W., *Science before Socrates: Parmenides, Anaxagoras, and the New Astronomy* (Oxford, 2013)

Grant, Edward, ed., *A Source Book in Medieval Science* (Cambridge, MA, 1974)

Green, Roger Lancelyn, and Walter Hooper, *C. S. Lewis: A Biography* (London, 2002)

Guan, Yuzhen, 'A New Interpretation of Shen Kuo' s *Ying Biao Yi*', *Archive for History of Exact Sciences*, LXIV (2010), pp. 707–19

Gulácsi, Zsuzsanna, 'Matching the Three Fragments of the Chinese Manichaean Diagram of the Universe', *Studies on the Inner Asian Languages*, XXX (2015), pp. 79–94

——, and Jason BeDuhn, 'Picturing Mani' s Cosmology: An Analysis of Doctrinal Iconography on a Manichaean Hanging Scroll from 13th/14th-Century Southern China', *Bulletin of the Asia Institute*, XXV (2011), pp. 55–105

Gupta, R. C., 'Aryabhata', in *Encyclopaedia of the History of Science, Technology, and Medicine in Non-Western Cultures*, ed. Helaine Selin (Dordrecht, 1997), pp. 72–3

Gutas, Dimitri, *Greek Thought, Arabic Culture: The Graeco-Arabic Translation Movement in Baghdad and Early Abbāsid Society (2nd–4th/8th–10th Centuries)* (London, 1998)

Hannam, James, *God's Philosophers: How the Medieval World Laid the Foundations of Modern Science* (London, 2009)

Hansen, Valerie, *The Open Empire: A History of China to 1600* (New York, 2000)

Harlow, Daniel, 'Creation According to Genesis: Literary Genre, Cultural Context,

Theological Truth', *Christian Scholar's Review*, XXXVII/2 (2008), pp. 163–98

Harrison, Peter, *The Territories of Science and Religion* (Chicago, IL, 2015)

Hayati, Said, 'Mar Aba i: Historical Context and Biographical Reconstruction', MA dissertation, University of Salzburg, 2018

Heath, Thomas L., *Aristarchus of Samos: The Ancient Copernicus* (Cambridge, 1913)

Heinen, Anton M., *Islamic Cosmology* (Beirut, 1982)

Henderson, John B., *The Development and Decline of Chinese Cosmology* (New York, 1984)

——, 'Ch'ing Scholars' Views of Western Astronomy', *Harvard Journal of Asiatic Studies*, XLVI/1 (1986), pp. 121–48

Henry, John, *Knowledge Is Power: How Magic, the Government and an Apocalyptic Vision Inspired Francis Bacon to Create Modern Science* (Cambridge, 2002)

Herodotus, *The Histories*, ed. Aubrey de Sélincourt and John M. Marincola (Harmondsworth, 1996)

Herren, Michael W., ed., *The Cosmography of Aethicus Ister: Edition, Translation, and Commentary* (Turnhout, 2011)

Hesiod, *Theogony*, ed. M. L. West (Oxford, 1966)

——, 'Theogony', in *Hesiod and Theognis*, ed. Dorothea Wender (Harmondsworth, 1973), pp. 23–58

——, 'Works and Days', in *Hesiod and Theognis*, ed. Dorothea Wender (Harmondsworth, 1973), pp. 59–86

Hewson, Robert, 'Science in Seventh-Century Armenia: Ananias of Sirak', *Isis*, LIX/1 (1968), pp. 32–45

Ho Peng Yoke, *Li, Qi and Shu: An Introduction to Science and Civilization in China* (Seattle, WA, 1987)

Holland, Tom, *In the Shadow of the Sword* (London, 2012)

Homer, *The Iliad*, ed. William F. Wyatt and A. T. Murray (Cambridge, MA, 1924)

Horace, 'Epistles', in *Satires. Epistles. The Art of Poetry*, ed. H. Rushton Fairclough (Cambridge, MA, 1926), pp. 248–441

Horky, Phillip Sidney, ed., *Cosmos in the Ancient World* (Cambridge, 2019)

Horowitz, Wayne, *Mesopotamian Cosmic Geography* (Winona Lake, IN, 1998)

Huff, Toby E., *Intellectual Curiosity and the Scientific Revolution: A Global Perspective*

(Cambridge, 2011)

Huffman, Carl A., *Philolaus of Croton: Pythagorean and Presocratic. A Commentary on the Fragments and Testimonia with Interpretive Essays* (Cambridge, 1993)

Huntingford, G.W.B., ed., *The Periplus of the Erythraean Sea* (London, 1980)

Hutchings, David, and James C. Ungureanu, *Of Popes and Unicorns: Science, Christianity, and How the Conflict Thesis Fooled the World* (Oxford, 2021)

Huxley, George, 'Studies in the Greek Astronomers', *Greek, Roman, and Byzantine Studies*, IV/2 (1963), pp. 83–105

Ibn al-Nadīm, Muḥammad ibn Isḥāq, *The Fihrist of Al-Nadīm: A Tenth Century Survey of Muslim Culture* (New York, 1970)

İhsanoğlu, Ekmeleddin, 'Modern Islam', in *Science and Religion around the World*, ed. John Hedley Brooke and Ronald L. Numbers (New York, 2011), pp. 148–74

Inglebert, Hervé, '"Inner" and "Outer" Knowledge: The Debate between Faith and Reason in Late Antiquity', in *A Companion to Byzantine Science*, ed. Stavros Lazaris (Leiden, 2020), pp. 27–52

Inwood, Brad, L. P. Gerson and D. S. Hutchinson, eds, *The Epicurus Reader: Selected Writings and Testimonia* (Indianapolis, IN, 1994)

Irving, Washington, *Life and Voyages of Christopher Columbus* (London, 1909)

Isidore of Seville, *The Etymologies of Isidore of Seville*, ed. Stephan A. Barney (Cambridge, 2006)

——, *On the Nature of Things*, ed. Calvin B. Kendall and Faith Wallis (Liverpool, 2016)

Janos, Damien, 'Qur'ānic Cosmography in Its Historical Perspective: Some Notes on the Formation of a Religious Worldview', *Religion*, XLII/2 (2012), pp. 215–31

Jefferson, Thomas, *Notes on the State of Virginia* (Boston, MA, 1832)

Jenkins, Philip, *The Lost History of Christianity* (New York, 2008)

John of Damascus, 'Exposition of the Orthodox Faith', in *St Hilary of Poitiers and John of Damascus*, ed. S.D.F. Salmond (Oxford, 1899)

Jones, Alexander, *Astronomical Papyri from Oxyrhynchus* (Philadelphia, PA, 1999)

——, *A Portable Cosmos: Revealing the Antikythera Mechanism, Scientific Wonder of the Ancient World* (Oxford, 2017)

Josephus, *Jewish Antiquities*, ed. H. St J. Thackeray (Cambridge, MA, 1930)

Julian, 'Fragment of a Letter to a Priest', in *Julian*, ed. Wilmer C. Wright (Cambridge, MA, 1913), vol. II, pp. 295–340

Kaldellis, Anthony, and Niketas Siniossoglou, *The Cambridge Intellectual History of Byzantium* (Cambridge, 2017)

Keas, Michael Newton, *Unbelievable: 7 Myths about the History and Future of Science and Religion* (Wilmington, DE, 2019)

Kenny, Anthony, *A New History of Western Philosophy* (Oxford, 2010)

Khatchadourian, Haig, Nicholas Rescher and Ya'qub ibn Ishaq al-Kindi, 'Al-Kindi's Epistle on the Concentric Structure of the Universe', *Isis*, LVI/2 (1965), pp. 190–95

King, David A., 'The Sacred Direction of Mecca: A Study of the Interaction of Religion and Science in the Middle Ages', *Interdisciplinary Science Reviews*, X/4 (1985), pp. 315–28

——, and Richard P. Lorch, 'Qibla Charts, Qibla Maps, and Related Instruments', in *Cartography in Traditional Islamic and South Asian Societies*, ed. David Woodward and J. B. Harley (Chicago, IL, 1992), pp. 189–205

Kirk, G. S., J. E. Raven and M. Schofield, *The Presocratic Philosophers: A Critical History with a Selection of Texts* (Cambridge, 1983)

Knibb, M. A., trans., '1 Enoch', in *The Apocryphal Old Testament*, ed. H.F.D. Sparks (Oxford, 1984), pp. 169–320

Knudsen, Toke Lindegaard, *The Siddhāntasundara of Jñānarāja, an English Translation with Commentary* (Baltimore, MD, 2014)

Koch-Westenholz, Ulla, 'Babylonian Views of Eclipses', *Res Orientalis*, XIII (2001), pp. 71–84

Kominko, Maja, *The World of Kosmas* (Cambridge, 2013)

Kotyk, Jeffrey, 'Celestial Deities in the Flat-Earth Buddhist Cosmos and Astrology', in *Intersections of Religion and Astronomy*, ed. Chris Corbally, Darry Dinell and Aaron Ricker (London, 2020), pp. 36–43

——, 'The Chinese Buddhist Approach to Science: The Case of Astronomy and Calendars', *Journal of Dharma Studies*, III/2 (2020), pp. 273–89

——, 'Examining Amoghavajra's Flat-Earth Cosmology: Religious vs Scientific Worldviews in Buddhist Astrology', *Studies in Chinese Religions*, VII/2 (2021), pp. 203–20

Krauss, Rolf, 'Egyptian Calendars and Astronomy', in *The Cambridge History of Science*, vol. I: *Ancient Science*, ed. Alexander Jones and Liba Taub (Cambridge, 2003), pp. 131–43

Lacey, Robert, *Inside the Kingdom* (London, 2009)

Lactantius, *The Divine Institutes*, ed. Anthony Bowen and Peter Garnsey (Liverpool, 2003)

Laderman, Shulamit, *Images of Cosmology in Jewish and Byzantine Art* (Leiden, 2013)

Laven, Mary, *Mission to China* (London, 2011)

Lehoux, Daryn, *What Did the Romans Know? An Inquiry into Science and Worldmaking* (Chicago, IL, 2012)

Levathes, Louise, *When China Ruled the Seas: The Treasure Fleet of the Dragon Throne, 1405–1433* (Oxford, 1994)

Lewis, C. S., *The Voyage of the Dawn Treader* [1952] (London, 1980)

——, *The Discarded Image: An Introduction to Medieval and Renaissance Literature* [1964] (Cambridge, 1994)

Lindberg, David, 'Science and the Early Church', in *God and Nature: Historical Essays on the Encounter between Science and Christianity*, ed. David Lindberg and Ronald Numbers (Berkeley, CA, 1986), pp. 19–48

Liu An, *The Huainanzi: A Guide to the Theory and Practice of Government in Early Han China*, ed. John Major et al., trans. John Major (New York, 2010)

Livingstone, David N., *The Geographical Tradition: Episodes in the History of a Contested Enterprise* (Oxford, 1992)

Lloyd, G.E.R., *Magic, Reason and Experience: Studies in the Origins and Development of Greek Science* (Cambridge, 1979)

Lopez, Donald S., *Buddhism and Science: A Guide for the Perplexed* (Chicago, IL, 2008)

Losee, John, *A Historical Introduction to the Philosophy of Science* (Oxford, 2001)

Lucan, *The Civil War*, ed. J. D. Duff (Cambridge, MA, 1928)

Lucretius, *On the Nature of the Universe*, ed. R. E. Latham and John Godwin (Harmondsworth, 2005)

Macaulay, T. B., 'Macaulay's Minute', in *Selections from Educational Records, Part I (1781–1839)*, ed. H. Sharp (Delhi, 1965), pp. 107–17

McCluskey, Stephen C., *Astronomies and Cultures in Early Medieval Europe* (Cambridge, 1998)

McCready, William D., 'Isidore, the Antipodeans, and the Shape of the Earth', *Isis*, LXXXVII/1 (1996), pp. 108–27

McCrindle, J. W., ed., *The Christian Topography of Cosmas* (London, 1897)

Macrobius, *Commentary on the Dream of Scipio*, ed. William Harris Stahl (New York, 1952)

al-Maḥallī, Jalāl al-Dīn and Jalāl al-Dīn al-Suyūṭī, *Tafsīr Al-Jalālayn*, ed. Feras Hamza (Amman, 2007)

Maimonides, Moses, 'Foundation of the Torah', www.sefaria.org (1927)

——, *The Guide for the Perplexed*, ed. M. Friedländer (New York, 1956)

Mak, Bill M., '*Yusi Jing* – a Treatise of "Western" Astral Science in Chinese and Its Versified Version *Xitian Yusi Jing*', *SCIAMVS*, XV (2014), pp. 105–39

Malter, Henry, *Saadia Gaon: His Life and Works* (Philadelphia, PA, 1921)

Mango, Cyril A., *Byzantium: The Empire of New Rome* (London, 1980)

Martianus Capella, *The Marriage of Philology and Mercury*, ed. William Harris Stahl and Richard Johnson (New York, 1977)

Martín, Inmaculada Pérez, and Gonzalo Cruz Andreotti, 'Geography', in *A Companion to Byzantine Science*, ed. Stavros Lazaris (Leiden, 2020), pp. 231–60

Mascaró, Juan, ed., *The Bhagavad Gita* (Harmondsworth, 1962)

Matt, Daniel Chanan, ed., *The Zohar* (Stanford, CA, 2004)

Meier, John P., *A Marginal Jew: The Roots of the Problem and the Person* (New York, 1991)

Miller, L., and Maurice Simon, 'Bekoroth', in *The Babylonian Talmud*, ed. I. Epstein (London, 1948)

Mimura, Taro, 'The Arabic Original of (Ps.) Māshā'Allāh's Liber De Orbe: Its Date and Authorship', *British Journal for the History of Science*, XLVIII/2 (2015), pp. 321–52

Minkowski, Christopher, 'Competing Cosmologies in Early Modern Indian Astronomy', in *Ketuprakāśa: Studies in the History of the Exact Sciences in Honor of David Pingree*, ed. Charles Burnett, Jan Hogendijk and Kim Plofker (Leiden, 2004), pp. 349–85

Morrissey, Fitzroy, *A Short History of Islamic Thought* (London, 2021)

Moseley, C.W.R.D., ed., *The Travels of Sir John Mandeville* (Harmondsworth, 1983)

Natali, Carlo, *Aristotle* (Princeton, NJ, 2013)

Needham, Joseph, and Ling Wang, *Mathematics and the Sciences of the Heavens and the Earth* (Cambridge, 1959)

Netz, Reviel, 'The Bibliosphere of Ancient Science (outside of Alexandria): A Preliminary Survey', *Naturwissenschaften, Technik und Medizin*, XIX/3 (2011), pp. 239–69

Neugebauer, Otto, *The Exact Sciences in Antiquity* (New York, 1969)

Newton, Isaac, 'Principia', in *On the Shoulders of Giants: The Great Works of Physics and Astronomy*, ed. Stephen Hawking (Philadelphia, PA, 2002), pp. 733–1160

Nothaft, C.P.E., 'Augustine and the Shape of the Earth: A Critique of Leo Ferrari', *Augustinian Studies*, XLII/1 (2011), pp. 33–48

O' Flaherty, Wendy, ed., *Hindu Myths* (Harmondsworth, 1975)

——, *The Rig Veda* (Harmondsworth, 1981)

Obbink, Dirk, 'Lucretius and the Herculaneum Library', in *The Cambridge Companion to Lucretius*, ed. Stuart Gillespie and Philip R. Hardie (Cambridge, 2007), pp. 33–40

Obrist, Barbara, 'William of Conches, Māshā'Allāh, and Twelfth Century Cosmology', *Archives d'Histoire Doctrinale et Littéraire du Moyen Âge*, LXXVI/1 (2009), pp. 29–87

Ovid, *Metamorphoses*, ed. Mary Innes (Harmondsworth, 1955)

Paine, Thomas, 'The Age of Reason Part One', in *The Thomas Paine Reader*, ed. Michael Foot (Harmondsworth, 1987), pp. 399–451

Panchenko, Dimitri, 'Anaxagoras' Argument against the Sphericity of the Earth', *Hyperboreus*, III/1 (1997), pp. 175–8

Parry, J. H., *The Age of Reconnaissance: Discovery, Exploration and Settlement 1450 to 1650* (London, 1963)

Philo, 'A Treatise on the Cherubim', in *Philo*, ed. F. H. Colson and G. H. Whitaker (Cambridge, MA, 1929), pp. 3–87

——, *Questions of Genesis*, ed. Ralph Marcus (Cambridge, MA, 1953)

Philoponus, John, *De Opificio Mundi*, ed. Clemens Scholten (Freiburg, 1997)

Photius, *The Bibliotheca*, ed. Nigel Wilson (London, 1994)

Pingree, David, 'The Fragments of the Works of Al-Fazārī', *Journal of Near Eastern Studies*, XXIX/2 (1970), pp. 103–23

——, *The Yavanajātaka of Sphujidhvaja* (Cambridge, MA, 1978)

——, 'The Purāṇas and Jyotiḥśāstra: Astronomy', *Journal of the American Oriental Society*, CX/2 (1990), pp. 274–80

Pingree, David, and C. J. Brunner, 'Astronomy and Astrology in Iran', in *Encyclopædia Iranica* (London, 1987), vol. II/8, pp. 858–71

Plato, 'Cratylus', in *Plato: Cratylus and Others*, ed. Harold North Fowler (Cambridge, MA, 1926), pp. 1–192

——, 'Parmenides', in *Plato: Cratylus and Others*, ed. Harold North Fowler (Cambridge, MA, 1926), pp. 193–332

——, 'Phaedrus', in *Phaedrus and Letters VII and VIII*, ed. Walter Hamilton (Harmondsworth, 1973), pp. 19–103

——, *The Laws*, ed. Trevor J. Saunders (Harmondsworth, 1975)

——, 'Timaeus', in *Timaeus and Critias*, ed. Desmond Lee (Harmondsworth, 1977), pp. 27–126

——, *Theaetetus*, ed. Robin A. H. Waterfield (Harmondsworth, 1987)

——, 'Phaedo', in *The Last Days of Socrates*, ed. Hugh Tredennick and Harold Tarrant (Harmondsworth, 1993), pp. 93–185

Pliny the Elder, *Natural History*, ed. H. Rackham (Cambridge, MA, 1938)

Pliny the Younger, *The Letters of the Younger Pliny*, ed. Betty Radice (Harmondsworth, 1969)

Plofker, Kim, 'Astronomy and Astrology on India', in *The Cambridge History of Science*, vol. I: *Ancient Science*, ed. Alexander Jones and Liba Taub (Cambridge, 2003), pp. 485–500

——, 'Derivation and Revelation: The Legitimacy of Mathematical Models in Indian Cosmology', in *Mathematics and the Divine: A Historical Study*, ed. T. Koetsier and L. Bergmans (Amsterdam, 2004), pp. 61–76

——, *Mathematics in India* (Princeton, NJ, 2009)

Plumley, J. M., 'The Cosmology of Ancient Egypt', in *Ancient Cosmologies*, ed. Carmen Blacker and Michael Loewe (London, 1975), pp. 17–41

Plutarch, 'Concerning the Face Which Appears in the Orb of the Moon', in *Moralia*, ed. Harold Cherniss and W. C. Helmbold (Cambridge, MA, 1957), vol. XII, pp. 34–226

——, 'Life of Pericles', in *The Rise and Fall of Athens: Nine Greek Lives*, ed. Ian Scott-Kilvert (Harmondsworth, 1960), pp. 165–206

Popper, Karl, *Conjectures and Refutations: The Growth of Scientific Knowledge* (London, 2002)

Portuondo, Maria M., 'Lunar Eclipses, Longitude and the New World', *Journal of the History of Astronomy*, XL/3 (1990), pp. 249–76

Pratchett, Terry, *The Colour of Magic* [1983] (London, 1985)

Priscian, *Answers to King Khosroes of Persia*, ed. Pamela Huby (London, 2016)

Pritchard, James B., *Ancient Near Eastern Texts Relating to the Old Testament* (Princeton, NJ, 1969)

Pseudo-Plato, 'Epinomis', in *Plato: Charmides et al.*, ed. W.R.M. Lamb (Cambridge, MA, 1927), pp. 423–87

Pseudo-Xenophon, 'The Constitution of Athens', in *Scripta Minora*, ed. E. C. Marchant and G. W. Bowersock (Cambridge, MA, 1925), pp. 459–508

Ptolemy of Alexandria, *Ptolemy's Almagest*, ed. G. J. Toomer (London, 1984)

——, *Ptolemy's Geography: An Annotated Translation of the Theoretical Chapters*, ed. J. L. Berggren and Alexander Jones (Princeton, NJ, 2000)

Quintus Curtius Rufus, *The History of Alexander*, ed. John Yardley and Waldemar Heckel (Harmondsworth, 1984)

Rabbi Eliezar, *Pirke De Rabbi Eliezer*, ed. Gerald Friedlander (London, 1916)

Ramírez-Weaver, Eric M., 'William of Conches, Philosophical Continuous Narration, and the Limited Worlds of Medieval Diagrams', *Studies in Iconography*, XXX (2009), pp. 1–41

Randles, W.G.L., 'The Evaluation of Columbus' "India" Project by Portuguese and Spanish Cosmographers in the Light of the Geographical Science of the Period', *Imago Mundi*, XLII (1990), pp. 50–64

Rateliff, John, 'The Flat Earth Made Round and Tolkien's Failure to Finish the Silmarillion', *Journal of Tolkien Research*, IX/1 (2020), pp. 1–17

Rochberg, Francesca, *The Heavenly Writing: Divination, Horoscopy, and Astronomy in*

Mesopotamian Culture (Cambridge, 2004)

——, 'Babylonian Astral Science in the Hellenistic World: Reception and Transmission', *CAS ESERIES*, IV (2010), pp. 1–11

——, *Before Nature: Cuneiform Knowledge and the History of Science* (Chicago, IL, 2016)

Rochberg-Halton, Francesca, 'Babylonian Horoscopes and Their Sources', *Orientalia*, LVIII/1 (1989), pp. 102–23

Romm, James S., *The Edges of the Earth in Ancient Thought: Geography, Exploration, and Fiction* (Princeton, NJ, 1992)

Roux, Georges, *Ancient Iraq* (London, 1992)

Rowbotham, Samuel Birley ("Parallax"), *Zetetic Astronomy: Earth Not a Globe* (London, 1881)

Russell, Bertrand, *History of Western Philosophy and Its Connection with Political and Social Circumstances from the Earliest Times to the Present Day* (London, 1961)

Russell, Jeffrey Burton, *Inventing the Flat Earth: Columbus and Modern Historians* (Westport, VA, 1991)

Saadia ben Joseph, *Commentaire sur Le Séfer Yesira: Ou Livre de la Création* (Paris, 1891)

——, *Rabbi Saadiah Gaon's Commentary on the Book of Creation*, ed. Michael Linetsky (Northvale, NJ, 2002)

Sagan, Carl, *Pale Blue Dot* (London, 1994)

Saliba, George, *Islamic Science and the Making of the European Renaissance* (Cambridge, MA, 2007)

Sambursky, Samuel, *Physics of the Stoics* (Princeton, NJ, 1959)

Sanders, N. K., ed., 'The Babylonian Creation', in *Poems of Heaven and Hell from Ancient Mesopotamia*, ed. N. K. Sanders (Harmondsworth, 1971), pp. 11–112

——, *The Epic of Gilgamesh* (Harmondsworth, 1972)

——, *Encyclopaedia of the History of Science, Technology, and Medicine in Non-Western Cultures* (Dordrecht, 1997)

Scafi, Alessandro, 'Defining Mappamundi', in *The Hereford World Map: Medieval World Maps and Their Context*, ed. P.D.A. Harvey (London, 2006), pp. 345–54

Sedley, D. N., *Lucretius and the Transformation of Greek Wisdom* (Cambridge, 1998)

Selin, Helaine, ed., *Encyclopaedia of the History of Science, Technology, and Medicine in Non-Western Cultures* (Dordrecht, 1997)

——, ed., *Astronomy Across Cultures: A History of Non-Western Astronomy* (Dordrecht, 2000)

Seneca the Younger, 'Medea', in *Tragedies*, ed. John G. Fitch (Cambridge, MA, 2018), vol. I, pp. 305–406

Severus Sebokht, 'Description of the Astrolabe', in *Astrolabes of the World*, ed. R. T. Gunther (Oxford, 1932), pp. 82–103

Sharma, R. S., *India's Ancient Past* (New Delhi, 2005)

Sidrys, Raymond V., *The Mysterious Spheres on Greek and Roman Ancient Coins* (Oxford, 2020)

Silva, Marco, 'Flat Earth: How Did YouTube Help Spread a Conspiracy Theory?', www.bbc.co.uk, 18 July 2019

Simon-Shoshan, Moshe, 'The Heavens Proclaim the Glory of God: A Study in Rabbinic Cosmology', *Bekhol Derakhekha Daehu – Journal of Torah and Scholarship*, XX (2008), pp. 67–96

Skjærvø, Prods Oktor, *The Spirit of Zoroastrianism* (New Haven, CT, 2011)

Slifkin, Natan, *The Sun's Path at Night: The Revolution in Rabbinic Perspective on the Ptolemaic Revolution*, www.zootorah.com (2012)

Smyth, Marina, *Understanding the Universe in Seventh-Century Ireland* (Woodbridge, 1996)

——, 'The Seventh-Century Hiberno-Latin Treatise "Liber De Ordine Creaturarum", a Translation', *Journal of Medieval Latin*, XXI (2011), pp. 137–222

Sorabji, Richard, 'John Philoponus', in *Philoponus and the Rejection of Aristotelian Science*, ed. Richard Sorabji (London, 2010)

Starr, S. Frederick, *Lost Enlightenment: Central Asia's Golden Age from the Arab Conquest to Tamerlane* (Princeton, NJ, 2013)

Sterckx, Roel, *Chinese Thought: From Confucius to Cook Ding* (London, 2019)

Stevens, W. M., 'The Figure of the Earth in Isidore's "De Natura Rerum"', *Isis*, LXXI/2 (1980), pp. 268–77

Strabo, *Geography*, ed. Horace Leonard Jones (Cambridge, MA, 1930)

Subbarayappa, Bidare V., and K. V. Sarma, eds, *Indian Astronomy: A Source-Book*

(Bombay, 1985)

Suetonius, 'On Grammarians', in *Suetonius*, ed. J. C. Rolfe (Cambridge, ma, 1914), vol. ii, pp. 378–417

al-Tabari, Muhammad ibn Yarir, *The History of Al-Tabari* (New York, 1989)

Tabataba'i, Mohammad Ali and Saida Mirsadri, 'The Qur'ānic Cosmology, as an Identity in Itself', *Arabica*, LXIII/3–4 (2016), pp. 201–34

Tattersall, Jill, 'Sphere or Disc? Allusions to the Shape of the Earth in Some Twelfth-Century and Thirteenth-Century Vernacular French Works', *Modern Language Review*, LXXVI/1 (1981), pp. 31–46

Thackeray, H. St J., *The Letter to Aristeas: Translated with an Appendix of Ancient Evidence of the Origin of the Septuagint* (London, 1917)

Thapar, Romila, *Early India: From the Origins to AD 1300* (Berkeley, CA, 2002)

Thucydides, *History of the Peloponnesian War*, ed. Rex Warner and M. I. Finley (Harmondsworth, 1972)

Tibbetts, Gerald R., 'The Beginnings of a Cartographic Tradition', in *Cartography in Traditional Islamic and South Asian Societies*, ed. David Woodward and J. B. Harley (Chicago, IL, 1992), pp. 90–107

Tihon, Anne, 'Astronomy', in *The Cambridge Intellectual History of Byzantium*, ed. Anthony Kaldellis and Niketas Siniossoglou (Cambridge, 2017), pp. 183–97

Tolkien, J.R.R., *The Lost Road and Other Writings* (London, 1987)

——, *The Monsters and the Critics and Other Essays* (London, 1997)

——, *Beowulf: A Translation and Commentary, Together with Sellic Spell* (London, 2014)

——, *Tolkien on Fairy-Stories*, ed. Verlyn Flieger and Douglas A. Anderson (London, 2014)

Trigger, Bruce, *Understanding Early Civilisations: A Comparative Study* (Cambridge, 2003)

Tyldesley, Joyce, *The Penguin Book of Myths and Legends of Ancient Egypt* (London, 2011)

Tylor, Edward Burnett, *Anthropology* (London, 1913)

Van Bladel, Kevin, 'Heavenly Cords and Prophetic Authority in the Quran and Its Late Antique Context', *Bulletin of the School of Oriental and African Studies* (2007), pp. 223–46

——, 'The Arabic History of Science of Abū Sahl ibn Nawbaḫt (fl. ca 770–809) and Its Middle Persian Sources', in *Islamic Philosophy, Science, Culture, and Religion*, ed. Felicitas Opwis and David Reisman (Leiden, 2012), pp. 41–62

——, 'Eighth-Century Indian Astronomy in the Two Cities of Peace', in *Islamic Cultures, Islamic Contexts: Essays in Honor of Professor Patricia Crone*, ed. Behnam Sadeghi et al. (Leiden, 2014), pp. 257–9

Vernant, Jean-Pierre, *The Origins of Greek Thought* (Ithaca, NY, 1982)

Virgil, 'Georgics', in *Eclogues. Georgics. Aeneid: Books 1–6*, ed. H. Rushton Fairclough (Cambridge, MA, 1916), pp. 79–237

Vrhovski, Jan, 'Apologeticism in Chinese Nestorian Documents from the Tang Dynasty', *Asian Studies I*, XVII/2 (2013), pp. 53–70

Walton, John H., *Ancient Near Eastern Thought and the Old Testament: Introducing the Conceptual World of the Hebrew Bible* (Grand Rapids, MI, 2018)

Warren, James, 'Lucretius and Greek Philosophy', in *The Cambridge Companion to Lucretius*, ed. Stuart Gillespie and Philip R. Hardie (Cambridge, 2007), pp. 19–32

West, M. L., *The Hymns of Zoroaster* (London, 2010)

White, Andrew Dickson, *A History of the Warfare of Science with Theology in Christendom* (New York, 1896)

Whitehead, Alfred North, *Process and Reality: An Essay in Cosmology* (New York, 1978)

Wilkinson, Toby, *The Rise and Fall of Ancient Egypt: The History of a Civilisation from 3000 BC to Cleopatra* (London, 2010)

William of Conches, *A Dialogue on Natural Philosophy: (Dragmaticon Philosophiae)*, ed. Italo Ronca and Matthew Curr (Notre Dame, IN, 1997)

Williams, J., 'Isidore, Orosius and the Beatus Map', *Imago Mundi*, XLIX (1997), pp. 7–32

Wilson, David B., 'The Historiography of Science and Religion', in *Science and Religion: A Historical Introduction*, ed. Gary B. Ferngren (Baltimore, MD, 2002), pp. 13–29

Wilson, H. H., *The Vishńu Puráńa: A System of Hindu Mythology and Tradition* (London, 1840)

Woodward, David, 'Medieval *Mappaemundi*', in *Cartography in Prehistoric, Ancient, and Medieval Europe and the Mediterranean*, ed. David Woodward and J. B. Harley (Chicago, IL, 1987), pp. 286–370

Wootton, David, *The Invention of Science: A New History of the Scientific Revolution* (London, 2015)

Wright, J. Edward, *The Early History of Heaven* (New York, 2000)

Xenophon, 'Memoires of Socrates', in *Conversations of Socrates*, ed. Robin Waterfield and Hugh Tredennick (Harmondsworth, 1990), pp. 51–216

Yang, Qiao, 'From the West to the East, from the Sky to the Earth: A Biography of Jamāl al-Dīn', *Asiatische Studien – Études Asiatiques*, LXXI/4 (2018), pp. 1231–45

Zhang, Qiong, *Making the New World Their Own: Chinese Encounters with Jesuit Science in the Age of Discovery* (Leiden, 2015)

Zhenghai, Song, and Chen Chuankang, 'Why Did Zheng He's Sea Voyage Fail to Lead the Chinese to Make the "Great Geographic Discovery"?', in *Chinese Studies in the History and Philosophy of Science and Technology: Boston Studies in the Philosophy of Science*, ed. Fan Dainian and Robert S. Cohen (Dordrecht, 1996), pp. 303–14

Zumeng, Jin, 'A Critique of "Zhang Heng's Theory of a Spherical Earth"', in *Chinese Studies in the History and Philosophy of Science and Technology*, ed. Fan Dainian and Robert S. Cohen (Dordrecht, 1996), pp. 427–32

致谢

本书涵盖了世界各地文化中对地球形状的探讨。我同莎士比亚一样，少拉丁，更少希腊。因此，对于那些将我所参考的文本从阿卡德语、阿拉伯语、汉语、希伯来语、波斯语、梵语和其他语言翻译成英语的诸位学者，无论是已故还是当世，我均深表感激。此外，我在研究过程中读到的一些学术著作为本书提供了良多启发，但难以逐一反映于参考文献，我想在此对以下学者致以谢意，尽管我们并不总是意见一致：丹尼尔·W. 格雷厄姆（Daniel W. Graham）对前苏格拉底学派的研究，已故的 D.R. 迪克（D.R. Dick）对希腊科学的研究，基姆·普洛夫克（Kim Plofker）对印度天文学的研究，马丁·古德曼（Martin Goodman）对犹太教的研究，唐纳德·S. 洛佩兹（Donald S. Lopez）对佛教的研究，乔纳森·A.C. 布朗（Jonathan A.C. Brown）对伊斯兰教的研究，费利佩·费尔南德斯-阿梅斯托（Felipe Fernández–Armesto）对探险的研究，克里斯托弗·库伦（Christopher Cullen）对中国宇宙观的研究，以及克里斯汀·加伍德（Christine Garwood）对现代地平说者的研究。

许多人无比慷慨地审阅章节甚至全书的初稿，提供宝贵的意见并纠正了一些错误。他们包括：皮特·比伦斯（Peter Beullens）、托尼·克里斯蒂（Thony Christie）、彼得·盖恩斯福德（Peter Gainsford）、博阿兹·戈兰（Boaz Goran）、劳拉·哈桑（Laura Hassan）、杰弗里·科蒂克（Jeffrey Kotyk）、雷金纳德·奥唐纳休（Reginald O'Donoghue）、蒂姆·奥尼尔（Tim O'Neil）、霍达达德·瑞扎哈尼（Khodadad Rezakhani）、吉姆·斯拉格尔（Jim Slagle）和詹姆斯·温古里亚努（James Ungureanu）。对于书中遗留的错误和表达的观点，我负有全部责任。我才华横溢的女儿亚历山德拉（Alexandra）帮助制作了不同世界观的图示，直观地呈现出我试图用文字描绘的图景。

当戴夫·沃特金斯（Dave Watkins）委托 Reaktion 图书出版商出版此书时，我深感激动。我还要感谢迈克尔·利曼（Machael Leaman）、艾米·萨尔特（Amy Salter）和亚历克斯·乔班努（Alex Ciobanu）为书稿付梓所做的工作，以及弗朗西斯·杨（Francis Young）为本书制作索引。

最后，我要感谢伦敦图书馆的工作人员，在封锁期间，他们按照我的请求寄送书籍，并允许我保留很长时间，着实是我的救星。

图源致谢

作者和出版商希望对以下说明材料的来源和/或复制许可表示感
谢。为简洁起见，以下也列出了一些艺术品的位置：

akg-images: p. 168 (Trongsa Dzong); Alamy Stock Photo: pp. 20 (Prisma
by Dukas Presseagentur gmbh), 35 (Granger Historical Picture Archive),
252 (View Stock); from Peter Apian, *Cosmographia* (Antwerp, 1550),
photo courtesy of the Linda Hall Library of Science, Engineering and
Technology, Kansas City, mo (cc by 4.0): p. 90; Bayerische Staatsbiblio-
thek, Munich (Clm 14300, fol. 6v): p. 209; Biblioteca Medicea Lauren-
ziana, Florence (ms Pluteus ix.28, fol. 95v): p. 174; Biblioteca Nacional
de España, Madrid (Res 28, fol. 49r): p. 165 (*top*); Biblioteca Nazionale
Marciana, Venice: p. 166 (*top*); Biblioteka Narodowa, Warsaw: pp. 162–3;
photo Bonhams: p. 234 (Musée du Louvre, Paris); The British Museum,
London: p. 26; Chiesa del Gesù, Rome: p. 268; from Christopher Clavi-
us, *In sphaeram Ioannis de Sacro Bosco commentarius* (Rome, 1581), photo
Wellcome Collection, London: p. 221; Flickr.com: p. 15 (photo Carole
Raddato, cc by-sa 2.0 – The British Museum, London); Germanisches
Nationalmuseum, Nuremberg (cc by-sa 4.0): p. 238; Hallwylska museet,
Stockholm, photo Jenny Bergensten: p. 38 (Museo Archeologico Nazio-
nale, Naples); courtesy of Alexandra Hannam: pp. 33 (after Mary Boyce,

ed. and trans., *Textual Sources for the Study of Zoroastrianism* (Manchester, 1984)), 71 (after M. A. Orr (Evershed), *Dante and the Early Astronomers* (London and Edinburgh, 1913)), 109, 276 (after Xiong Mingyu, *Gezhi Cao* 格致草 (1648)); Hereford Cathedral: p. 230; photos courtesy of Chris Johnson: p. 114; The J. Paul Getty Museum, Los Angeles (ms Ludwig xv 4, fol. 156v): p. 111; Library of Congress, Washington, dc: pp. 167, 229; The Metropolitan Museum of Art, New York: pp. 29, 222, 251; Museo Nacional del Prado, Madrid: p. 242; Nanjing Museum: p. 166 (*bottom*); nasa: pp. 161, 296; The New York Public Library (ma 69, fol. 113v): p. 59; private collection: p. 164; from Samuel Rowbotham ('Parallax'), *Zetetic Astronomy: A Description of Several Experiments which Prove that the Surface of the Sea is a Perfect Plane and that the Earth Is Not a Globe!* (Birmingham, 1849): p. 292; photo © Catherine Shepard/Bridgeman Images: p. 193; Shutterstock.com: p. 181 (Paulrommer sl); Unsplash: pp. 191 (Adli Wahid), 253 (Jordan Heath); Wikimedia Commons: pp. 36 (photo Pearson Scott Foresman, public domain), 63 (photo Sting, cc by-sa 2.5 – Musée du Louvre, Paris), 227 (photo Myrabella, public domain – Musée de la Tapisserie de Bayeux); from Captain F. Wilford, 'An Essay on the Sacred Isles in the West, with Other Essays, Connected with that Work', in *Asiatic Researches; or, Transactions of the Society Instituted in Bengal . . .*, vol. viii (London, 1808), photo LuEsther T. Mertz Library, New York Botanical Garden: p. 129; Zemaljski muzej Bosne i Hercegovine, Sarajevo (ms 1, fol. 1v): p. 165 (*bottom*).